U0298686

国 家 科 技 重 大 专 项

大型油气田及煤层气开发成果丛书

（2008—2020）

卷13

二氧化碳驱油与埋存技术及实践

胡永乐　吕文峰　杨永智　张德平　胡建国　顾鸿君　等编著

石油工业出版社

内 容 提 要

本书系统展示了国家科技重大专项"CO₂ 捕集、驱油与埋存关键技术及应用"项目 2016—2020 年攻关研究新成果，概述了国内外 CO₂ 驱油与埋存技术发展历程，对 CO₂ 驱油开发规律与调控技术、低渗透油藏 CO₂ 驱油与埋存工业化配套技术、特 / 超低渗透油藏 CO₂ 驱油与埋存技术、低渗透砂砾岩油藏 CO₂ 驱油与埋存技术和这些技术在典型油田的现场应用情况，以及 CO₂ 驱油与埋存项目筛选、潜力及评价方法进行了详细介绍。

本书可供从事相关研究工作的科研人员、工程技术人员参考使用，也可作为高等院校相关专业教学参考用书。

图书在版编目（CIP）数据

二氧化碳驱油与埋存技术及实践 / 胡永乐等编著 . —
北京：石油工业出版社，2023.5
（国家科技重大专项·大型油气田及煤层气开发成果丛书：2008—2020）
ISBN 978-7-5183-5938-7

Ⅰ . ① 二… Ⅱ . ① 胡… Ⅲ . ① 二氧化碳 – 驱油
Ⅳ . ① TE357.45

中国国家版本馆 CIP 数据核字（2023）第 046836 号

责任编辑：王 瑞 李熹蓉
责任校对：郭京平
装帧设计：李 欣 周 彦

出版发行：石油工业出版社
　　　　　（北京安定门外安华里 2 区 1 号　　100011）
　　　　　网　址：www.petropub.com
　　　　　编辑部：（010）64523541　图书营销中心：（010）64523633
经　　销：全国新华书店
印　　刷：北京中石油彩色印刷有限责任公司

2023 年 5 月第 1 版　2023 年 5 月第 1 次印刷
787×1092 毫米　开本：1/16　印张：16.25
字数：420 千字
定价：160.00 元

ISBN 978-7-5183-5938-7

《国家科技重大专项·大型油气田及煤层气开发成果丛书（2008—2020）》

编委会

《二氧化碳驱油与埋存技术及实践》

❖❖❖ 编写组 ❖❖❖

组　长：胡永乐

副组长：吕文峰　杨永智　张德平　胡建国　顾鸿君

成　员：（按姓氏拼音排序）

白箭峰　董海海　窦宏恩　杜忠磊　范君来　高　建

郝明强　何　淼　宏小龙　黄　伟　李曼平　李明卓

李群伟　李兆国　马　骋　牛振宇　潘若生　任　旭

史彦尧　唐　玮　汪　芳　王　健　魏发林　熊春明

杨承伟　杨思玉　叶正荣　余光明　俞宏伟　周宇驰

　　能源安全关系国计民生和国家安全。面对世界百年未有之大变局和全球科技革命的新形势，我国石油工业肩负着坚持初心、为国找油、科技创新、再创辉煌的历史使命。国家科技重大专项是立足国家战略需求，通过核心技术突破和资源集成，在一定时限内完成的重大战略产品、关键共性技术或重大工程，是国家科技发展的重中之重。大型油气田及煤层气开发专项，是贯彻落实习近平总书记关于大力提升油气勘探开发力度、能源的饭碗必须端在自己手里等重要指示批示精神的重大实践，是实施我国"深化东部、发展西部、加快海上、拓展海外"油气战略的重大举措，引领了我国油气勘探开发事业跨入向深层、深水和非常规油气进军的新时代，推动了我国油气科技发展从以"跟随"为主向"并跑、领跑"的重大转变。在"十二五"和"十三五"国家科技创新成就展上，习近平总书记两次视察专项展台，充分肯定了油气科技发展取得的重大成就。

　　大型油气田及煤层气开发专项作为《国家中长期科学和技术发展规划纲要（2006—2020年）》确定的10个民口科技重大专项中唯一由企业牵头组织实施的项目，以国家重大需求为导向，积极探索和实践依托行业骨干企业组织实施的科技创新新型举国体制，集中优势力量，调动中国石油、中国石化、中国海油等百余家油气能源企业和70多所高等院校、20多家科研院所及30多家民营企业协同攻关，参与研究的科技人员和推广试验人员超过3万人。围绕专项实施，形成了国家主导、企业主体、市场调节、产学研用一体化的协同创新机制，聚智协力突破关键核心技术，实现了重大关键技术与装备的快速跨越；弘扬伟大建党精神、传承石油精神和大庆精神铁人精神，以及石油会战等优良传统，充分体现了新型举国体制在科技创新领域的巨大优势。

　　经过十三年的持续攻关，全面完成了油气重大专项既定战略目标，攻克了一批制约油气勘探开发的瓶颈技术，解决了一批"卡脖子"问题。在陆上油气勘探、陆上油气开发、工程技术、海洋油气勘探开发、海外油气勘探开发、非常规油气勘探开发领域，形成了6大技术系列、26项重大技术；自主研发20项重大工程技术装备；建成35项示范工程、26个国家级重点实验室和研究中心。我国油气科技自主创新能力大幅提升，油气能源企业被卓越赋能，形成产量、储量增长高峰期发展新态势，为落实习近平总书记"四个革命、一个合作"能源安全新战略奠定了坚实的资源基础和技术保障。

《国家科技重大专项·大型油气田及煤层气开发成果丛书（2008—2020）》（62卷）是专项攻关以来在科学理论和技术创新方面取得的重大进展和标志性成果的系统总结，凝结了数万科研工作者的智慧和心血。他们以"功成不必在我，功成必定有我"的担当，高质量完成了这些重大科技成果的凝练提升与编写工作，为推动科技创新成果转化为现实生产力贡献了力量，给广大石油干部员工奉献了一场科技成果的饕餮盛宴。这套丛书的正式出版，对于加快推进专项理论技术成果的全面推广，提升石油工业上游整体自主创新能力和科技水平，支撑油气勘探开发快速发展，在更大范围内提升国家能源保障能力将发挥重要作用，同时也一定会在中国石油工业科技出版史上留下一座书香四溢的里程碑。

在世界能源行业加快绿色低碳转型的关键时期，广大石油科技工作者要进一步认清面临形势，保持战略定力、志存高远、志创一流，毫不放松加强油气等传统能源科技攻关，大力提升油气勘探开发力度，增强保障国家能源安全能力，努力建设国家战略科技力量和世界能源创新高地；面对资源短缺、环境保护的双重约束，充分发挥自身优势，以技术创新为突破口，加快布局发展新能源新事业，大力推进油气与新能源协调融合发展，加大节能减排降碳力度，努力增加清洁能源供应，在绿色低碳科技革命和能源科技创新上出更多更好的成果，为把我国建设成为世界能源强国、科技强国，实现中华民族伟大复兴的中国梦续写新的华章。

中国石油董事长、党组书记
中国工程院院士　戴厚良

石油天然气是当今人类社会发展最重要的能源。2020 年全球一次能源消费量为 $134.0 \times 10^8 t$ 油当量，其中石油和天然气占比分别为 30.6% 和 24.2%。展望未来，油气在相当长时间内仍是一次能源消费的主体，全球油气生产将呈长期稳定趋势，天然气产量将保持较高的增长率。

习近平总书记高度重视能源工作，明确指示"要加大油气勘探开发力度，保障我国能源安全"。石油工业的发展是由资源、技术、市场和社会政治经济环境四方面要素决定的，其中油气资源是基础，技术进步是最活跃、最关键的因素，石油工业发展高度依赖科学技术进步。近年来，全球石油工业上游在资源领域和理论技术研发均发生重大变化，非常规油气、海洋深水油气和深层—超深层油气勘探开发获得重大突破，推动石油地质理论与勘探开发技术装备取得革命性进步，引领石油工业上游业务进入新阶段。

中国共有 500 余个沉积盆地，已发现松辽盆地、渤海湾盆地、准噶尔盆地、塔里木盆地、鄂尔多斯盆地、四川盆地、柴达木盆地和南海盆地等大型含油气大盆地，油气资源十分丰富。中国含油气盆地类型多样、油气地质条件复杂，已发现的油气资源以陆相为主，构成独具特色的大油气分布区。历经半个多世纪的艰苦创业，到 20 世纪末，中国已建立完整独立的石油工业体系，基本满足了国家发展对能源的需求，保障了油气供给安全。2000 年以来，随着国内经济高速发展，油气需求快速增长，油气对外依存度逐年攀升。我国石油工业担负着保障国家油气供应安全，壮大国际竞争力的历史使命，然而我国石油工业面临着油气勘探开发对象日趋复杂、难度日益增大、勘探开发理论技术不相适应及先进装备依赖进口的巨大压力，因此急需发展自主科技创新能力，发展新一代油气勘探开发理论技术与先进装备，以大幅提升油气产量，保障国家油气能源安全。一直以来，国家高度重视油气科技进步，支持石油工业建设专业齐全、先进开放和国际化的上游科技研发体系，在中国石油、中国石化和中国海油建立了比较先进和完备的科技队伍和研发平台，在此基础上于 2008 年启动实施国家科技重大专项技术攻关。

国家科技重大专项"大型油气田及煤层气开发"（简称"国家油气重大专项"）是《国家中长期科学和技术发展规划纲要（2006—2020 年）》确定的 16 个重大专项之一，目标是大幅提升石油工业上游整体科技创新能力和科技水平，支撑油气勘探开发快速发展。国家油气重大专项实施周期为 2008—2020 年，按照"十一五""十二五""十三五"3 个阶段实施，是民口科技重大专项中唯一由企业牵头组织实施的专项，由中国石油牵头组织实施。专项立足保障国家能源安全重大战略需求，围绕"6212"科技攻关目标，共部署实施 201 个项目和示范工程。在党中央、国务院的坚强领导下，专项攻关团队积极探索和实践依托行业骨干企业组织实施的科技攻关新型举国体制，加快推进专项实施，攻克一批制约油气勘探开发的瓶颈技术，形成了陆上油气勘探、陆上油气开发、工程技术、海洋油气勘探开发、海外油气勘探开发、非常规油气勘探开发 6 大领域技术系列及 26 项重大技术，自主研发 20 项重大工程技术装备，完成 35 项示范工程建设。近 10 年我国石油年产量稳定在 2×10^8 t 左右，天然气产量取得快速增长，2020 年天然气产量达 1925×10^8 m³，专项全面完成既定战略目标。

通过专项科技攻关，中国油气勘探开发技术整体已经达到国际先进水平，其中陆上油气勘探开发水平位居国际前列，海洋石油勘探开发与装备研发取得巨大进步，非常规油气开发获得重大突破，石油工程服务业的技术装备实现自主化，常规技术装备已全面国产化，并具备部分高端技术装备的研发和生产能力。总体来看，我国石油工业上游科技取得以下七个方面的重大进展：

（1）我国天然气勘探开发理论技术取得重大进展，发现和建成一批大气田，支撑天然气工业实现跨越式发展。围绕我国海相与深层天然气勘探开发技术难题，形成了海相碳酸盐岩、前陆冲断带和低渗—致密等领域天然气成藏理论和勘探开发重大技术，保障了我国天然气产量快速增长。自 2007 年至 2020 年，我国天然气年产量从 677×10^8 m³ 增长到 1925×10^8 m³，探明储量从 6.1×10^{12} m³ 增长到 14.41×10^{12} m³，天然气在一次能源消费结构中的比例从 2.75% 提升到 8.18% 以上，实现了三个翻番，我国已成为全球第四大天然气生产国。

（2）创新发展了石油地质理论与先进勘探技术，陆相油气勘探理论与技术继续保持国际领先水平。创新发展形成了包括岩性地层油气成藏理论与勘探配套技术等新一代石油地质理论与勘探技术，发现了鄂尔多斯湖盆中心岩性地层大油区，支撑了国内长期年新增探明 $10×10^8$t 以上的石油地质储量。

（3）形成国际领先的高含水油田提高采收率技术，聚合物驱油技术已发展到三元复合驱，并研发先进的低渗透和稠油油田开采技术，支撑我国原油产量长期稳定。

（4）我国石油工业上游工程技术装备（物探、测井、钻井和压裂）基本实现自主化，具备一批高端装备技术研发制造能力。石油企业技术服务保障能力和国际竞争力大幅提升，促进了石油装备产业和工程技术服务产业发展。

（5）我国海洋深水工程技术装备取得重大突破，初步实现自主发展，支持了海洋深水油气勘探开发进展，近海油气勘探与开发能力整体达到国际先进水平，海上稠油开发处于国际领先水平。

（6）形成海外大型油气田勘探开发特色技术，助力"一带一路"国家油气资源开发和利用。形成全球油气资源评价能力，实现了国内成熟勘探开发技术到全球的集成与应用，我国海外权益油气产量大幅度提升。

（7）页岩气、致密气、煤层气与致密油、页岩油勘探开发技术取得重大突破，引领非常规油气开发新兴产业发展。形成页岩气水平井钻完井与储层改造作业技术系列，推动页岩气产业快速发展；页岩油勘探开发理论技术取得重大突破；煤层气开发新兴产业初见成效，形成煤层气与煤炭协调开发技术体系，全国煤炭安全生产形势实现根本性好转。

这些科技成果的取得，是国家实施建设创新型国家战略的成果，是百万石油员工和科技人员发扬艰苦奋斗、为国找油的大庆精神铁人精神的实践结果，是我国科技界以举国之力团结奋斗联合攻关的硕果。国家油气重大专项在实施中立足传统石油工业，探索实践新型举国体制，创建"产学研用"创新团队，创新人才队伍建设，创新科技研发平台基地建设，使我国石油工业科技创新能力得到大幅度提升。

为了系统总结和反映国家油气重大专项在科学理论和技术创新方面取得的重大进展和成果，加快推进专项理论技术成果的推广和提升，专项实施管理办公室与技术总体组规划组织编写了《国家科技重大专项·大型油气田及煤层气开发成果丛书（2008—2020）》。丛书共62卷，第1卷为专项理论技术成果总论，第2～9卷为陆上油气勘探理论技术成果，第10～14卷为陆上油气开发理论技术成果，第15～22卷为工程技术装备成果，第23～26卷为海洋油气理论技术装备成果，第27～30卷为海外油气理论技术成果，第31～43卷为非常规油气理论技术成果，第44～62卷为油气开发示范工程技术集成与实施成果（包括常规油气开发7卷，煤层气开发5卷，页岩气开发4卷，致密油、页岩油开发3卷）。

各卷均以专项攻关组织实施的项目与示范工程为单元，作者是项目与示范工程的项目长和技术骨干，内容是项目与示范工程在2008—2020年期间的重大科学理论研究、先进勘探开发技术和装备研发成果，代表了当今我国石油工业上游的最新成就和最高水平。丛书内容翔实，资料丰富，是科学研究与现场试验的真实记录，也是科研成果的总结和提升，具有重大的科学意义和资料价值，必将成为石油工业上游科技发展的珍贵记录和未来科技研发的基石和参考资料。衷心希望丛书的出版为中国石油工业的发展发挥重要作用。

国家科技重大专项"大型油气田及煤层气开发"是一项巨大的历史性科技工程，前后历时十三年，跨越三个五年规划，共有数万名科技人员参加，是我国石油工业史上一项壮举。专项的顺利实施和圆满完成是参与专项的全体科技人员奋力攻关、辛勤工作的结果，是我国石油工业界和石油科技教育界通力合作的典范。我有幸作为国家油气重大专项技术总师，全程参加了专项的科研和组织，倍感荣幸和自豪。同时，特别感谢国家科技部、财政部和发改委的规划、组织和支持，感谢中国石油、中国石化、中国海油及中联公司长期对石油科技和油气重大专项的直接领导和经费投入。此次专项成果丛书的编辑出版，还得到了石油工业出版社大力支持，在此一并表示感谢！

中国科学院院士　贾承造

《国家科技重大专项·大型油气田及煤层气开发成果丛书（2008—2020）》

◇◇◇◇◇ **分卷目录** ◇◇◇◇◇

序号	分卷名称
卷 29	超重油与油砂有效开发理论与技术
卷 30	伊拉克典型复杂碳酸盐岩油藏储层描述
卷 31	中国主要页岩气富集成藏特点与资源潜力
卷 32	四川盆地及周缘页岩气形成富集条件、选区评价技术与应用
卷 33	南方海相页岩气区带目标评价与勘探技术
卷 34	页岩气气藏工程及采气工艺技术进展
卷 35	超高压大功率成套压裂装备技术与应用
卷 36	非常规油气开发环境检测与保护关键技术
卷 37	煤层气勘探地质理论及关键技术
卷 38	煤层气高效增产及排采关键技术
卷 39	新疆准噶尔盆地南缘煤层气资源与勘查开发技术
卷 40	煤矿区煤层气抽采利用关键技术与装备
卷 41	中国陆相致密油勘探开发理论与技术
卷 42	鄂尔多斯盆缘过渡带复杂类型气藏精细描述与开发
卷 43	中国典型盆地陆相页岩油勘探开发选区与目标评价
卷 44	鄂尔多斯盆地大型低渗透岩性地层油气藏勘探开发技术与实践
卷 45	塔里木盆地克拉苏气田超深超高压气藏开发实践
卷 46	安岳特大型深层碳酸盐岩气田高效开发关键技术
卷 47	缝洞型油藏提高采收率工程技术创新与实践
卷 48	大庆长垣油田特高含水期提高采收率技术与示范应用
卷 49	辽河及新疆稠油超稠油高效开发关键技术研究与实践
卷 50	长庆油田低渗透砂岩油藏 CO_2 驱油技术与实践
卷 51	沁水盆地南部高煤阶煤层气开发关键技术
卷 52	涪陵海相页岩气高效开发关键技术
卷 53	渝东南常压页岩气勘探开发关键技术
卷 54	长宁—威远页岩气高效开发理论与技术
卷 55	昭通山地页岩气勘探开发关键技术与实践
卷 56	沁水盆地煤层气水平井开采技术及实践
卷 57	鄂尔多斯盆地东缘煤系非常规气勘探开发技术与实践
卷 58	煤矿区煤层气地面超前预抽理论与技术
卷 59	两淮矿区煤层气开发新技术
卷 60	鄂尔多斯盆地致密油与页岩油规模开发技术
卷 61	准噶尔盆地砂砾岩致密油藏开发理论技术与实践
卷 62	渤海湾盆地济阳坳陷致密油藏开发技术与实践

与水和其他气体介质相比，利用 CO_2 驱油提高油田采收率具有独特优势，是老油田持续提高采收率和低渗透难采储量实现动用的有效方式，也是目前非常规油气有效开发的重要攻关方向。国内外大量实践证明，利用 CO_2 驱油在提高油田采收率的同时可实现有效埋存，兼具驱油经济效益和减排社会效益。进入 21 世纪以来，为应对气候变化给人类生存和发展带来的严峻挑战，控制 CO_2 等温室气体排放已成国际社会广泛共识。在 2020 年 9 月第 75 届联合国大会上，习近平总书记向全世界做出"二氧化碳排放力争于 2030 年前达到峰值，努力争取 2060 年前实现碳中和"的承诺，体现了中国作为一个负责任大国的勇气与担当，也为石油行业发展指明了目标和方向。自"十一五"以来，国家和各大石油公司都高度重视发展 CO_2 驱油与埋存技术，相关研究投入和示范试验项目显著增多，技术创新进入了快速发展阶段，工程配套逐渐完善，应用范围和规模逐年扩大。

为了系统梳理 CO_2 驱油与埋存技术，同时展示"十三五"以来国家科技重大专项"CO_2 捕集、驱油与埋存关键技术及应用"项目取得的主要成果和进展，特编写此书。全书分 6 章，概述了国内外 CO_2 驱油与埋存技术发展历程与应用情况，详细介绍了 CO_2 驱油开发规律与调控技术、低渗透油藏 CO_2 驱油与埋存工业化配套技术、特/超低渗透油藏 CO_2 驱油与埋存技术、低渗透砂砾岩油藏 CO_2 驱油与埋存技术以及这些技术在三类油藏试验区的现场应用情况，最后介绍了 CO_2 驱油与埋存项目筛选、潜力及评价方法。

本书集理论、方法、技术和实践于一体，具有较强的实用性和可操作性。本书由胡永乐拟定提纲，由各学科专家共同担纲撰写。第一章由胡永乐、吕文峰、杨永智编写；第二章由吕文峰、高建、史彦尧、胡永乐、俞宏伟、王健、马骋等编写；第三章由张德平、王国锋、潘若生、周宇驰、李明卓、杜忠磊等编写；第四章由胡建国、杨承伟、何淼、范君来、李曼平、余光明、李群伟、白箭峰、李兆国、黄伟、宏小龙等编写；第五章由顾鸿君、任旭、董海海、叶正荣、胡永乐等编写；第六章由杨永智、汪芳、胡永乐编写。全书由胡永乐、吕文峰统稿审定完成。

在编写本书的过程中，得到了中国石油勘探开发研究院、吉林油田公司、长庆油田公司、新疆油田公司领导和专家的关心与支持，以及北京大学、东北石油大学、中国石油大学（北京）、中国石油大学（华东）、西南石油大学等高校专家的帮助。谨在此书付梓出版之际，特向以上单位和专家表示衷心感谢！

由于笔者水平有限，书中疏漏之处在所难免，敬请广大读者批评指正。

目 录

第一章 绪 论

国内外大量实践证明，利用 CO_2 驱油可在大幅度提高油田采收率的同时实现 CO_2 有效埋存，取得"驱油"经济效益与"减排"社会效益的双赢，发展应用 CO_2 驱油与埋存技术意义重大。通过"十一五"以来的集中攻关和试验，中国初步形成了适合陆相沉积油藏特点的 CO_2 驱油与埋存理论技术，有力支撑了不同类型试验区的建设和开发，积累了一定经验，也暴露出一些问题和瓶颈。

本章简要回顾 CO_2 驱油与埋存技术国内外发展历程及"十一五"和"十二五"期间的成果，重点介绍国家科技重大专项"CO_2 捕集、驱油与埋存关键技术及应用"项目在"十三五"期间取得的理论技术进展，并结合当前形势，对该类项目关键技术下一步攻关方向进行展望。

第一节 CO_2 驱油与埋存技术发展历程回顾

经过 60 多年的发展，国外 CO_2 驱油的防腐、注采和地面工程等技术成熟配套，在美国和加拿大等国成功运行着多个规模较大的 CO_2 驱油与埋存项目。国内 2000 年之前 CO_2 驱油与埋存技术一直发展缓慢，自"十一五"以来，国家及各大油公司高度重视该项技术的研究与应用，设立重大科技专项和示范工程开展攻关，取得了丰硕成果。

一、国外发展历程回顾

20 世纪中叶，美国大西洋炼油公司发现其制氢工艺过程的副产品 CO_2 可改善原油流动性，Whorton 等于 1952 年申报获得了世界首个 CO_2 采油专利，多数学者将其视为 CO_2 驱油技术的开端（秦积舜等，2015）。1958 年，Shell 公司率先在美国二叠系储层成功实施了 CO_2 驱油试验。1972 年，Chevron 公司的前身加利福尼亚标准石油公司在美国得克萨斯州 Kelly-Snyder 油田 SACROC 区块投产了世界首个 CO_2 驱油商业项目，初期平均提高单井产量约 3 倍，该项目的成功标志着 CO_2 驱油技术走向成熟。20 世纪 80 年代，CO_2 驱油技术在美国得到飞速发展，并迅速推广应用。美国 CO_2 驱油技术从开始研究到形成年产油百万吨规模，攻关历时 30 年；从百万吨到千万吨，历时 12 年；技术取得突破后，规模迅速扩大。进入 21 世纪后，随着国际社会对温室气体减排的关注、油价的走高以及工程技术的进步，助推了 CO_2 驱油与埋存项目的增加和技术的发展。

（1）从项目特点看：美国 CO_2 驱油项目超过 140 个，是世界上实施 CO_2 驱油项目最多的国家，占全球总数的 90% 以上，其年产油量已持续 10 年在 $1500 \times 10^4 t$ 左右，加拿大、巴西和特立尼达也有少数项目在开展。美国实施的 CO_2 驱油项目以低渗透油藏、低黏度原油、水驱后油藏转 CO_2 混相驱为主，油藏岩性以碳酸盐岩和砂岩居多，CO_2

驱油产量主要由少数几个大项目贡献，项目成功率在 80% 以上，提高石油采收率幅度 7%～22%。目前，世界上规模最大的 CO_2 驱油项目在美国二叠盆地的 SACROC 油田，最具代表性的 CO_2 驱油与埋存项目是国际能源署资助的加拿大 Weyburn 温室气体封存监测项目。

（2）从关键技术看：经过 60 多年的发展，国外 CO_2 驱油的防腐、注采和地面工程等技术成熟配套，自动化程度较高；水气交替驱油技术现场应用已 40 年，仍是扩大波及体积的核心技术，配套工艺上实现水气交替注入自动化切换（James Cooper，2016），数值模拟预测上也在持续探索和改进完善；智能 CO_2 监测技术掌握 CO_2 在油藏中的动态分布，通过遥控智能井注入采出量，支撑注采及时调整提效；产出气处理与循环利用技术方面实现了回收富烃用于销售、分离出甲烷用于燃烧发电、分离出 CO_2 用于油田回注，可实现整体提效和零排放要求。

（3）从成功原因看：建成大规模 CO_2 管道、有低廉稳定 CO_2 气源供应是前提；以海相沉积为主的油藏混相压力低、储层相对均质是优势；30 年持之以恒的攻关试验是关键；优良的工业体系基础是保障。美国建成运营 CO_2 管道干线总里程达 6000km 以上，CO_2 气源供给稳定，气源至井口成本低于 250 元/t。美国 CO_2 驱油藏以海相沉积为主，90% 项目可实现混相驱，储层物性相对均质，CO_2 驱油效果好。美国优良的工业基础体系，使得以气体压缩机为代表的 CO_2 驱油装备制造得到保障。

（4）从发展现状看：化学辅助扩大波及体积技术在持续试验攻关；CO_2 驱油藏模拟、智能监测调控技术在升级完善；水平井立体开发、注入孔隙体积倍数（PV）大的 CO_2 驱油项目（1～1.5HCPV）在试验探索；应用对象扩大至油水过渡带、致密油、页岩油等低品位油藏，并与碳减排紧密结合。

近年来，美国以提高石油采收率 25% 为目标，积极研发新一代 CO_2 驱油技术。主要目标是针对传统 CO_2 驱油过程中出现的无效循环、波及效率低和油藏无法达到混相条件等问题，以研究剩余油富集区为基础，通过注采层位、井网调整建立有效驱替；通过增加水相段塞黏度扩大水气交替驱平面波及效率；扩大注气量进一步增加 CO_2 与油藏接触范围，提高驱油效率；研究近混相驱油技术，提高达不到混相条件油藏的驱油效率。美国能源部国家能源技术实验室近年来资助的 CO_2 驱油相关研发项目主要有："纳米颗粒稳态 CO_2 泡沫扩大波及体积技术研究""增加 CO_2 驱油流度控制硅酸盐聚合物凝胶研究""CO_2 驱油与埋存规划软件研究""CO_2 驱油中的流度控制与地质力学模拟器研究""用于改善流度控制的小分子缔合 CO_2 增稠剂研究"等。

二、国内发展历程回顾

国内自 20 世纪 60 年代开始关注 CO_2 驱油技术，开展了 CO_2 驱油室内实验研究。但由于认识不足、气源条件限制等原因，2000 年之前 CO_2 驱油技术一直发展缓慢。2005 年中国石油勘探开发研究院与中国科学院等联合发起了"中国的温室气体减排战略与发展"香山会议，在会上提出 CO_2 利用与埋存结合（CCUS）的概念。自"十一五"以来，国家及各大油公司高度重视该项技术的研究与应用，先后设立两期国家"973"、国家"863"、三期国家科技重大专项项目开展理论技术攻关和工程示范（沈平平等，2009；袁士义，2014；胡永乐等，2018），中国石油和中国石化等石油公司配套设立科技专项，围绕中国陆相沉积油藏原油特点和储层特征开展集中攻关和矿场试验（廖广志等，2018；陈祖华，2020），取得重大进展。

（1）从项目特点看：国内已先后在大庆油田、吉林油田、江苏油田、胜利油田（杨勇等，2020）、中原油田、冀东油田和延长油田等开展了不同规模的CO_2驱油与埋存现场试验，覆盖了低渗透砂岩、复杂断块等多种油藏类型，应用范围和规模逐年扩大。

（2）从关键技术看：初步建立了基础研究平台和实验技术，初步揭示了陆相沉积油藏CO_2驱油提高采收率机理，探讨了CO_2驱油与埋存潜力，基本掌握了油藏工程设计、防腐、循环注气等关键技术，实现了CO_2驱油与埋存技术全流程示范及应用。目前，各油田根据油藏实际特点，正从提高开发效果和降本增效方面，持续攻关完善相关工程配套技术。

（3）从应用现状看：CO_2驱油与埋存技术在大庆油田、吉林油田、胜利油田和苏北油田等处于工业化试验推广阶段，中原油田、冀东油田、长庆油田和新疆油田等处于先导试验阶段。

（4）从对比差距看：国内尚无大规模CO_2管道及建设规划，油田规模应用CO_2气源保障不足；国内陆相沉积油藏储层非均质性强、裂缝发育，CO_2驱油易气窜；油层混相压力高导致原油与CO_2难以混相，对技术提出更高要求；国内CO_2驱油试验项目时间尚短，对开发规律认识有待深化，部分工程技术有待进一步验证、改进和优化，油藏管理水平有待提高。

"十一五"和"十二五"期间，中国石油以解决吉林油田含CO_2火山岩气藏开发及CO_2利用问题为契机，依托国家"973"、国家"863"、国家科技重大专项等项目，系统开展了CO_2驱油与埋存技术研究和攻关，取得的主要成果概述如下：

（1）在CO_2驱油与埋存理论方面：① 提出原油中C_2—C_6和C_7—C_{15}组分对CO_2混相驱油都有重要贡献的观点，明确了多孔介质与PVT筒中CO_2—地层油体系相态特征异同，建立了CO_2—地层油体系关键参数数据库，通过不同类型物理模拟实验深化了CO_2驱油机理认识及适合陆相沉积油藏的工程应用方法等，为我国陆相沉积油藏开展CO_2驱油提供理论依据。② 建立了潜力评价方法及指标参数快速取值方法，完善了适合CO_2驱油与埋存的油藏地质体筛选标准等，初步评价出我国CO_2驱油与埋存潜力。

（2）在CO_2驱油与埋存实验评价方面：① 研发了核磁扫描、CT扫描、声波识别、微观可视模型等一批实验装置，形成以实验设备和实验技术为支撑，国家标准、行业标准和计量认证等为资质，较全面的CO_2驱油与埋存机理研发平台和系列实验技术方法，支撑吉林试验区方案编制，为技术取得创新突破奠定基础。② 吉林油田创建了国内首套CO_2驱油全过程腐蚀模拟中试装置，建立"室内＋中试＋矿场"一体化腐蚀评价技术方法，厘定出CO_2驱油过程工况条件及工作介质腐蚀因素，揭示了CO_2驱油各环节的腐蚀规律和主控因素。

（3）在CO_2驱油与埋存油藏工程方面：① 研制改进了CO_2驱油与埋存油藏数值模拟

软件。对 CO_2—地层油体系相态参数及物性参数计算方法进行了多项改进；基于 CT 扫描实验技术，完善了 CO_2 驱油三相渗流规律表征方法；研制出高精度、快速拟合的 CO_2 驱油与埋存藏数值模拟软件。② 建立了适合 CO_2 驱油的油藏精细描述流程和方法。基于国内多个 CO_2 驱油试验区储层的精细描述，通过跟踪实施动态，总结归纳出适合 CO_2 驱油的油藏精细描述流程，包括非均质特征厘定、非均质形成机理、非均质类型识别和非均质表征等。③ 建立了以压力保持为前提，完善井网、优化注入、调控流压实现均衡驱替为核心，不规则水气交替驱油（WAG）扩大波及体积为重点的 CO_2 驱油藏工程方案优化设计模式。基于实验和数值模拟研究，结合吉林油田 CO_2 驱油试验区动态，形成了以混相分析为核心、"单井、井组、区块一体化"的 CO_2 驱油藏动态分析方法。

（4）在 CO_2 驱油与埋存注采工程方面：① 形成了 CO_2 超临界注入技术和 CO_2 气态压缩相变控制方法，优化了超临界注入工艺及参数。吉林油田现场应用表明，超临界注入工艺技术可靠，机组运行平稳。② 形成 CO_2 分层注气工艺技术，研发了分层注气气嘴、分层注气井口、注气工艺管柱等，形成满足三层以上分注需要的分层注入及测试技术。③ 建立了不同气液比、产液量和沉没压力条件下的生产井防气举升工艺措施控制图，建立了高气油比油井井筒流体动态模型，研发了气液分离器、控气阀及环空压力控套装置，形成了气举—助抽—控套一体化举升工艺。

（5）在 CO_2 驱油与埋存地面工程方面：① 吉林油田建立国内首套含 CO_2 混合气物性和相态工程图版，揭示了 CO_2 管输相态主控因素变化规律，形成气态、液态和超临界态 CO_2 管输工艺设计与运行控制技术，支撑建成并运行 53km 的 CO_2 输送管道。② CO_2 驱油采出流体集输处理技术。在大量实验和先导试验基础上，认识了 CO_2 驱油采出流体物性特点，研究形成环状掺水、气液混输、集中分离和计量等技术和方法；改进了立式翻斗、卧式翻斗、三相计量、气液分离后流量表计量等多种计量方法；试验形成了满足工业化推广应用的密闭集输流程。③ 研究了产出含 CO_2 伴生气循环注入技术，形成直接回注、混合回注和分离提纯后回注 3 种方法。

（6）CO_2 驱油与埋存腐蚀防护方面：针对 CO_2 驱油多因素腐蚀规律，研发了适合吉林油田的缓蚀与缓蚀杀菌药剂和多种耐 CO_2 腐蚀新材料，提高防腐可靠性；针对 CO_2 驱油新 / 老注采井完井特点及地面系统安全运行要求，形成点滴、间歇、预膜等多种组合式加药工艺。

（7）在 CO_2 驱油与埋存安全评价及控制方面：① 建立了注采动态、流体运移规律、混相状态等监测方法，主要有吸气剖面监测、直读压力监测、井流物分析、气体示踪剂测试、微地震监测等。② 形成以缓蚀剂残余浓度检测技术为主的 CO_2 驱腐蚀监测技术系列，建立了存储与在线相结合的腐蚀监测技术和预警系统，及时监测现场腐蚀情况并发出预警。③ 建立了井筒泄漏分析模板和风险评价流程，形成从方案设计、施工质量到生产管理全流程风险评价和控制方法。提出地面工程系统风险辨识、评价及控制措施。

吉林油田自 2007 年以来，陆续建成黑 59 先导、黑 79 南扩大、黑 79 北小井距、黑 46 工业试验、伊 59 水敏储层等 5 类 CO_2 驱油与埋存示范区。上述研发的技术成果在吉林 CO_2 驱油与埋存示范区得到成功应用，取得了较好的经济与社会效益。

第二节　理论与技术进展

"十三五"期间，针对制约和影响 CO_2 驱油开发效果的共性关键问题，并考虑技术应用对象由松辽盆地吉林油田低渗透油藏拓展到鄂尔多斯盆地长庆油田特/超低渗透油藏、准噶尔盆地新疆油田砂砾岩油藏，依托国家科技重大专项"CO_2 捕集、驱油与埋存关键技术及应用"项目，持续开展技术研究与试验。通过 5 年的攻关，项目在基础理论、关键技术、发展战略规划和指导现场试验等方面都取得了进展。

一、发展了 2 项理论认识，为油藏有效开发提供技术思路

1. 砂砾岩油藏 CO_2 驱油机理

以新疆油田砂砾岩油藏为研究对象，明确了低渗透砂砾岩油藏 CO_2 驱油渗流及孔隙结构变化特征、CO_2 驱油孔隙动用下限、CO_2 驱油剩余油分布规律，为新疆油田 CO_2 驱油可行性评价、油藏工程设计和调整提供了依据和关键参数。

低渗透砂砾岩油藏孔隙类型主要为粒间孔、粒间溶孔，局部见微裂缝，CO_2 气驱过程主要动用大孔隙中原油，气驱动用孔隙下限为 0.3μm。CO_2 驱替后岩石孔隙和喉道表面有明显冲洗过的痕迹，孔隙度和渗透率增加，孔喉半径有所增加，分形维数降低，油藏的非均质性有所缓解，岩石物性整体变好。

低渗透砂砾岩油藏 CO_2 驱剩余油多以点状分布，与水驱相比分布更加不连续。由于砂砾岩油藏非均质性强，且与砂岩孔隙结构不同，导致剩余油分布特征多呈现出明显的"不连续性"分布，如孤滴状剩余油。而砂岩剩余油多呈现"连续性"分布，如点片状剩余油。

2. 高矿化度地层水油藏 CO_2 驱油腐蚀与结垢机理及对策

长庆油田 CO_2 驱油试验区地层水矿化度为 10489～102670mg/L，与吉林油田相比较，矿化度高 5 倍以上，防垢是难题。通过对温度、CO_2 分压、流速、含水率和矿化度等相关因素进行系统综合研究，揭示了长庆油田高矿化度环境下实施 CO_2 驱油的腐蚀与结垢机理和规律，并提出了相应的防腐防垢工艺技术对策，保障现场试验顺利进行。

（1）揭示了长庆油田高矿化度、高含 CO_2 环境下油藏采出系统腐蚀与结垢机理和腐蚀特征。

① CO_2 含量变化对金属腐蚀的影响：在高含水环境下，随 CO_2 分压增大，碳钢发生严重腐蚀，腐蚀速率呈现先逐渐增大后减小的趋势；CO_2 气体溶解在水中，产生电化学腐蚀，腐蚀产物以碳酸铁为主，晶粒粒间并没有堆积，且有缝隙存在，整个腐蚀产物表面弥散分布大量小孔洞，主要原因是高矿化度高氯离子穿透腐蚀产物而形成局部腐蚀。

② 高含 CO_2、高矿化度采出系统的腐蚀机理：随着温度、流速和含水率升高，碳钢腐蚀速率增大；碳钢在井筒比地面环境腐蚀更严重，腐蚀高风险区在井筒动液面附近和

动液面以下；腐蚀对结垢起促进作用，无垢层时碳钢以均匀腐蚀为主，有垢层、低温时碳钢存在垢下点蚀，主要源自活化区腐蚀自催化效应与复合盐晶格错位。

③ 油藏结垢特征：试验区 $SrCO_3/BaCO_3$ 垢质沉淀运移会对储层深部岩心孔喉造成堵塞；CO_2 与地层水、岩石相互作用下无机盐沉淀量最多占孔隙体积的 0.05%，对驱油效率影响小；不同温度和压力条件下，注入 CO_2 后地层原油均出现不同程度沥青质沉淀，沉淀量为 0.012～0.019mL/100mL 原油，对渗透率影响比例为 0.002%～0.004%；综合来看，CO_2 驱油对储层溶蚀作用大于沉淀对储层伤害作用，对流体渗流堵塞影响较小。

④ 注采和地面系统结垢特征：井底到井口，油管内压力变化巨大，且呈降低趋势，CO_2 逸出导致金属阳离子过饱和生成沉淀，因此结垢增加，井口油管管壁通常附着大量垢物；在地面管道输送过程中，压力变化较小，通常呈降低趋势，结垢量增大，一旦结垢，随运行时间延长，结垢量会快速增长。

（2）形成"涂/镀层管材 + 缓蚀阻垢剂"的防腐防垢工艺技术对策，在采出井高温、高压、高含 CO_2 环境下取得良好效果。

① 涂镀层：优选出 W-Ni 合金镀层、5Cr（3Cr）镀层、合金衬里三种对采出井油管和地面管线进行腐蚀防护，镀层与金属基体是冶金结合，结合强度是有机涂层的 10 倍以上。

② 缓蚀阻垢剂：研发了兼具抗 CO_2 腐蚀及抑制钡锶垢功能的井筒地面一体化两种高低温度缓蚀阻垢剂，解决了常规缓蚀阻垢剂在超临界 CO_2 相中缓蚀效果不佳，且对钡锶垢无效的难题。

③ 现场测试评价：采用 MIT+MTT（多臂井径 + 磁测厚）测井仪，对加注了一体化缓蚀阻垢剂的塬 28-103 井和塬 31-105 井，开展 2 口 /5 井次套管腐蚀检测分析，未发现腐蚀结垢加重现象。

（3）形成了"三高"（高矿化度地层水、高含成垢离子、高含 CO_2）环境下地面防腐防垢工艺技术对策，为完整性管理提供了保障。

① 材料控制技术：材质优选（L245N/316L）+ 耐酸纤维内涂层 + 复配缓蚀阻垢剂和非金属管材推广应用。

② 腐蚀监测技术：腐蚀挂片 + 电感探针 + 电场矩阵全周向监测。

③ 智能检测技术和装备：小口径管道超声涂层测厚 + 电磁涡流腐蚀检测 + 数字化观测，试验站无人值守、集中监控工艺流程，数字化橇装装备。

二、创新了 6 项关键技术，为 CO_2 捕集、驱油与埋存规模应用提供支撑

1. 改善 CO_2—原油体系混相条件技术

我国陆相沉积油藏原油与 CO_2 混相较困难，致使实施 CO_2 驱油提高原油采收率幅度受限。研究改善 CO_2—原油体系混相条件并应用于油藏，可以提高开发效果。通过系统的室内实验研究和对大量有助混能力的化学剂的筛选评价，初步优选出了具有较好效果的助混剂。

（1）通过分析 CO_2 与原油极性差异，确定酯、醚、酮、酰胺是具有助混效果的官能团，提出并设计了与 CO_2—原油两亲的助混剂分子骨架结构，建立 4 类 50 种有助混能力的化学剂分子库，用于筛选评价。

（2）建立了一种可快速评价助混剂效果的方法与装置，准确度接近于细管法，耗时短（4h）、耗样少（35mL），可用于平行实验和大批量的筛选研究，大大提高了助混剂的研发效率。

（3）通过大量实验对比，明确了亲 CO_2 基团种类和数目、亲油基团长度和数目等对助混效果的影响规律。

① 亲 CO_2 基团种类和数目：酯类比醚类助混剂效果好，吐温 80 分子结构含有酯基和醚基，助混效果也较好；酯基基团数增加可提高助混效果。

② 亲油基团长度和数目：烷基链增长可提高助混效果，过长会影响溶解性，长度接近原油主要成分时助混效率最高，C_{16} 和 C_{18} 较为合适；相同链长甘油酯，多酯基数效果好。

（4）将广义阴阳复配概念引入助混剂复配体系，以"酯 + 醚"组合形成助混剂复配体系，提高了助混剂的助混效率。

（5）优化出了具有较好效果的助混剂，并用原油和细管实验进一步确认助混效果，可实现降低混相压力 20.5%，与轻烃为助混剂比成本降低 20% 以上。

2. CO_2 驱油与埋存规模应用油藏管理与调控技术

"十三五"期间，针对不同类型油藏 CO_2 驱油与埋存试验区的特点，深化了吉林油田低渗透油藏、长庆油田超低渗透油藏和新疆油田砂砾岩油藏 CO_2 驱油开发特征与规律认识，发展了水气交替和化学辅助扩大波及体积技术，形成 CO_2 驱油开发调控技术与方案，应用于吉林油田、长庆油田和新疆油田 CO_2 驱油试验的动态跟踪与优化调整。

（1）深化 CO_2 驱油开发特征与规律认识，形成 CO_2 驱油开发特征与规律认识框架体系，提高了规律认识的系统性和针对性，夯实了 CO_2 驱油开发调控基础。

① 吉林油田黑 79 低渗透油藏：动态分析表明，注气波及见效与注采井间储层物性有较好相关性，区块中心井区 1～2 年见效；见效井含水下降幅度与生产井多向受效程度有关，多向见效含水下降幅度大，可达 50%。剔除分批见效叠加影响和"拉平效应"，明确了吉林油田低渗透油藏中后期 CO_2 驱油主要开发指标变化规律。CO_2 驱油开发指标随注气量变化存在明显阶段趋势和规律，产量在注气量 0.3HCPV 附近时达到高峰；水气交替驱油阶段提高原油采收率幅度约占整个 CO_2 驱油开发生命周期的 70%，是改善 CO_2 驱油开发效果的关键；气源保障、水气交替注入（WAG）时机、注采井能力、气窜（防控）等对生产动态曲线影响较大。

② 长庆油田黄 3 超低渗透油藏：动态分析表明，井网和裂缝发育方向影响 CO_2 驱油波及见效，主向井见效速度为 6.6m/d，全面见效；侧向井为 3.6m/d，逐渐见效，侧向井增油幅度大，主侧向井产量趋向均衡。数值模拟表明，超低渗透油藏 CO_2 驱油不同井网与裂缝方向为 45°时，CO_2 驱油采收率均较高，效果最好；五点井网和三角形井网对不同

方向裂缝 CO_2 驱油展现较强适应性。

③ 新疆油田 530 砂砾岩油藏：动态分析表明，构造和沉积相影响 CO_2 驱油波及见效，构造高部位生产井全部见效，方向性明显；同一沉积微相带、顺物源方向叠加更易见效；垂直物源方向，受沉积结构界面影响，目前多为不见效。

（2）明确了水气交替驱油适应性界限，筛选和发展了适合试验区化学辅助体系和泡沫体系扩大 CO_2 驱油波及体积技术，并基于 CO_2 驱油不同扩大波及方式适应性评价认识，提出了考虑储层物性差异和渗透率级差为主的差异化调控策略。

① 水气交替驱油扩大波及体积技术：实验评价表明，水气交替驱油气水比低于 1∶2 后，再增加水的比例，增油效果不明显，通过缩短交替周期可有效增加扰动和波及能力；储层渗透率高于 20mD 时，水气交替驱的压力扰动小，扩大波及能力有限；储层渗透率低于 20mD，水气交替驱比水驱增加渗流阻力更显著，水气交替驱能辅助 CO_2 驱取得比水驱更大的波及体积；储层渗透率级差达到 4 以后，水气交替驱总体扩大波及效果变差，应考虑化学辅助或者其他扩大波及体积方式。

② 低黏增稠水与 CO_2 交替驱辅助扩大波及体积技术：针对高温（高于 90℃）、低渗透（低于 20mD）储层扩大波及体积难题，筛选评价出 CO_2 响应蠕虫胶束（CRWN），与黄胞胶比，具备更好耐温耐酸性，适合低渗透油藏在水气交替驱油的基础上与 CO_2 交替驱油进一步扩大波及体积。

③ CO_2 泡沫体系辅助扩大波及体积技术：研制出高温高压可视化泡沫液性能测试装置，研发优化出吉林油田、长庆油田和新疆油田三个试验区 CO_2 泡沫体系配方，并采用起泡剂复配、纳米颗粒添加剂体系及凝胶泡沫体系，增强泡沫结构，改善了泡沫体系的耐温抗盐性；应用不同物理模拟方法评价出 CO_2 泡沫最优工程技术参数、不同渗透率级差泡沫适应性与扩大波及效果，完成了试验区典型井组泡沫施工方案设计，吉林 CO_2 驱油试验区现场试验初见成效。

（3）构建形成"四分四调、三辅一助" CO_2 驱油开发调控技术体系。

① 以吉林油田黑 46 低渗透油藏 CO_2 驱油试验区为研究对象，通过大量数值模拟，结合试验区动态，初步建立了压裂引效、分层注气和加密射孔等措施调控的界限图版，为 CO_2 驱油措施调控的选井、选层提供依据。

② 从调控目的、适用条件、调控时机、调控成本 4 个方面出发，梳理出了注采调控、化学辅助调控、井网调控和措施调控等 4 大类 19 种适合 CO_2 驱油开发调控的手段，建立了 CO_2 驱油开发调控工具箱，为"分层次、分阶段、分类别、分界限"等调控提供指导依据。

③ "四分四调、三辅一助" CO_2 驱油开发调控技术体系：四分是调控基础，其中一分是指空间维度的分层级，打破单一井组调控局限，划分注采调控单元，实施组合调控扩大波及；二分是指时间维度的分阶段，根据 CO_2 驱油主要开发指标变化特征划分开发阶段，实施分段精准调控；三分是指属性维度的分类别，根据生产井差异化见效和气窜特征，实施分类别差异化调控；四分是指量的维度分界限，根据不同调控工具的特点划分调控界限，实施区间量化调控。四调是 CO_2 驱油开发调控主要手段，包括连续注气阶段

基于气驱前缘预测与控制的注采调控、水气交替驱油阶段差异化注采参数调控、CO_2 驱油中后期的合理注采井数比调控、分层注气及压裂引效等措施调控。三辅为化学辅助扩大波及体积调控，包括凝胶和聚合物裂缝封窜、CO_2 泡沫调驱、低黏增稠水交替辅助扩大波及调控等。一助指使用低成本高效 CO_2 驱油助混剂，降低混相压力，改善驱油效果。

3. CO_2 驱油与埋存规模应用低成本注采工艺

针对吉林油田 CO_2 驱油与埋存工业化应用中的一些关键问题，在前期研究成果基础上，发展完善了 CO_2 驱油与埋存注采工艺，应用成本显著降低。

（1）研发了缓蚀杀菌 2 大类、5 种防腐药剂体系，降本增效显著。细化不同功能药剂协同机理认识，自主研发适合不同工况的不同类型防腐药剂体系，降低药剂成本 30% 以上，矿场腐蚀速率低于 0.076mm/a。

（2）研发新型注采井口、连续油管等工艺，新工艺一次降本 33%。新型井口设计及应用降低了水气交替过程中水 / 气互窜风险、提升抽油机稳定性、减少密封薄弱点，单井成本分别降低 2.93 万元和 17.4 万元；创新设计井下多重插入密封、双体式悬挂器及多功能一体化井口等关键工具，研发形成 CO_2 驱油连续管笼统注气工艺，减少气密封薄弱点，在黑 125 CO_2 驱油工业化应用区块矿场试验 8 口井，作业周期缩短 50% 以上。

（3）明确不同组合防气工具适用气液比范围，应用层次分析法建立携气举升制度，指导矿场应用 38 口井，进一步提高了防气工具利用率、降低工艺成本，实现"一井一策"精细化管理，完善高气油比油井举升技术，泵效平均提高 14.1%。

（4）研发密相注入工艺流程，完成中试试验，实现管道气低成本注入。试验确定了密相注入进泵参数，得出 CO_2 在不同温度和压力下对泵排量的影响；密相注入单泵最大注入量可达 $50 \times 10^4 \text{m}^3/\text{d}$。密相注入站占地远小于气相注入站，类似普通注水站。设备投资约为国产气相注入设备的 1/8，注水泵的 1.5～2.0 倍，运行成本低；缺点是无法实现 CO_2 循环注入，需另建循环注入系统。

（5）研发了新型气液分离装置，完善高气液比气液分输技术，实现 CO_2 循环注入。采用降压法实验分析了含 CO_2 原油泡沫演变机理，设计了"GLCC+ 重力分离"相结合的新型气液分离器，优化形成了 CO_2 驱泡沫原油气液分离技术，采出流体分离后气相中液滴的最小直径达到 90μm；基于 CO_2 多相节流算法和混输仿真模拟，明确了防止段塞流的技术边界，发展并完善了气液分输技术，实现不同气液比下集输系统平稳运行；优化形成了支干线气液分输不加热集输和气液分输技术，优化了变温吸附 PLC 自动化调控系统，提高了操作效率，降低系统运行成本。

4. 复杂地形地貌条件下 CO_2 驱油与埋存地面工程技术

针对长庆油田 CO_2 驱油与埋存试验区的黄土塬沟壑纵横特点，发展形成复杂地形地貌条件下 CO_2 驱油与埋存地面工程技术。

（1）研发了 4 套 CO_2 捕集与液化技术，构建 4 级碳源保障体系。天然气净化厂排放气：焚烧碱洗净化 + 胺液捕集 + 增压 + 分子筛脱水 + 丙烷制冷。轻烃处理总厂尾气：不可再生溶液脱硫＋分子筛脱水＋丙烷制冷。炼油厂尾气：胺液捕集＋增压＋分子筛脱水＋丙烷制冷。含 CO_2 伴生气（为循环注入）：膜／变压吸附捕集＋增压＋分子筛脱水＋丙烷制冷。

（2）形成复杂山地条件下含杂质 CO_2 超临界长输管道工艺。针对长庆油田周边碳源，研究不同杂质对 CO_2 物性影响，形成物性图版。明确地形高差对 CO_2 相态的影响：沿线地形起伏程度越大，管路极值压降就越大，管内流体压力波动幅度越大；地形起伏对管线内流体的温度的影响较小；高差较大地区，为使管道全线维持单相态运行，必须对翻越点进行压力校核。形成分子筛脱水、多级压缩机＋泵组合增压、管道不保温的超临界—密相长输工艺。基于泄漏、放空时物性变化规律，形成小管多级并联放空、分布式感温光纤法泄漏监测技术。

（3）形成了长庆油田 CO_2 驱油注入、采出流体集输处理工艺技术体系。开展了 CO_2 相态、含 CO_2 泡沫原油特性和破乳、不加热集输适应性、采出水水质分析等研究，初步形成了地面工程系列技术。

（4）研发覆盖全流程的一体化集成装置，推动地面工程的工厂化预制、模块化建设、智能化运行。研发了液相 CO_2 注入、单井计量、两相分离、三相分离、采出水处理与回注、腐蚀监控、橇装阴极保护以及真空抽吸、压缩、分子筛脱水、制冷、提纯等一体化集成装置，覆盖了注入、集输、处理全生产过程。

5. CO_2 捕集、驱油与埋存经济评价技术

（1）明确了 CO_2 捕集、驱油与埋存项目效益特征及构成要素。CO_2 捕集、驱油与埋存项目效益包括实施产生的直接或间接能源效益、经济效益、环境效益和社会效益。

（2）改进形成了 CO_2 捕集、驱油与埋存项目经济评价模型及方法。在吸收国外分析模型基础上，结合可获得的中国实际数据，将捕集、压缩、运输、驱油与埋存作为 CO_2 产品完整产业链流程，采取净现值、投入产出等方法对经济、社会等效益进行评价，建立 CO_2 捕集、压缩、运输、驱油与埋存各环节投资成本计算模型。

（3）形成 CO_2 捕集、驱油与埋存能源效益、经济效益、环境效益、社会效益评价方法和软件，开展了项目效益评价。采用原油产量增加带来的能源战略储备成本的减少量计算能源安全效益；采用全生命周期分析方法，计算全工艺流程的 CO_2 驱油与埋存项目的能耗、水资源效益和减排效益，进行环境效益评价；编制了以净现值为基础的"4 个效益"评价软件，开展了吉林油田、大庆油田、胜利油田、新疆油田和延长油田等 CO_2 捕集、驱油与埋存项目效益评价。

6. CO_2 埋存机理与长期埋存安全性评价技术

（1）定量分析埋存影响因素，深化了 CO_2 埋存和运移机理认识。埋存机理：体积置换作用为主，溶解滞留为辅，随时间增加，矿化作用贡献增大。敏感性分析：系统研究储层、流体、非均质性、断层、地层倾角、盖层矿物溶解、沉淀作用等因素对 CO_2 埋存的影响。如高盐油藏盐度增加促进长石、方解石溶解，促进黏土矿物伊／蒙混层的生成，

导致注入能力下降。

（2）形成了"土壤碳通量＋碳同位素＋U 形管取样装置"一体化埋存监测技术，实现 CO_2 埋存状况长期监测。建立了埋存状况监测评价流程，明确了埋存状况分析评价关键指标，确定了工业化应用试验区各项指标背景值并持续跟踪监测。

（3）研发了 CO_2 注入井环空测试装置 1 套，实现环空带压安全测试、取样及快速评价。建立了风险判别流程，结合矿场环空带压测试分析、新水基环空保护液应用，进一步完善了分析评价方法，指导环空带压井安全作业及措施。

（4）形成了较完备的 CO_2 驱油地面风险监测与防控技术体系。通过全流程风险辨识、CO_2 泄漏及射流实验，掌握了泄漏时的基本参数、变化规律，以及坡度和地面粗糙度对扩散的影响等规律，提出了泄漏射流的安全距离。形成了 CO_2 驱油地面设施安全设计体系，初步形成了 CO_2 驱油与埋存风险运行管理体系。

三、提出了 CO_2 捕集、驱油与埋存发展规划，为碳中和提供决策依据

（1）完善评价方法、靠实关键参数，完成主要油气盆地 CO_2 驱油与埋存潜力评价。根据油田区块地质、实验及开发资料完善程度，结合模型计算和数值模拟等方法，评价了 5 个油气盆地 CO_2 驱油与埋存潜力。

（2）形成 CO_2 埋存资源分级管理系统，完成主要油区 CO_2 埋存资源分级评价。以埋存 CO_2 的油气藏、盐水层和煤层等地质体空间孔隙体积为资源，建立 CO_2 埋存资源分级管理系统（SRMS），对埋存资源进行细分类和分级管理评价；以 CO_2 捕集、驱油与埋存项目总利润现值为零时可承受的 CO_2 极限成本作为依据，完成 11 个油区 230 个油田潜力分级评估。

（3）设定了我国 CCUS 发展情景模式及目标。短期：优先考虑 CO_2 捕集、驱油与埋存（CCS-EOR）的研发、示范与产业化推进，通过增油的经济收益抵消部分增量成本，增加管道网络基础设施，在驱油过程中实现 CO_2 油藏封存。长期：通过技术进步和规模效益逐渐降低总减排成本，建立碳交易等多种市场驱动机制，实现 CCUS 产业化发展，最终实现大规模深度减排，为我国实现碳中和提供可行技术路径。

（4）制订了我国主要油区 CO_2 捕集、驱油与埋存项目发展应用规划。近期优先在松辽盆地、鄂尔多斯盆地、准噶尔盆地和渤海湾盆地等源汇条件匹配、驱油提高采收率需求急迫且潜力大的盆地展开。至 2030 年碳排放达峰期间，建成 CO_2 捕集、驱油与埋存百万吨规模工业化推广应用项目，技术具备产业化能力。2030 年后，技术成熟、成本大幅降低，气候政策（碳排放交易）完善，CO_2 捕集、驱油与埋存实现商业化运行，CO_2 捕集、驱油与埋存项目实现广泛部署，建成多个产业集群，成为碳中和有效途径；2040 年后，CO_2 捕集并埋存到潜力巨大的盐水层等地质体，成为碳中和主要途径。

（5）形成的 CO_2 捕集、驱油与埋存潜力评价、源汇匹配、经济评价方法、区域发展规划，CO_2 捕集、驱油与埋存政策发展建议等研究成果。主导形成的碳封存量化与核查评价方法与 ISO 标准稿、CO_2 埋存资源分级管理系统等成果，奠定碳封存量核查基础，扩大了中国在 CCUS 领域的国际影响力。

四、现场应用效果

上述基础研究理论、方法、技术已成功应用于吉林、长庆和新疆油田 CO_2 驱油与埋存试验示范区，有效指导和支撑了现场试验顺利运行。

1. 吉林油田低渗透油藏 CO_2 驱油与埋存试验效果显著

（1）试验进展：截至 2021 年 3 月，吉林油田 CO_2 驱油与埋存试验区覆盖储量 $1183×10^4t$，注气井组 88 个，累计注 CO_2 $212×10^4t$、产油能力 $10×10^4t/a$、埋存能力 $35×10^4t/a$。

（2）应用效果：黑 79 小井距试验区，累计注 CO_2 0.98HCPV，产油量较水驱提高 6 倍，中心区提高原油采收率 20% 以上；黑 46 试验区，累计注 CO_2 0.18HCPV，产油量较水驱提高 2 倍，预测提高原油采收率 15%。

（3）技术创效：研发应用的防腐加药、注采工艺和循环注气等新工艺直接创效 9657 万元。

2. 长庆油田超低渗透油藏 CO_2 驱油与埋存试验增油效果初显

（1）试验进展：截至 2021 年 3 月，长庆油田黄 3 CO_2 驱油与埋存试验区开展 9 注 37 采先导试验，覆盖储量 $206×10^4t$，具备 $10×10^4t/a$ CO_2 注入能力，累计注 CO_2 $13×10^4t$。

（2）应用效果：单井平均日产油由 0.8t 提升至 1.28t，含水率由 53.3% 下降到 39.5%，累计增油 $1.48×10^4t$。

（3）技术支撑："涂/镀层管材为主＋缓蚀阻垢剂为辅"防腐防垢技术，大幅节约油管更换作业费和套损井治理费；地面工程风险监控技术支撑地面安全设计；CO_2 捕集与液化技术、复杂地形地貌 CO_2 输送技术，为规模应用提供技术储备。

3. 新疆油田砂砾岩油藏 CO_2 驱油与埋存试验试注顺利

（1）试验进展：截至 2021 年 3 月，新疆油田八区 530 CO_2 驱油与埋存试验区，开展 9 井次 CO_2 现场试注，编制油田首个 CO_2 混相驱油方案，累计注 CO_2 $4.06×10^4t$。

（2）应用效果：显示出 CO_2 混相驱油受效特征（含水降低、液量上升、泡沫油形成）。

（3）技术验证：研发的 CO_2 驱油管柱工具在试验区现场成功应用 10 井次；研发的 KTY–1 缓蚀阻垢剂已在 80206 井现场施工，总铁含量从 199mg/L 降至 54.8mg/L，防腐效果明显。

第三节　技术发展趋势及展望

2020 年 9 月 22 日，习近平总书记在第 75 届联合国大会上发表重要讲话，提出我国"力争于 2030 年前二氧化碳排放达到峰值，努力争取 2060 年前实现碳中和"，体现了中国作为一个负责任大国的勇气与担当，也为石油行业发展指明了目标和方向。2021 年

7 月 16 日，全国碳排放权交易市场启动上线交易，这是利用市场机制控制和减少温室气体排放、推动经济发展方式绿色低碳转型的一项重要制度创新，也是加强生态文明建设、落实国际减排承诺的重要政策工具。大力发展 CO_2 捕集、驱油与埋存技术不仅是未来我国减少碳排放、保障能源安全的战略选择，而且是构建生态文明和实现可持续发展的重要手段。诸多形势和政策环境的变化，为 CCUS 技术的加快发展带来重大机遇，CCUS 将成为我国实现碳中和目标不可或缺的关键性技术之一。

针对形势变化与目前存在的主要问题，"十四五"阶段应重点聚焦 CO_2 捕集、驱油与埋存发展战略规划、低廉稳定气源供给保障、CO_2 驱油扩大波及体积技术、低成本高效工程配套技术 4 个方面，持续开展技术研究和试验，积极推动我国 CCUS 的规模化应用，为实现国家"碳达峰"与"碳中和"双碳目标做出贡献。

一、CO_2 捕集、驱油与埋存发展战略规划

CCUS 发展战略规划将优先考虑 CO_2 捕集、驱油与埋存（CCS-EOR）。从 CO_2 驱油开发不同油藏类型适应条件、混相与非混相差异、气源有无与成本等多因素约束综合考虑，创新 CCS-EOR 技术经济评价方法，明确和细分评价不同开发单元 CO_2 驱油提高采收率技术经济潜力，编制先易后难、效益优先、有序推广的 CCUS 发展战略。

二、低廉稳定气源供给保障

低廉稳定气源供给是 CO_2 捕集、驱油与埋存项目成功的先决条件，针对目前国内 CO_2 排放源分散、捕集和输运成本高等问题，重点攻关百万吨级以上低成本碳捕集技术，创新长距离超临界 CO_2 管道输送技术，优化编制工业化试验区管道输送方案，构建 CO_2 捕集、驱油与埋存源汇匹配商业运行模式，争取有利的国家激励政策等，为 CO_2 捕集、驱油与埋存工业化试验开展和规模化上产提供气源保障。

三、CO_2 驱油扩大波及体积技术

围绕制约 CO_2 驱油开发效果的核心问题，基于不同类型油藏 CO_2 驱油机理认识，创新井网井距设计方法，深化注采调控、水气交替调控和措施调控等技术适应性界限和调控方法研究，加快化学辅助扩大波及体积药剂研制、现场试验及定型生产，加强试验区油藏动态分析、开发规律认识与综合调控方案编制研究，形成适合我国陆相沉积油藏的 CO_2 驱油扩大波及体积技术系列，支撑现场试验和保障 CO_2 驱油规模化上产取得较好应用效果。

四、低成本高效工程配套技术

加快研发低成本防腐药剂体系、材料和配套装置，创新改进分层注气工具、高气油比举升工艺，升级完善 CO_2 驱油与埋存油藏监测技术，优化简化循环注气、集输处理等地面工艺流程，加强 CO_2 捕集、驱油与埋存工程配套技术标准体系的制修订，不断提高工程配套技术的稳定性、可靠性和智能化水平，大幅降低工程建设和运行成本，支撑保障 CO_2 捕集、驱油与埋存规模化推广应用顺利实现。

第二章 CO_2 驱油开发规律与调控技术

通过"十一五"以来集中攻关和试验，我国 CO_2 驱油与埋存技术取得显著进展，但制约技术应用效果的主客观因素依然存在，在油藏工程方面，陆相沉积油藏 CO_2—原油体系混相压力高、开发规律认识不清、波及体积小、缺乏有效的调控方法等问题仍需进一步攻关解决。

本章主要从改善 CO_2—原油体系混相条件、CO_2 驱油特征与动态规律认识、CO_2 驱油气窜防控与扩大波及体积、CO_2 驱油藏管理与调控 4 个方面简要阐述"十三五"期间攻关取得的主要成果和进展。

第一节 改善 CO_2—原油体系混相条件技术

与国外海相沉积油藏原油比，我国陆相沉积油藏原油普遍重质组分含量高，与 CO_2 混相较困难，即使能混相，原始地层压力也与最小混相压力（MMP）相近，致使油藏整体注采调控空间窄，开发效果差。通过改善 CO_2—原油体系混相条件，降低混相压力，可提高 CO_2 驱油效率，改善油藏开发效果。

通过深入分析 CO_2—原油混相机理，提出了"CO_2—原油两亲分子"化学助混剂分子结构设计思路，研制了可快速评价助混剂效果的方法和实验装置，开展了大量的化学助混剂的筛选与评价，明确了不同因素对助混效果的影响规律，初步优选出具有较好效果的助混剂，扩大了实施 CO_2 混相驱油的油藏适用范围。

一、化学助混剂的分子结构设计

混相的本质是分子尺度上物质的混合带来的界面消失，对于 CO_2—原油体系，需克服 CO_2 分子与原油分子间相互作用的差异，对应的最直观的可测量参数是界面张力。为实现降低 CO_2—原油体系混相压力，通常有物理助混和化学助混两种途径（杨思玉等，2015）。其中，物理助混法主要原理是通过注入轻烃等物质改变原油品质实现与 CO_2 混相，其助混剂用量大，降混成本高。化学助混法主要原理是利用化学剂在界面排布的特殊性质改变界面张力，从而促进 CO_2—原油体系混溶，具有助混剂用量少、助混效率高、混相压力可控性强和相对成本低等特点。

为此，提出了"CO_2—原油两亲分子"的概念，设计合成针对 CO_2—原油体系的两亲分子，利用化学助混法降低混相压力，如图 2-1-1 所示。其中，亲油基团与亲 CO_2 基团的结合是这类两亲分子结构设计的基础，将其拆分为"亲油基团"与"亲 CO_2 基团"分别研究设计。借鉴表面活性剂中研究较成熟的亲油基团，例如长链烃基与原油主要组分的分子结构类似，同时可根据不同油田原油特点调节亲油基团种类、烃链长短等。亲 CO_2

基团选择则成为设计助混剂结构关键所在，综合已有研究文献，可发现亲CO_2基团主要包括：氟基、硅基、羰基（酯、酮、酰胺）、醚基、羟基（醇）等。在明确亲CO_2和亲油基团种类后，如何将这些基团以适当方式组织，产生最佳的双亲效果，是助混剂分子设计和优化的关键，也是后续实验筛选助混剂的主要研究内容。

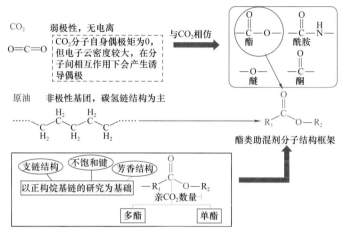

图 2-1-1　助混剂分子结构设计示意图

二、快速评价助混剂效果的方法

要找到合适的助混剂，需对大量化学剂的助混效果进行评价。评价助混效果主要是测定对比最小混相压力（MMP），传统测定方法有细管法和界面张力消失法（VIT）两种。其中，细管法是目前业界公认的较为准确可靠的直接测定方法，但成本高、实验周期长（通常在一个月以上）。VIT 法也是一种应用较为广泛的测定方法，该法将原油与CO_2之间界面张力（IFT）消失的压力点认定为 MMP，是一种间接测定方法。通过研究，建立了一种科学、简易、快速、可视化的 MMP 测定方法——高度上升法，有效缩短了助混剂的开发周期和成本。

1. 高度上升法的原理与装置

便捷、可视化的CO_2驱油助混剂评价方法——高度上升法，依据混相原理搭建有透明视窗的高压反应釜观测气液的相态变化，将釜内油相液面高度随压力的变化关系转化为混相百分比曲线以反映和监控混相过程，从而测得混相效率数据。

用模拟油可以预测助混剂在原油中的效果，降低了筛选流程的难度。在可视化恒容高压设备中，观测油、助混剂和CO_2体系的相态变化。当横截面积恒定时，油相体积膨胀将正比于油CO_2界面高度，并在某一压力下实现混相，此时恒容釜中只存在一相，这一压力即为 MMP。利用带透明宝石视窗和高度刻度的恒容高压釜作容器以便观测油相液面上升高度（图 2-1-2 和图 2-1-3）。将恒容高压釜置于设定温度的恒温水浴中，向釜内加入油样（每次等体积）、助混剂和搅拌磁子，记录初始高度 H_0，用气瓶注入CO_2并调节压力 p，随压力增大，CO_2进入超临界状态并逐渐溶于油相，油相高度 H 逐渐增大，每调

(a) 单缸柱塞泵

(b) 压力计

(c) 水浴和高压釜俯视图

(d) 水浴和高压釜主视图

图 2-1-2　高度上升法测量 CO_2—油相混相压力的装置照片

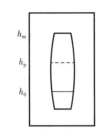

图 2-1-3　高压釜的透明视窗及液面刻度示意图

节一次 p，稳定数分钟，读取一组 H—p 数据，至容器全被油相充满，此时高度为 H_m，定义该状态为完全混相，此时的压力 p_m 即为体系 MMP。定义混相百分比 δ 和助混效率（MMP 降低率）w 为：

$$\delta = \frac{H - H_0}{H_m - H_0} \times 100\%$$

$$w = \frac{p_{m1} - p_{m2}}{p_{m1}} \times 100\%$$

以 δ—p 曲线反映混相过程，作为此方法的实验数据曲线，以 w 作为反映助混剂助混效率的指标。其中，p_{m1} 为油样的 MMP，p_{m2} 为加入助混剂后油样的 MMP。w 可以直观表示该助混剂降低 MMP 的效率。

2. 高度上升法与细管法、VIT 法的结果比较

将 3 种方法测量数据和结果对比，分别讨论在不同场景下的使用效果，见表 2-1-1。

表 2-1-1　快速评价助混剂效果的三种方法测量结果的适用性对比

方法	细管法	高度上升法	界面张力消失法（VIT）
MMP 降低率 /%	20.5	18.0	4.6（0.1mN/m）
参数指标	采收率	混相比	界面张力
特性	间接反映 MMP、模拟地层、准确度高、周期较长（20d）	直接反映 MMP、混相物理模型、较为准确、周期短（4h）	IFT 与 MMP 不直接相关、无法考虑助混剂影响

高度上升法可全程观测原油和 CO_2 相行为，在 MMP 测定的同时可以得到一条过程曲线，实现混相过程可视化。实验过程中，通过逐步调节反应釜平衡的 CO_2 分压，用数字式压力计读取平衡压力值，取点位置和取点间隔可控。同时，所用高压釜有一对通透的宝石视窗，可以清晰地观察到反应釜中由两相变为一相的过程。可通过视窗边缘的标

尺直接读取油相与 CO_2 相之间相界面的高度值,由高度上升法计算得到混相百分比 δ。不同助混体系的 δ 随压力变化的曲线会呈现差异性。

三、不同因素对助混效果的影响

根据化学助混剂分子结构设计思路确定了助混剂分子库,利用高度上升法快速评价库中各种物质助混效果,得到了亲 CO_2 基团种类和数目、亲油基团碳链长度和数目、温度等不同因素对助混效果的影响规律,主要结论如下:

(1)亲 CO_2 基团种类的影响。酯类助混剂比醚类助混剂效果好,吐温 80 分子结构含有酯基和醚基,助混效果也较好(图 2-1-4)。

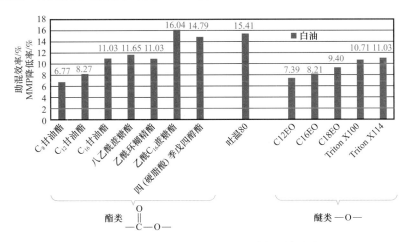

图 2-1-4　不同亲 CO_2 基团助混剂助混效果对比

(2)亲 CO_2 基团数目的影响。比较 3 种助混剂,酯基基团数增加可提高助混效果(图 2-1-5)。

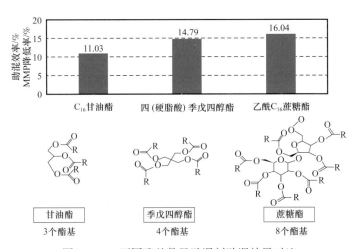

图 2-1-5　不同酯基数目助混剂助混效果对比

(3)亲油基团碳链长度的影响。烷基链增长可提高助混效果,碳链过长会影响分子在 CO_2 中溶解性,烷基链长度接近原油主要成分时助混效率最高,C_{16} 和 C_{18} 较为合适(图 2-1-6)。

（4）亲油基团数目的影响。相同链长甘油酯，多酯基数可提高该类助混剂效果（图2-1-7）。

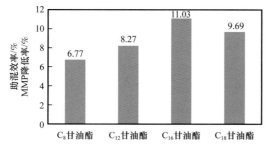

图2-1-6 不同链长甘油酯助混效果对比　　　图2-1-7 不同数目甘油酯助混效果对比

（5）温度的影响。乙酰C_{16}蔗糖酯的助混效果受温度影响不大，多酯基、长碳链助混剂有望成为耐温的CO_2驱油助混剂（图2-1-8）。

（6）浓度的影响。助混效率随助混剂浓度的增加而增大，浓度3%时助混效果达到20%，浓度继续增大后，助混剂过饱和析出，助混效果不再提高（图2-1-9）。

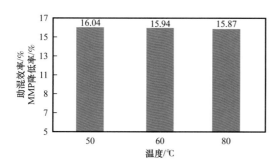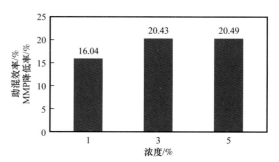

图2-1-8 乙酰C_{16}蔗糖酯不同温度下助混效果　　图2-1-9 乙酰C_{16}蔗糖酯不同浓度（质量分数）
对比（助混剂质量分数为1%）　　　　　下助混效果对比（测试温度为50℃）

（7）复配的影响。乙酰C_{16}蔗糖酯（ECSE）与吐温80通过1:1复配可有效提高助混效率（图2-1-10）。

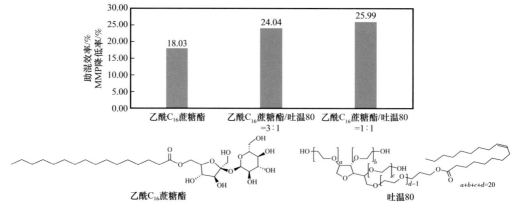

图2-1-10 乙酰C_{16}蔗糖酯（ECSE）与吐温80不同比例复配助混效果对比

四、分子动力学模拟助混机理

用分子动力学模拟方法（MD）对CO_2分子分别与油相模拟分子—十六烷和CAA8-X新型助混剂分子接近过程中的势能变化进行分析，结果如图2-1-11所示。从势能变化结果发现，在CO_2分子与油相分子靠近过程中，其势能最低点相对于在CO_2分子与CAA8-X分子靠近过程中，对应能量变化值$\Delta E_{CAA8-X} = 8.64kJ/mol$，这证明CAA8-X在$CO_2$—原油界面排布，其碳氢基团进入油相，与传统两亲分子类似，头基与CO_2相接触，使得两相界面接触的能量降低，从而达到助混效果。

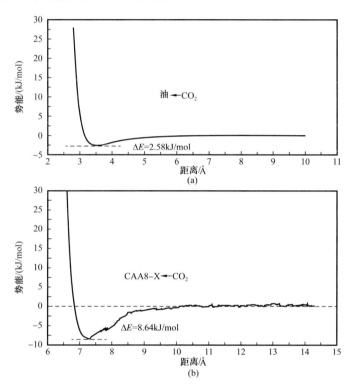

图2-1-11　CO_2与油相分子（a）和CAA8-X（b）接近过程中的势能变化曲线

在之前的研究中，发现酯基是较好的亲CO_2基团，同时也发现酯基数目增加可以提高其"亲CO_2性"。同样采用类似的MD模拟模型，对比CO_2分子与多酯头基化合物CAA8-X和单酯头基化合物十六酸乙酯（Palmitic Acid Ethyl Ester，PAEE）的头基接近过程中的势能变化，$\Delta E_{PAEE} = 7.90kJ/mol$，如图2-1-12所示。与图2-1-11对比可以看出，CAA8-X的多酯头基与CO_2分子靠近时，能量降低更多，具有更好的助混效果。

五、助混剂优选与效果评价

利用高度上升法测量加入CAA8-X助混剂的长庆油田、新疆油田和吉林油田的原油样品与CO_2的混相压力，如图2-1-13所示。高度上升法测试结果表明，CAA8-X对长庆油田样品混相压力降低3.08MPa（18.0%），对吉林油田样品混相压力降低3.88MPa（16.5%），对新疆油田样品混相压力降低3.84MPa（16.7%）。

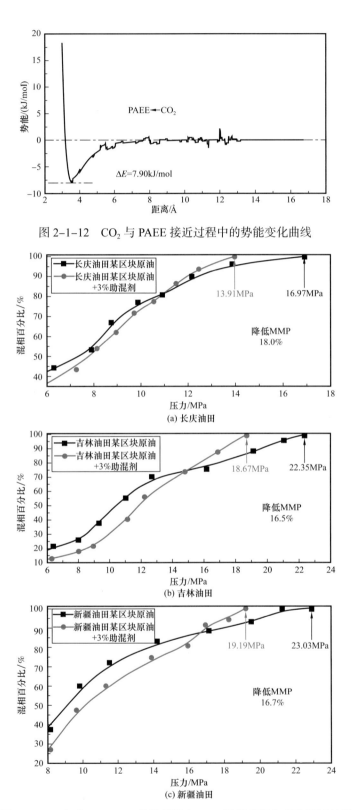

图 2-1-12 CO_2 与 PAEE 接近过程中的势能变化曲线

(a) 长庆油田

(b) 吉林油田

(c) 新疆油田

图 2-1-13 加入 CAA8-X 前后原油与 CO_2 混相高度上升法测试结果

为进一步验证 CAA8-X 助混剂在 CO_2 驱油中的应用效果，选择长庆油田样品进行高温高压下的界面张力测试，使用 VIT 法确定其助混效果。在 VIT 法分析结果中，如图 2-1-14 所示，压力升高对界面张力的降低效果明显。而 CAA8-X 加入后，在压力较低情况下，对界面张力的降低效果显著，在研究过程中，也发现了油—CO_2 的界面在压力上升到一定程度时会出现"软化抖动"现象。而加入 CAA8-X 的体系中，在低压下就能够看到油—CO_2 界面的"软化抖动"现象，证明了 CAA8-X 在低压下助混效果明显。

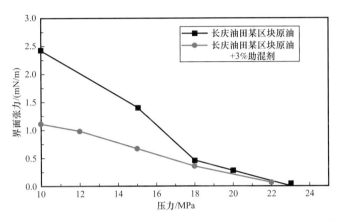

图 2-1-14　加入 CAA8-X 前后 CO_2 与长庆油田样品界面张力—压力曲线

为进一步确定 CAA8-X 在 CO_2 混相驱油中的应用效果，采用细管法对比 CAAX-8 加入前后达到 CO_2 混相驱油需要的压力。测定结果如图 2-1-15 所示，可以明显看出，CAA8-X 的加入能够将长庆油田油样与 CO_2 的混相压力降低 20.5%。

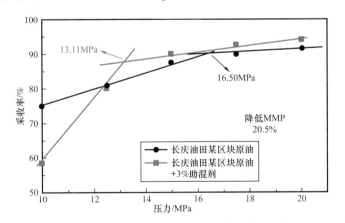

图 2-1-15　加入 CAA8-X 前后长庆油田油样—CO_2 体系混相压力细管实验测定结果

综上所述，CAA8-X 助混剂实验室评价能有效地降低混相压力，促进实现 CO_2 混相驱油。

总的来说，目前化学助混剂的研究仍处于实验室评价阶段，CO_2 驱油田现场具体要如何使用助混剂、何时使用助混剂、技术经济性怎么样等，还有许多问题需要进一步研究和探讨。

第二节　CO_2 驱油特征与动态规律

对 CO_2 驱油特征与动态规律的认识，是进行 CO_2 驱油藏管理和调控的基础，也是 CO_2 驱油技术政策制定的重要依据。我国开展 CO_2 驱油现场试验时间相对较短，试验区块也较少，对 CO_2 驱油特征和动态规律需要深入认识和总结。

"十一五"和"十二五"期间，主要针对吉林油田低渗透油藏 CO_2 驱油开展研究。"十三五"以来，我国 CO_2 驱油现场试验从吉林油田低渗透油藏拓展到了长庆油田超低渗透油藏、新疆油田砂砾岩油藏。根据三类油藏特点，以室内实验和数值模拟研究为基础，结合试验区生产动态跟踪分析，较为系统地开展了 CO_2 驱油特征与动态规律研究。总的来说，深化了吉林油田低渗透油藏 CO_2 驱油开发特征与规律认识，初步明确了长庆油田超低渗透油藏 CO_2 驱油、新疆油田砂砾岩油藏 CO_2 驱油早期的开发特征，为试验区阶段动态调控提供了依据。

一、CO_2 驱油特征与动态规律影响因素分析

1. 低渗透油藏 CO_2 混相驱与非混相驱特征对比

"十三五"期间，随着吉林油田黑 79 小井距低渗透油藏 CO_2 驱油试验的深入开展，在不同阶段生产井产出流体组分出现较大波动和差异，为什么会产生这些变化和波动，试验现场是否已实现混相驱，认清这些问题对不同生产阶段的开发调整具有重要的指导意义；同时，也为不同阶段 CO_2 驱油产出气的处理和循环回注设计提供依据。为此，以吉林油田低渗透油藏 CO_2 驱油试验区为研究对象，利用长一维多测点可视模型实验系统（长 30m）开展 CO_2 非混相和混相驱油实验对比（图 2-2-1），目标是分析驱油效率、压力、气油比、油气组分等关键参数变化规律，认识不同阶段的 CO_2 驱油特征，直观判断及量化 CO_2 非混相驱和混相驱过程的动态特征及规律。相较于常规 1m 长岩心 CO_2 驱油实验和细管实验，该实验系统具有多测点取样、可视化等优点，能够满足实验研究目的。

1）水驱后 CO_2 非混相驱油特征分析

实验完成了 1 组高温高压长一维可视化填砂模型 CO_2 驱替实验，评价地层温度（96.7℃）和压力（15MPa）下水驱后转 CO_2 非混相驱油的驱替效率、驱替特征和油气组分变化规律，并通过高压可视窗观察油、气、水流动状态及水、CO_2 波及特征。实验驱替过程中的累积油采出程度、气油比、驱替压差变化曲线如图 2-2-2 和图 2-2-3 所示。

（1）非混相驱油基本特征：在压力 15MPa 下，水驱油采出程度 47.76%，转 CO_2 非混相驱油采出程度为 63.44%，比水驱提高 15.68%；最大驱替压差发生在水驱中期，达 3.81MPa，CO_2 驱注入能力明显高于水驱，驱替压差均在 0.5MPa 以下；CO_2 注入 0.46HCPV 时气突破（一维模型出口端出现 CO_2），采出程度为 51.89%，气突破后继续注入 CO_2 可再提高 11.55%。

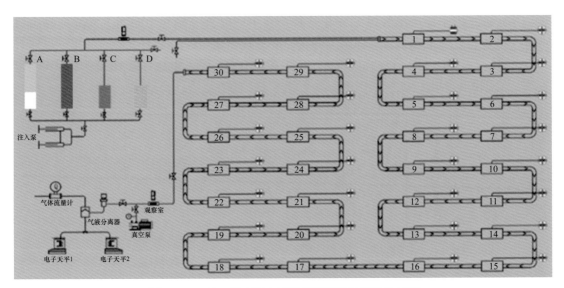

图 2-2-1　长一维多测点可视模型实验系统操作界面

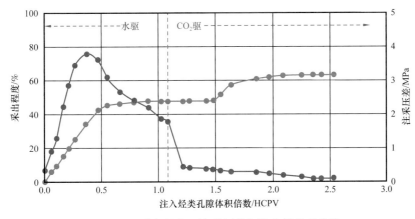

图 2-2-2　采出程度、注采压差与注入量关系曲线

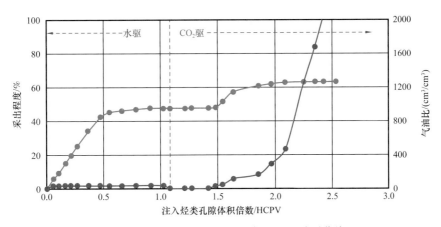

图 2-2-3　采出程度、气油比与注入量关系曲线

（2）非混相驱油产出气组分变化特征：在不同时刻分别在10m处、20m处和出口（30m）处进行气体取样，对气样组分分析，变化规律相似，但 CO_2 突破时间早，高注入烃类孔隙体积（HCPV）倍数时差异更小，三条组分曲线基本重合。低 HCPV 时存在一定差异，详见图2-2-4。

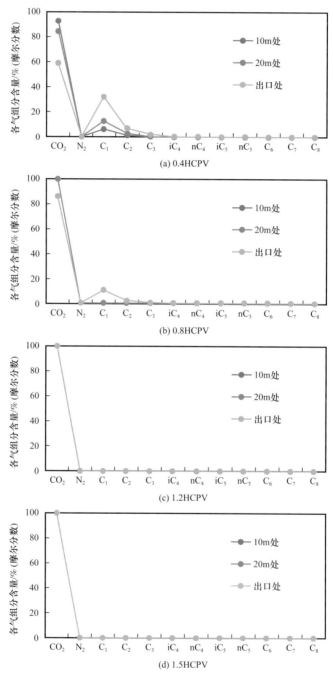

图2-2-4　非混相驱油下不同取样点、不同驱替 HCPV 倍数时气组分变化规律

（3）非混相驱油产出油组分变化特征：非混相驱油注入气 0.4HCPV 时出口已见 CO$_2$ 气，0.8HCPV 时 10m 处和 20m 处组分基本相同，1.2HCPV 时 10m 处和 20m 处已无法取得油样，1.5HCPV 时各处均无法取得油样，如图 2-2-5 所示。

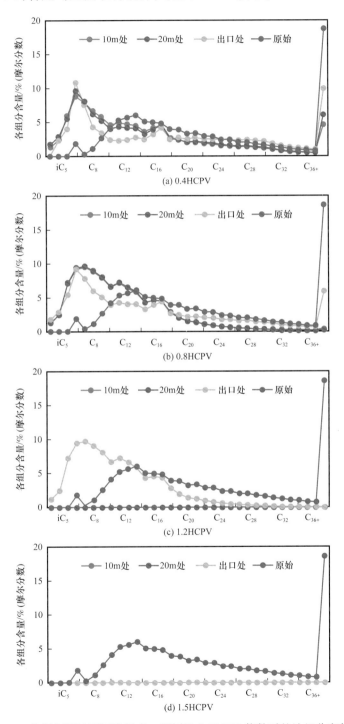

图 2-2-5 非混相驱油不同取样点、不同注入 HCPV 倍数时的油组分变化规律

2）水驱后 CO_2 混相驱油特征分析

实验完成了 1 组高温高压长一维可视化填砂模型 CO_2 驱替实验，评价地层温度（96.7℃）和压力（24MPa）下水驱后转 CO_2 混相驱油的驱替效率、驱替特征和油气组成变化规律，并通过高压可视窗观察油气水流动状态及水、CO_2 波及特征。实验驱替过程中的累积油采出程度、气油比、驱替压差变化曲线如图 2-2-6 和图 2-2-7 所示。

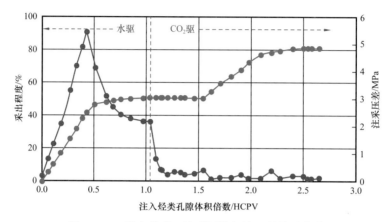

图 2-2-6　采出程度、注采压差与注入量关系曲线

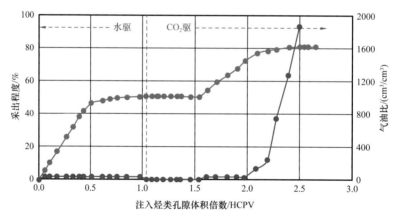

图 2-2-7　采出程度、气油比与注入量关系曲线

（1）混相驱油基本特征：在压力 24MPa 下，水驱油采出程度 50.53%，转 CO_2 混相驱油采出程度达到了 80.94%，CO_2 驱比水驱提高 30.41%；因装置长达 30m，最大驱替压差发生在水驱中期，达 5.46MPa，CO_2 驱油注入能力明显高于水驱油，驱替压差均在 1MPa 以下；CO_2 混相驱油注入 CO_2 0.61HCPV 时气突破，采出程度为 59.29%，气突破后继续注入 CO_2 可再提高采出程度 21.65%。

（2）混相驱油产出气组分变化特征：混相驱替 24MPa 压力下，在不同时刻分别在 10m 处、20m 处和出口（30m）处进行气体取样，对气样组分分析。相同注入量时，10m 处、20m 处和出口（30m）处气组分存在一定差异，表现为低注入烃类孔隙体积倍数时差异较大，高注入烃类孔隙体积倍数时气体已突破，得到的气体样品大部分为 CO_2，所以差异较小，如图 2-2-8 所示。

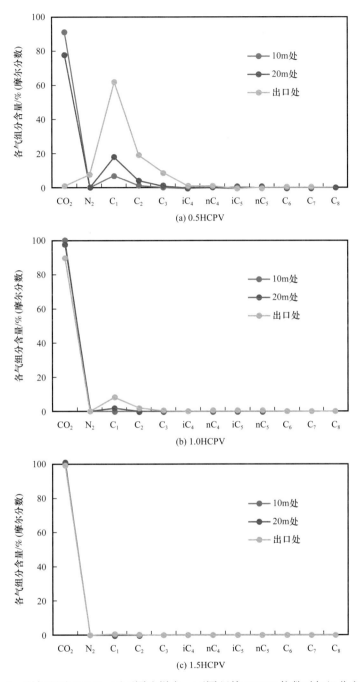

图 2-2-8　混相驱油 24MPa 下不同取样点、不同驱替 HCPV 倍数时气组分变化规律

（3）混相驱油产出油组分变化特征：混相驱替 24MPa 压力下，在不同时刻分别在 10m 处、20m 处和出口（30m）处进行脱气油取样，对油样组分分析。与原始油样组分对比，C_{20+} 的重质组分在多孔介质中滞留，3 个取样口见气油样轻组分含量均大于原始值；0.5HCPV 时出口未见 CO_2，其组分与原始油样基本相同，1.0HCPV 时各油样差异明显，1.5HCPV 时 10m 处和 20m 处已无法取得油样，如图 2-2-9 所示。

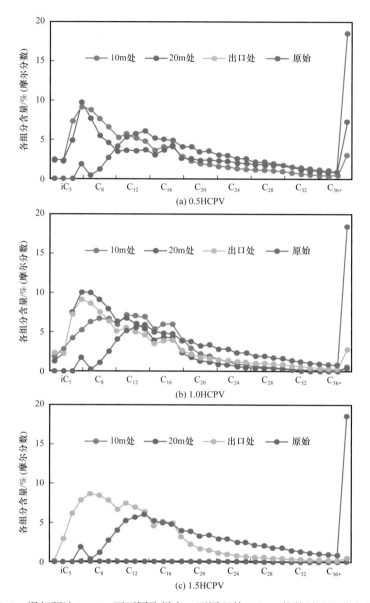

图 2-2-9　混相驱油 24MPa 下不同取样点、不同驱替 HCPV 倍数时油组分变化规律

需要说明的是，上述实验结果是在相对理想状态下产生的，模拟的相当于是单层、一维驱替，可为 CO_2 驱油特征和阶段认识提供基本判断。但对实际油藏而言，由于生产井可能存在多向、多层及不同时见效等复杂因素的叠加影响，其不同阶段的产出油组分、气组分变化特征与上述规律可能不尽相同。

2. 超低渗透油藏基质与含裂缝岩心 CO_2 驱油特征对比

由于裂缝的高导流能力，裂缝极易成为 CO_2 流动的优势通道，气窜时近 90% 的 CO_2 沿裂缝通过，使得基质中的原油不能被动用，裂缝发育和分布是影响裂缝性油藏气窜的关键因素，裂缝与基质的渗透率级差越大则气窜越容易。存在裂缝的油藏发生气窜时，气体一旦突破则气油比迅速上升，产量急剧下降，且无明显阶段划分，气窜之后几乎无原油产出。

　　针对长庆油田黄3试验区超低渗透油藏的流体及储层特点，选定该区块地层温度和压力条件下，利用长岩心驱替实验，探索驱替方式及CO_2注入时机对驱替压差、驱油效率等参数的影响规律，认识超低渗透油藏水驱后储层CO_2注入特征，对比黄3试验区基质与裂缝性储层CO_2驱油特征。

　　1）基质岩心水驱后转CO_2驱油实验

　　实验中水和CO_2注入速度为0.05cm³/min，驱替过程中的驱油效率、气油比和注采压差变化曲线如图2-2-10和图2-2-11所示。

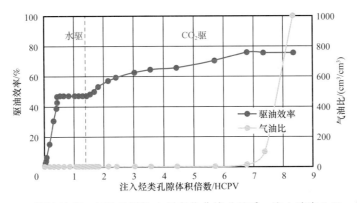

图2-2-10　驱油效率、气油比随注入量变化曲线（基质，注入速度0.05cm³/min）

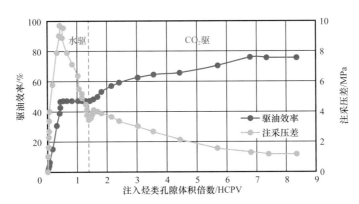

图2-2-11　驱油效率、注采压差随注入量变化曲线（基质，注入速度0.05cm³/min）

　　可以看出，水驱0.53HCPV时注入水突破，产油急剧减少，突破点的驱油效率为47.02%。持续注水1.059HCPV后基本不再产油，此时驱油效率为47.12%。

　　从水驱的注采压差（长岩心进/出口端的压力差）曲线的变化趋势看，虽然水驱速度已经很低（3.0cm³/h），但一旦注入水进入超低渗透岩心，注入压力上升很快，注采压差随注水量的增加而持续快速增大，直到注入水在岩心出口端突破后，注采压差的增大趋势才趋缓，但没有明显下降，水驱过程中的最大注采压差为9.64MPa。实验结果说明，超低渗透岩心注水驱油，水的注入极为困难，注入能力随注水量增加而持续下降。CO_2驱油开始阶段产出油很少，产液含水高于98%；注气0.4HCPV后产油增多，同时产液含水快速减少；注气0.623HCPV发生CO_2气突破，突破后产油逐渐减少，气油比迅速上升。注入CO_2气突破时的驱油效率为49.81%，注气7.28HCPV（总注入8.34HCPV）后的驱油效率为75.77%，比水驱油高28.65%。

2）岩心造缝后水驱转CO_2驱油实验

本组实验中水和CO_2注入速度为0.05cm³/min，驱替过程中的驱油效率、气油比和注采压差变化曲线如图2-2-12和图2-2-13所示。

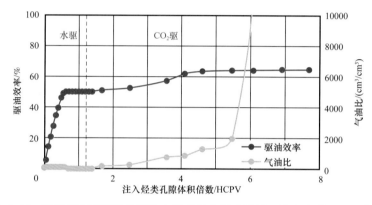

图2-2-12　驱油效率和气油比随注入量变化曲线（裂缝，注入速度0.05cm³/min）

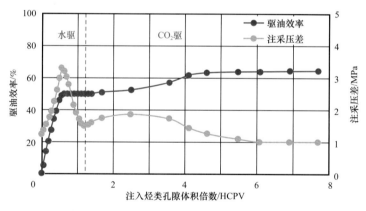

图2-2-13　驱油效率和注采压差随注入量变化曲线（裂缝，注入速度0.05cm³/min）

可以看出，水驱0.4HCPV时注入水突破，突破后产出液中含水快速上升，而产油则急剧减少，突破点的驱油效率为38.83%。持续注水1.10HCPV后基本不再产油，此时驱油效率为49.65%。从水驱油注采压差（长岩心进口与出口端的压力差）曲线的变化趋势看，受到岩心裂缝的影响，最大注采压差较基质岩心水驱大幅下降，仅为3.3MPa。CO_2驱油开始阶段产出油很少，产液含水高于98%；注气0.59HCPV发生CO_2气突破，突破后产油逐渐减少，气油比迅速上升。注入CO_2气突破时的驱油效率为50.79%，注气6.59HCPV（总注入7.69HCPV）后的驱油效率为63.98%，比水驱油高14.33%。

二、不同类型油藏 CO$_2$ 驱油波及见效特征

1. 吉林油田低渗透油藏 CO$_2$ 驱油波及见效特征

跟踪分析黑 79 小井距 CO$_2$ 驱油试验区生产动态，结合储层沉积微相和物性，得到 CO$_2$ 驱油波及见效特征如下：

（1）波及见效与沉积相关系。第一批见效井位于主河道上游中间部位，第二批主要位于河道下游边缘，第三批主要位于河口坝（表 2-2-1，图 2-2-14）。

（2）波及见效时间差异原因。生产井注气见效时间与注采井间储层物性有较好相关性（图 2-2-15）。

（3）波及见效含水下降幅度差异原因。一受注气前储层含水分布影响；二与生产井的多向受效程度有关，多向见效含水下降幅度大，单相见效含水下降幅度小。

表 2-2-1 吉林油田黑 79 小井距 CO$_2$ 驱油见效井指标统计

生产井井号	见效井指标		见效井所属批次
	见效时间 / 月	含水下降幅度 /%	
H+79-303	8	50	第一批见效井
H+79-505	8	50	
H79-3-05	8	50	
H79-1-3	8	30	
H+79-3-3	14	30	第二批见效井
H+79-3-1	14	25	
H79-3-2	15	45	
H79-5-3	16	15	
H79-3-03	17	15	
H79-5-5	20	15	
H+79-705	22	15	
H+79-5-3	36	25	第三批见效井
H79-5-03	36	40	
H79-7-3	48	15	
H79-5-2	48	20	
H79-5-7	48	10	

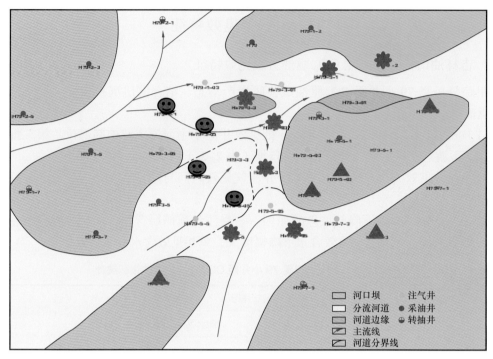

图 2-2-14　黑 79 小井距 CO_2 驱波及见效情况与储层沉积微相叠合图

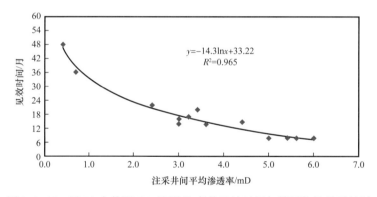

图 2-2-15　黑 79 小井距 CO_2 驱油生产井见效时间与储层物性关系统计

2. 长庆油田超低渗透油藏 CO_2 驱油波及见效特征

从黄 3 区 CO_2 驱油试验区主侧井井距与见效周期对比（图 2-2-16 和图 2-2-17）看，井网和裂缝发育方向影响波及见效：主向井见效速度为 6.6m/d，侧向井见效速度为 3.6m/d，存在明显差异。

3. 新疆油田低渗砂砾岩油藏 CO_2 驱油波及见效特征

根据新疆油田砂砾岩油藏 CO_2 驱油试验区不同构造位置生产井数据统计分析，对比发现：构造高部位生产井全部见效见气，气体突破方向性明显，80492 井试采期间单井累计产油 520.5t，CO_2 含量快速上升，2020 年含量达到 90.6%，80514 井 CO_2 含量达 64.8%

（图 2-2-18），明显气窜；构造腰部单井主要表现出压力升高的特点，80533 井试采期间单井累计产油 126.3t，套压从注气前的 0.66MPa 上升到 2020 年 2.4MPa；低部位生产井基本未见效，目前主要是由于注气井点少，不能形成完整的面积驱。

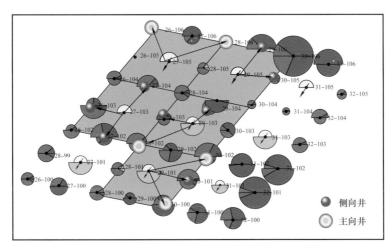

图 2-2-16 黄 3 区 CO₂ 驱油见效方向示意图

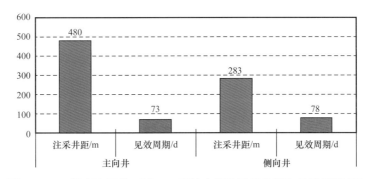

图 2-2-17 长庆油田黄 3 区 CO₂ 驱油主侧井注采井距与见效周期对比

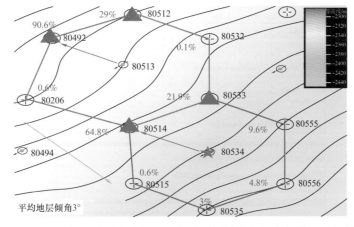

图 2-2-18 新疆砂砾岩油藏 CO₂ 驱油不同构造部位生产井 CO₂ 含量

在构造影响下，注气可以突破沉积界面见效，重建驱替方向。80513 井组见水见效分析表明，由于 80513 井与 80512 井存在沉积界面，80512 井注水不见效，但是 80513 井注气后，S_7^{3-3-4} 单砂层吸气后，80512 井产液量从初期的 3.2t 上升到 4.5t；80513 井 S_7^{4-1-2} 单砂层吸气后，80492 井产液量从 0 到 4.9t，产油量从 0 到 4.1t，并且同一沉积微相带、顺物源方向更易见效；垂直物源方向，受沉积结构界面影响，目前多为不见效，80206 井 CO_2 含量 0.38%（图 2-2-19）。

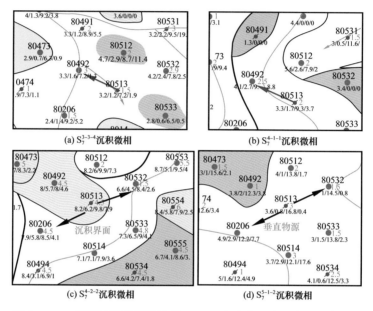

图 2-2-19　新疆油田砂砾岩油藏 CO_2 驱油试验区平面波及见效情况

80513 井 6 次吸水吸气剖面显示（图 2-2-20），储层动用状况得到明显改善，注气井动用层数和动用厚度均达到 100%，分别较水驱提高 71% 和 50%。分析表明，纵向上各小层注气趋于均衡，采油端变化大，优势储层产能大幅度下降，弱受效层产量稳中有升。

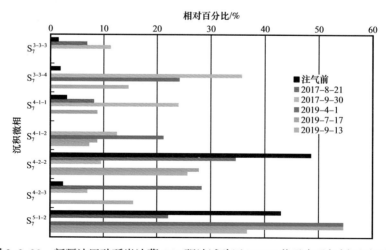

图 2-2-20　新疆油田砂砾岩油藏 CO_2 驱油试验区 80513 井吸水吸气剖面对比图

三、CO_2 驱油开发阶段划分

分析 CO_2 驱油主要开发指标变化规律，目的是划分 CO_2 驱油开发阶段，为分阶段技术政策制定和调控提供依据。

根据 CO_2 驱油各试验区生产动态实际，考虑吉林油田黑 79 小井距 CO_2 驱油试验区气源供应基本满足、集中注气时间长，选取黑 79 小井距 CO_2 驱油试验区为研究对象，统计生产井各项动态指标变化，剔除分批见效的"叠加影响"和"拉平效应"，确定了低渗透油藏 CO_2 驱油主要开发指标随注气量变化趋势和特征规律（图 2-2-21），为 CO_2 驱油全生命周期开发特征认识奠定基础。

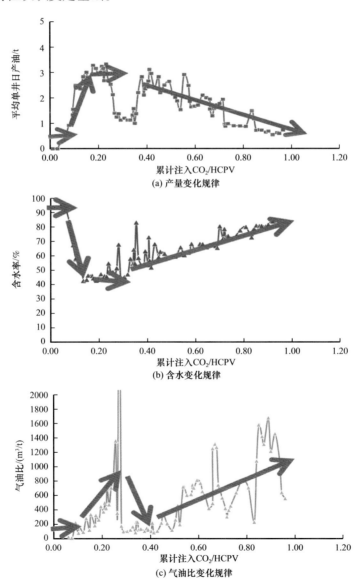

图 2-2-21　吉林油田黑 79 小井距低渗透油藏 CO_2 驱油主要开发指标变化趋势特征

从图 2-2-21 中可见看出，CO_2 驱油的产量、含水和气油比都有比较好的阶段特征，CO_2 驱油开发大致分 4 个阶段，具体各阶段开发特征如下：

第一阶段，"延续水驱，恢复能量"（0～0.05HCPV）。此阶段，综合含水率和气油比将延续水驱阶段趋势，注气迅速补充地层能量，油井动液面和产液量均会有所上升，但由于油井初始含水率高，整体产油量并无明显变化，阶段换油率低。

第二阶段，"陆续见效，产量上升"（0.05～0.15HCPV）。此阶段，生产井陆续见到 CO_2 驱油的混相油墙，综合含水率开始下降，产量开始逐渐上升，需对未见效井进行生产调整引效。

第三阶段，"全面见效，部分突破"（0.15～0.30HCPV）。此阶段，生产井全面见到 CO_2 驱油的混相油墙带，井组整体含水大幅下降，但部分井开始突破，导致气油比开始有所升高，需对部分气窜井关停调整。

第四阶段，"全面突破，水气交替驱油（WAG）调整"（0.30～···HCPV）。此阶段，生产井全面突破，大量生产井气窜，需对井组整体进行转 WAG 调整，以降低油藏含气饱和度，有效抑制气窜。

第三节　CO_2 驱油气窜防控与扩大波及体积技术

我国陆相沉积低渗透油藏非均质性强，CO_2 驱油气窜严重，波及体积小，导致原油采收率提高幅度有限，需开展 CO_2 驱油气窜防控方法研究，发展扩大波及体积技术，改善开发效果。CO_2 驱油扩大波及体积的方式和方法很多，除稳压促混外，基本上 CO_2 驱油藏开发方案设计和调整的大部分工作都是围绕如何扩大波及体积而展开。措施调整扩大波及体积的方式有井网调整、分层注气、压裂引效等；注入流体和注采参数调整扩大波及体积的方式有周期注采、水气交替驱、化学辅助调剖和调驱等。本节主要介绍水气交替驱、低黏增稠水与 CO_2 交替驱、CO_2 泡沫驱等扩大波及体积技术取得的一些进展和认识。

一、气窜情景模式与界定

气窜是注 CO_2 驱油开发中难以避免的问题，气窜会造成生产时间过短，波及效率降低，原油采收率大幅下降。正确认识气窜、控制气窜是扩大 CO_2 驱油波及体积的关键。常规油藏，储层的非均质性是影响 CO_2 气窜的主要因素，CO_2 通常沿高渗透带窜流，或是受重力超覆的影响向上窜逸。对 CO_2 驱油生产井，目前主要从气油比和产出气 CO_2 含量等方面进行定量判断气窜与否。在实际油藏生产过程中，不管是气油比还是产出气 CO_2 含量，受生产井产液量和混相状态等因素影响，具体判别标准会出现一定差异。对整个注气采油井组而言，从属性、类型和级别等更多维度来对气窜进行认识，明确不同气窜情景模式及其分类特征（表 2-3-1），可为不同类型气窜的判定和调控对策制定提供依据。

表 2-3-1 气窜情景模式与特征判断

气窜属性	气窜类型	气窜级别	定性判断	定量判断	调控对策
相对气窜	裂缝型气窜	严重气窜	井组其他生产井尚未见效，一口生产井沿裂缝方向优先见气，见气后气油比急剧上升至无法生产	气窜时间：注气1年内；注入烃类孔隙体积倍数：$0\sim0.1$HCPV；CO_2含量高于80%	凝胶封堵或气窜井转注调整井网
	高渗型气窜	较重气窜	井组整体已初步见效，一口生产井受高渗透条带的影响，气油比快速上升至无法生产	气窜时间：注气1~2年；注入烃类孔隙体积倍数：0.1HCPV~0.2HCPV；CO_2含量60%~80%	凝胶调剖+泡沫调驱
绝对气窜	见效型气窜	正常气窜	井组整体已全面见效，多口生产井气油比上升至无法生产	气窜时间：注气2年后；注入烃类孔隙体积倍数：0.2HCPV以上；CO_2含量30%~60%	WAG调控+泡沫调驱

二、水气交替驱油扩大波及体积技术

国内外大量实践证明，水气交替驱油（WAG）是 CO_2 驱油藏扩大波及体积的有效方式，也是目前最主要和应用最广泛的手段。以前，水气交替驱油设计主要采取同周期和等比例方式进行。20 世纪 90 年代开始，美国兰奇利油田（Rangely）采用锥形 WAG 方式取得了很好的开发效果，锥形 WAG 方式逐渐成为水气交替驱油的主要设计模式。

1. 水气交替驱油扩大波及体积机理

水气交替驱油机理一方面是利用水良好的流度比控制作用，与气交替注入降低含气饱和度和气相渗透率，减缓 CO_2 气窜，扩大波及体积；另一方面，水气交替注入时，水相主要驱扫油层下部，而气相则会由于重力分异作用向上超覆，驱扫波及油藏上部，扩大了垂向波及体积。实验研究从驱替过程看：（1）水段塞主要作用是提高 CO_2 段塞驱替压力梯度和渗流阻力（降速增阻）；（2）增加的驱替压力梯度和阻力迫使 CO_2 进入更小一级孔隙（憋压蓄能）；（3）CO_2 波及进入更小孔隙中或更低渗透率储层驱替原油（驱油泄压），从而不断实现扩大 CO_2 波及体积。水气交替驱油形成的驱替压力梯度越大，CO_2 可波及的孔隙越小，原油采出程度越高。

2. 不同渗透率储层水气交替驱油适应性与关键参数的影响

从前述机理认识看，水气交替驱油增加渗流阻力是扩大 CO_2 波及体积的关键。为此，选取不同储层渗透率岩心，开展水气交替实验，测量驱替压差大小变化，研究各自增加渗流阻力的能力，明确不同储层渗透率水气交替驱的适应性以及关键参数的影响，主要结论如下：

（1）水气交替驱油适应性。储层渗透率高于20mD时，水气交替驱与水驱相比增阻倍数较小，扩大波及能力有限；储层渗透率低于20mD时，水气交替驱与水驱相比增阻倍数显著增大，水气交替驱能取得比水驱更大的波及体积（图 2-3-1）。

（2）关键参数的影响。气水比越小、交替周期越短，水气交替驱与水驱相比增阻倍数越大，水气交替驱段塞压力扰动和扩大波及的能力越强，由图 2-3-2 可以看出，增阻倍数最大可达 2.1。

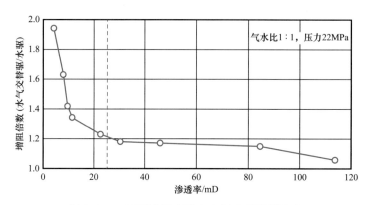

图 2-3-1　不同渗透率岩心水气交替增阻能力

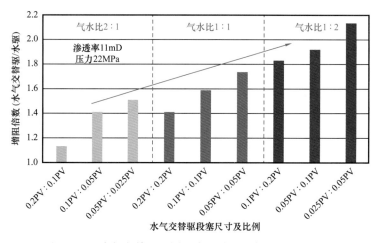

图 2-3-2　水气交替驱不同段塞尺寸及比例下的增阻能力

3. 不同渗透率级差储层水气交替驱油扩大波及体积的效果

吉林油田黑 46 CO_2 驱油试验区纵向涉及多个不同物性层段，平面上不同注采井组和注采单元的渗透率也存在差异，研究不同渗透率级差储层水气交替驱油效果，可提高试验区水气交替驱参数调控的针对性。为此，开展了并联长岩心驱油实验，评价不同渗透率级差、不同参数水气交替驱油的效果，为试验区水气交替驱参数调控提供依据。

实验选取渗透率为 5mD、10mD、15mD 和 20mD 岩心，在温度 90℃、围压 22MPa 的条件下饱和油，依次进行水驱、连续气驱、水气交替驱（气水比 2:1、1:1、1:2、1:3），测定驱油效果。从实验结果看，渗透率级差达到 4 以后，水气交替驱总体扩大波及效果变差（图 2-3-3）；气水比低于 1:2 后，水气交替驱油效果增加不明显，应考虑缩短交替周期持续增阻促波及。

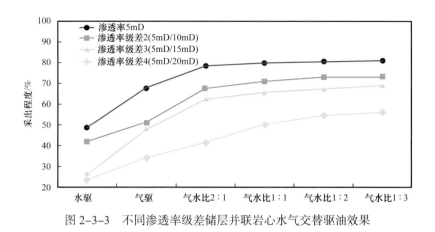

图 2-3-3　不同渗透率级差储层并联岩心水气交替驱油效果

三、低黏增稠水与 CO₂ 交替驱油扩大波及体积技术

在保障低渗透油藏可注入的前提下，适度增加水相黏度到 2～5mPa·s，增加渗流阻力，可辅助 CO_2 驱油在水气交替驱的基础上进一步扩大波及体积。为此，开展了低黏增稠水化学药剂筛选评价研究、低黏增稠水与 CO_2 交替驱油扩大波及体积效果评价研究。

1. 低黏增稠水药剂筛选评价

为满足低渗透储层注入性、增加一定的渗流阻力能力、一定的抗剪切能力，同时为满足 CO_2 驱油藏的耐温性和耐酸性要求，选定 3 种类型化学药剂进行筛选评价：（1）天然高分子及其衍生物黄胞胶；（2）合成聚合物，OP 高分子表面活性剂（以下简称 OP 聚合物）；（3）人工改性天然高分子，CO_2 响应蠕虫胶束（CRWM）。通过对 3 种体系的增黏性、流变性、黏弹性、耐盐和耐 CO_2 性参数实验评价，筛选出了适合目标区块的药剂体系，具体结论如下：

（1）3 种药剂体系都具有良好的增黏性能和抗剪切性能，在无声搅拌器二挡剪切之后黄胞胶黏度随着浓度增加迅速增大，不能满足目标区块对于低黏注入的要求（图 2-3-4）。

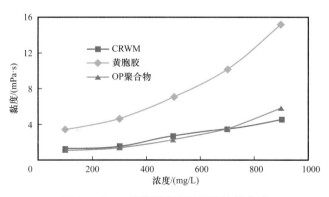

图 2-3-4　3 种药剂溶液的增黏性能曲线

（2）3 种药剂都表现出剪切稀释性，并在剪切速率大于 $10s^{-1}$ 之后出现明显的第二牛顿区；在剪切速率小于 $10s^{-1}$ 时，OP 聚合物和 CRWM 黏度随剪切速率增大而缓慢下降，

黄胞胶出现黏度随剪切速率增加迅速降低的特点，不能满足矿场生产中对于体系在注入和地下运移过程中黏度稳定的要求（图2-3-5）。

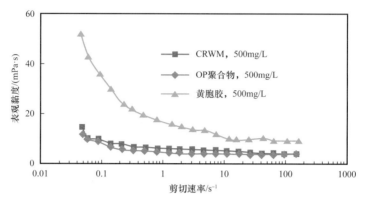

图2-3-5　3种药剂溶液不同剪切速度下流变对比曲线

（3）3种药剂在耐温性和耐CO_2老化试验中，黄胞胶和OP两种聚合物不具备耐高温、耐CO_2性质，不满足目标储层高温（90℃）的要求，同时也不满足CO_2驱油耐酸的要求（图2-3-6和图2-3-7）。

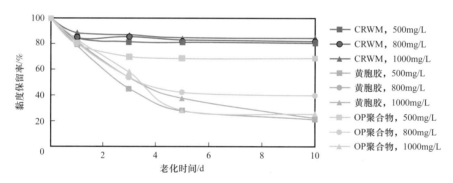

图2-3-6　3种药剂溶液耐CO_2老化测试对比图

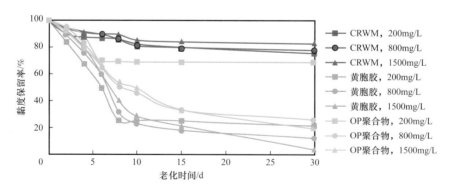

图2-3-7　3种药剂溶液高温老化测试对比图

根据实验评价结果，CO_2响应蠕虫胶束CRWM同时满足注入性、增加渗流阻力、抗剪切、耐温和耐酸等要求，可作为合适的药剂进一步开展扩大波及体积效果评价。

2. 低黏增稠水与 CO$_2$ 交替驱油扩大波及体积效果

CRWM 具有良好注入性能，在储层中与 CO$_2$ 接触后可以自组装形成蠕虫状胶束，大幅度增加优势通道的渗流阻力，具有良好的剖面改善效果。通过双管并联岩心驱替实验进一步明确了 CO$_2$—CRWM 交替注入扩大波及体积效果，并对最终的注入参数进行了优化设计（图 2-3-8 和图 2-3-9），主要结论如下：

（1）CO$_2$—CRWM 交替注入在提高原油采收率方面明显优于水气交替注入，可更多地动用低渗透储层，比水气交替驱油多提高采收率 9.14%。

（2）增加段塞溶液注入量，有利于蠕虫状胶束的充分形成；气液比增加，后期胶束增阻效果变差，气窜严重；溶液段塞总尺寸增加，有利于充分发挥增阻效果，提高原油采收率；注入量一定，单轮次获得增阻效果的前提下，增加交替轮次可进一步提高原油采收率。

（3）降低气液比、增加溶液段塞总尺寸，少量多轮次有利于提高原油采收率。初步优选注入参数：气液比 1∶2，总溶液尺寸 0.5PV，三轮次交替。

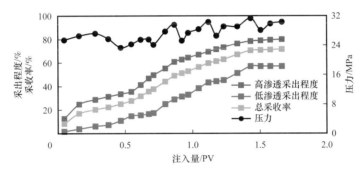

图 2-3-8　CRWM 溶液与 CO$_2$ 交替驱油采收率及压力变化曲线

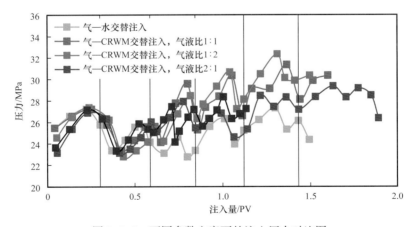

图 2-3-9　不同参数方案下的注入压力对比图

四、CO$_2$ 泡沫驱油扩大波及体积技术

利用泡沫辅助是 CO$_2$ 驱油扩大波及体积的重要研究方向，为此，开展了 CO$_2$ 泡沫驱油扩大波及体积机理、动态特征研究，以及不同渗透率级差的适应性及效果评价。

1. CO_2 泡沫驱油扩大波及体积机理

利用平面可视化模型，深化了 CO_2 泡沫驱油扩大波及体积机理认识，主要实验成果如下：

（1）CO_2 泡沫选择性封堵。如图 2-3-10 所示，大量泡沫聚集在大孔道处几乎不移动，而小孔道中的气泡则在驱替压力的作用下不断向前流动。CO_2 泡沫的选择性封堵还体现在"堵气不堵油"上，CO_2 泡沫遇油容易破裂，遇到水和 CO_2 气体后更加稳定，能够有效封堵气窜（优势通道），从平面上扩大驱替流体的波及体积；同时，在纵向上能够有效阻止 CO_2 注入后向地层上部窜流，提高 CO_2 气体的利用率。

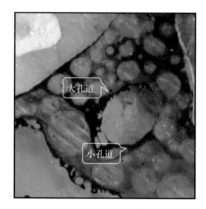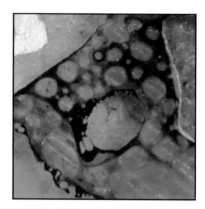

图 2-3-10　CO_2 泡沫封堵大孔道

（2）CO_2 泡沫改善流度比。CO_2 气体在驱油过程中流度大，气驱油的流度比极高，气窜严重。采用水气交替技术（WAG），可以缓解气窜。如果使 CO_2 气体与低成本的起泡剂溶液形成动态泡沫，相当于气体与水"手拉手"，明显降低了 CO_2 气体的流度，改善了 CO_2 驱流度比，有效控制气窜。如图 2-3-11 所示，气泡运移到该处后堵塞孔道，气体难以通过，且气泡也很难移动，但油滴能够在泡沫液和气泡液膜表面自由移动，体现了 CO_2 泡沫改善流度比作用。

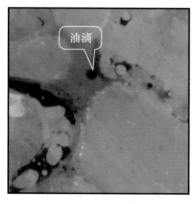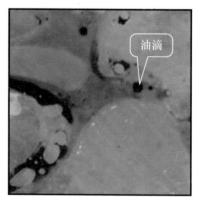

图 2-3-11　CO_2 泡沫改善流度比

（3）CO_2 泡沫乳化与分离原油。如图 2-3-12 所示，表面活性剂对原油产生一定的乳化作用，并降低油—水界面张力，从而达到洗油效果。

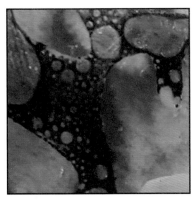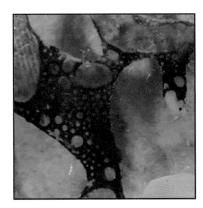

图 2-3-12　CO₂泡沫乳化与分离

（4）CO₂泡沫剥离油膜、拖拽携带原油。如图 2-3-13 所示，在盲端 A 处，泡沫在该处生成后，由于主要的驱替压力来自同一方向，而流体总是趋向于流向压力更小的一端，因此后续注入的流体很难再进入 A 处孔隙，从而变向进入旁边的 B 处孔隙，当 B 处孔隙也形成气泡，并且气泡受到挤压变形，在 B 处产生附加阻力，后续流体在附加阻力的作用下重新进入 A 孔隙并使油膜剥离，将附着在气泡液膜表面的原油拖拽出 A 孔隙并携带出去。

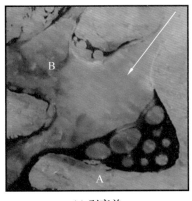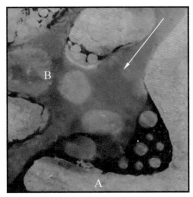

(a) 剥离前　　　　　　　　　　　　　　(b) 剥离后

图 2-3-13　CO₂泡沫剥离油膜及拖拽携带原油

2. CO₂泡沫驱油动态特征

CO₂泡沫在驱油过程中，其驱油动态特征包括 4 个阶段：（1）气体突破，泡沫在孔隙介质中渗流时，泡沫前缘与原油接触后发生部分降解，气体比液体流动得快，可导致气体向驱替前缘突破；（2）油带突破，泡沫驱油效果主要发生在气体突破后大量原油产出阶段；（3）泡沫驱出共生水带，表面活性剂降低了地层水与气体之间的界面张力，使毛细管力发生变化，加上泡沫黏度高的作用，可使残余水饱和度降到低于束缚水饱和度，部分束缚水被驱替出，在油带之后形成一个共生水带；（4）泡沫带突破，泡沫带的突破意味着驱油效果基本消失，在其后的油水同产阶段中，大量产水，产油很少。

3. CO_2 泡沫驱油扩大波及体积效果实验评价

1）不同渗透率级差下 CO_2 泡沫流度控制效果

选取不同渗透率级差的岩心在并联条件下开展 CO_2 泡沫流度控制实验，泡沫流速为 0.3mL/min，气液比为 2：1，泡沫注入量为 0.54PV，实验结果如图 2-3-14 至图 2-3-16 所示。

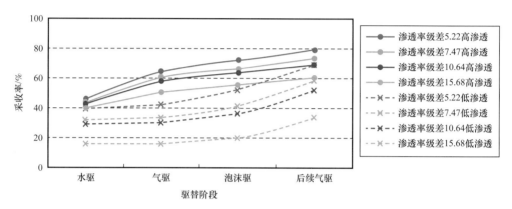

图 2-3-14 不同渗透率级差条件下 CO_2 泡沫驱油实验结果

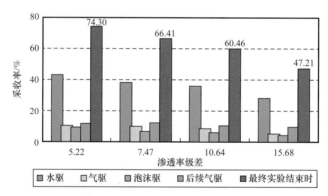

图 2-3-15 不同渗透率级差条件下 CO_2 泡沫驱油采收率图

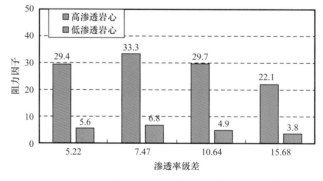

图 2-3-16 不同渗透率级差条件下 CO_2 泡沫流度控制实验结果

（1）水驱驱油效率分析：随着渗透率级差增加，高渗透岩心采收率基本保持不变，低渗透岩心水驱采收率不断降低，且低渗透岩心水驱油效率明显小于高渗透岩心水驱油效率。表明在水驱阶段，虽然低渗透岩心能够启动，但总采收率会随着级差增大不断降低。

（2）气驱驱油效率分析：在气驱阶段，随着渗透率级差增加，采收率在不断降低。由此可知，随着渗透率级差不断增大，气体突破时间不断缩短，在强非均质情况下，亟需泡沫控制气窜。

（3）泡沫驱提高流度控制效果分析：高渗透岩心阻力因子远大于低渗透岩心阻力因子，泡沫具有"堵大不堵小"的功能，泡沫控制气窜效果显著。随着渗透率级差增加，高渗透岩心泡沫驱阶段驱油效率呈减小趋势但幅度不大，低渗透岩心泡沫驱阶段，采收率增幅随渗透率级差增加而减小。

（4）后续气驱提高流度控制效果分析：随着渗透率级差增加，高渗透岩心后续气驱阶段驱油效率略微减小，低渗透岩心后续气驱提高驱油效率幅度随级差增加呈现减小的趋势，低渗透岩心后续气驱阶段原油采收率有大于高渗透岩心的情况，体现泡沫"堵大不堵小"的功能。

2）注入时机对 CO₂ 泡沫流度控制的影响

评估油藏过早或者过晚进行泡沫驱的流度控制效果，设置相近的渗透率级差，开展并联非均质岩心流度控制实验，考虑开始注 CO₂ 泡沫驱的时间节点：水驱后气驱至原油采收率为 45%、50% 和 55% 后保持气液比为 2：1，注入速度为 0.3mL/min，泡沫液的段塞尺寸为 0.54PV 进行 CO₂ 泡沫驱及后续气驱实验，其注采情况分别如图 2-3-17 至图 2-3-19 所示。

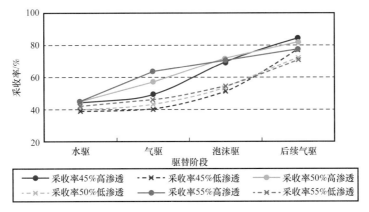

图 2-3-17　不同注入时机下 CO₂ 泡沫驱油实验结果图

对比三种不同原油采收率注入时机下的泡沫驱油效果，随着注入泡沫体系的时机提前，低渗透岩心的泡沫驱油采收率逐渐增大，高渗透岩心的泡沫驱油采收率也逐渐增大；在后续气驱阶段，低渗透岩心的后续气驱油采收率逐渐增大，在原油采收率为 45% 时开始注入泡沫及后续气驱，低渗透岩心的后续气驱油采收率达到了 25.08%，高渗透岩心的后续气驱油采收率也逐渐增大，但是不及低渗透岩心采收率。随着注入泡沫体系的时机

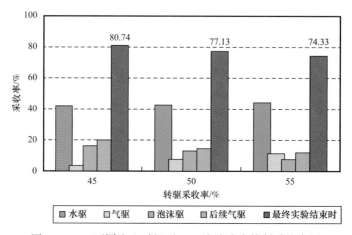

图 2-3-18　不同注入时机下 CO_2 泡沫流度控制采收率图

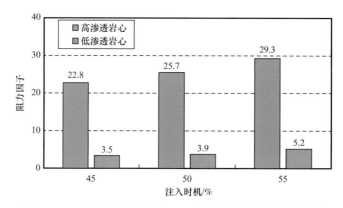

图 2-3-19　不同注入时机下 CO_2 泡沫流度控制实验结果图

提前，最终采收率呈增加趋势。选择在原油采收率45%时注入，含油饱和度较高，泡沫阻力因子为22.8，可以发挥流度控制能力，提高原油采收率。

3）CO_2 泡沫与水气交替驱油提高采收率对比

在相同条件下，针对渗透率级差为5的岩心进行水气交替驱油实验，得到最终原油采收率。实验以吉林油田黑46区块油藏条件下，渗透率级差为5.36时进行水气交替驱，高低渗透层原油采收率分别为76.94%和60.23%，总采收率为68.59%。在相同实验条件下，泡沫驱比水气交替驱提高原油采收率12.15%，高渗透层提高原油采收率为7.55%，低渗透层提高原油采收率为16.80%。研究表明，泡沫驱油控制气窜能力明显好于水气交替驱。

第四节　CO_2 驱油藏管理与调控

与水驱开发油藏比，CO_2 驱油在驱油机理和开发规律上都有着自身独有的特点，如何针对这些特点，做好 CO_2 驱油藏管理与调控，是提高开发效益的关键。

一、提高 CO₂ 驱油开发效果途径

明确提高开发效果途径是做好 CO₂ 驱油藏管理与调控的基础。图 2-4-1 从提高原油采收率、储量动用率和 CO₂ 利用率 3 个方面，给出了提高 CO₂ 驱油开发效果的途径。可以看出，扩大波及体积是提高 CO₂ 驱油采收率的主要内容，也是整个油藏管理的核心；井网加密和水平井使用是提高储量动用率的重要抓手，但需从经济性上与提高原油采收率协调评价后使用；采用循环注气方式是提高 CO₂ 利用率的重要保障，而在 CO₂ 驱油区块选择上应尽量选择可外扩区块，避免选择窄河道砂体实施 CO₂ 驱油，以减少外边界无效吸气比例，提高利用率。

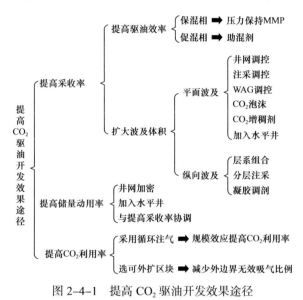

图 2-4-1　提高 CO₂ 驱油开发效果途径

二、CO₂ 驱油开发调控工具箱

根据前述 CO₂ 驱油开发规律认识、各种气窜防控机理特点、提高开发效果主要途径，结合调控目的、适用条件和时机、调控成本等，对改善 CO₂ 驱油效果的调控措施进行了系统梳理，主要包含注采调控、化学辅助调控、井网调控和措施调控等 4 大类 19 种手段，建立了 CO₂ 驱油开发调控工具箱（表 2-4-1），指导 CO₂ 驱油开发调整方案编制。

表 2-4-1　CO₂ 驱油开发调控工具箱

类别	序号	调控手段	调控目的	适用条件和时机	调控成本
注采调控	1	注气速度调整	气驱前缘均衡推进	连续注气阶段	低
	2	生产井流压调整	气驱前缘均衡推进	连续注气阶段	低
	3	水气交替气水比调整	增加水气比持续增阻促波及	水气交替驱阶段	低
	4	水气交替段塞尺寸调整	缩短交替周期持续增阻促波及	水气交替驱阶段	低
	5	生产井间开调整	控气窜、保压保混相	水气交替驱中后期	低

续表

类别	序号	调控手段	调控目的	适用条件和时机	调控成本
化学辅助调控	6	泡沫与 CO_2 交替调驱	控气窜、增阻促波及	非均质性严重井组	中
	7	低黏聚合物水与 CO_2 交替驱	控气窜、增阻促波及	非均质性严重井组	中
	8	凝胶封窜	封堵裂缝、持续驱替	裂缝气窜严重井组	中
	9	聚合物微球封窜	封堵裂缝、持续驱替	裂缝气窜严重井组	中
	10	加入助混剂段塞	促进实现混相驱替	地—混压差较大区块	中
井网调控	11	注采井数比调整	保压、增大注采强度	水气交替中后期	中
	12	注采井别转换	考虑微构造影响	局部微构造影响明显	中
	13	井网抽稀	考虑部分方向型气窜	方向性气窜严重	中
	14	缝注侧采调整	裂缝带注气，基质有效动用	井组条带裂缝明显	中
措施调控	15	注入井差别化射孔	促进均衡吸气	层内渗透率级差较大	中
	16	生产井差别化射孔	促进均衡动用	层内渗透率级差较大	中
	17	分层注气	分层动用	层间渗透率级差大	中
	18	注入井小型压裂改造	增注、吸气剖面调整	吸气量小、不均衡	较高
	19	生产井小型压裂改造	改造引效、促使均衡波及	方向性见效差异明显	较高

三、不同类型油藏 CO_2 驱油开发调控策略

基于不同类型油藏 CO_2 驱油开发规律认识，不同扩大波及体积方式适应性评价，制定考虑储层物性差异和渗透率级差为主的差异化调控策略，如图 2-4-2 所示。

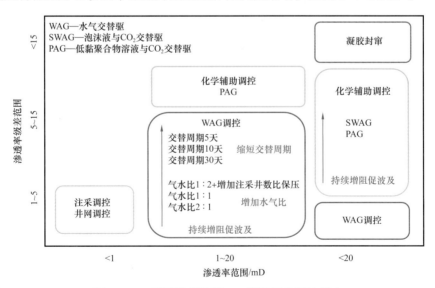

图 2-4-2　不同类型油藏 CO_2 驱油开发调控策略

四、CO$_2$ 驱油开发调控技术体系构建

构建形成"四分四调、三辅一助"CO$_2$ 驱油开发调控技术体系（图 2-4-3）。

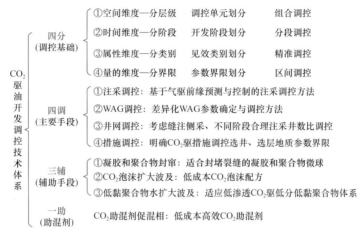

图 2-4-3 CO$_2$ 驱油开发调控技术体系构架

（1）"四分"是调控基础。

一分是指空间维度分层级，打破单一井组调控局限，划分 CO$_2$ 驱油注采调控单元，实施组合调控扩大波及；

二分是指时间维度分阶段，根据 CO$_2$ 驱油主要开发指标变化特征划分开发阶段，实施分段精准调控；

三分是指属性维度分类别，根据生产井差异化见效和气窜特征，实施分类别差异化调控；

四分是指量的维度分界限，根据不同调控工具的特点划分调控界限，实施区间量化调控。

（2）"四调"是 CO$_2$ 驱油开发调控主要手段。包括连续注气阶段基于气驱前缘预测与控制的注采调控、水气交替驱阶段差异化注采参数调控、CO$_2$ 驱油中后期的合理注采井数比调控、分层注气及压裂引效等措施调控。

（3）"三辅"为化学辅助扩大波及体积调控。包括凝胶和聚合物裂缝封窜、CO$_2$ 泡沫调驱、低黏增稠水交替辅助扩大波及调控等。

（4）"一助"指使用低成本高效 CO$_2$ 驱油助混剂，降低混相压力，改善驱油效果。

第三章　低渗透油藏 CO_2 驱油与埋存工业化配套技术

针对吉林油田 CO_2 驱油与埋存工业化应用中的一些关键问题，通过技术集成、方案优化、高效组织，形成了 CO_2 驱油井筒工程降本增效技术、伴生气 CO_2 捕集与循环利用技术、CO_2 驱油安全埋存监测及控制技术等 CO_2 驱油与埋存工业化配套技术。研发并推广应用了新型注采工程、地面工程技术，取得了较好的经济效益。

第一节　CO_2 驱油井筒工程降本增效技术

针对吉林油田 CO_2 驱油与埋存工业化应用过程中井筒工程降本增效需求，创新研发了新型 CO_2 驱油注入工艺，优化完善了精细化低成本防腐技术、CO_2 驱油注采工艺技术，满足了复杂环境下低成本防腐需求，降低了注采工艺成本。

一、复杂环境低成本防腐技术

1. CO_2 腐蚀影响因素及其危害

在石油和天然气勘探开发过程中，人们逐渐采用 CO_2 驱油技术，将 CO_2 加压注入油藏储层中，提高原油产量。

"CO_2 腐蚀"这个术语在 1925 年第一次被美国石油学会（API）采用，1943 年出现于 Texas 油气田气井井下的腐蚀，被首次确认为 CO_2 腐蚀。CO_2 腐蚀过程是一种错综复杂的电化学过程，影响 CO_2 腐蚀的因素主要有腐蚀性介质的温度、CO_2 分压、pH 值和流速等。在油田开采、集输和存储过程中流体的 CO_2 浓度增大，CO_2 在油气中达到一定的浓度比例时，导致井下油管、套管、工具和地面生产设备的腐蚀问题加重，影响系统的正常生产，造成经济损失。CO_2 对油气设备及管道既可造成全面腐蚀，也可形成局部腐蚀，且往往是在全面腐蚀的同时形成严重的局部腐蚀，造成突发性灾害性事故。CO_2 腐蚀问题同时会引起重大的环境污染和人员伤亡，应当引起足够的重视。

2. CO_2 腐蚀的影响因素

1）CO_2 分压

CO_2 分压是指系统中混合气体中的 CO_2 组分在系统总压条件下所产生的压力。CO_2 分压对碳钢及低合金钢的腐蚀速率有较大的影响。随着 CO_2 分压的增大，CO_2 的溶解度增大，溶液中参与阴极还原反应的 H^+ 的浓度增大，阴极过程的反应速度加快，从而加剧腐蚀的发生。

在较低的温度下（低于60℃），随着 CO_2 分压的增大，腐蚀速率增加。根据温度和压力等对腐蚀的影响，建立了腐蚀速率与 CO_2 分压的关系式：

$$\lg v = 5.8 - 1710/T + 0.67\lg p_{CO_2} \tag{3-1-1}$$

式中　v——腐蚀速率，mm/a；

　　　T——温度，K；

　　　p_{CO_2}—— CO_2 分压，bar。

目前，在油气工业中用经验方法，根据 CO_2 分压判断 CO_2 腐蚀程度：当 $p_{CO_2}<$ 0.021MPa 时，不产生 CO_2 腐蚀；当 0.021MPa$<p_{CO_2}<$0.21MPa 时，发生中等腐蚀；当 $p_{CO_2}>$0.21MPa 时，发生严重腐蚀。

2）温度

温度对 CO_2 腐蚀的影响主要体现在3个方面：（1）温度影响腐蚀性气体（CO_2 或 H_2S）在溶液中的溶解度，温度升高，溶解度降低，抑制了腐蚀的进行；（2）温度影响每一种腐蚀气体反应的速度，温度升高，反应速度加快，腐蚀加重；（3）温度影响腐蚀产物的成膜机制，可能抑制腐蚀，也可能促进腐蚀，视其他条件而定。

温度的变化显著地影响腐蚀产物膜的形成、性质和形态，从而对 CO_2 腐蚀的进程产生影响。在低温段（70℃以下），腐蚀速率随温度上升持续上升；到中温段（70~90℃），腐蚀速率达到最大值，温度继续上升，腐蚀速率开始下降。但是当腐蚀产物膜发生破坏，腐蚀速率不会因温度达到高温区而下降，反而会发生严重的局部腐蚀。腐蚀速率在低温段的上升是因为腐蚀性介质传递的加快以及在热力学上更有利于腐蚀反应的进行，高温段腐蚀速率的下降是因为在钢表面生成了防护性良好的腐蚀产物膜。

3）pH值

腐蚀性介质的pH值是影响材料腐蚀速率的一个重要因素，主要表现在两个方面：（1）pH值大小直接关系着溶液中的 H^+ 浓度，进而影响 H^+ 的阴极还原过程；（2）pH值的改变可影响 $FeCO_3$ 保护膜的溶解度，进而影响膜的保护作用。当 CO_2 分压固定时，随着pH值升高，一方面 H^+ 浓度降低，H^+ 的阴极还原速率降低；另一方面 $FeCO_3$ 的溶解度下降，有利于 $FeCO_3$ 保护膜的生成，因而腐蚀速率大大降低，如图3-1-1所示为3Cr钢在不同pH值 CO_2 溶液中的腐蚀速率图。

4）腐蚀性介质含水量

无论在气相还是液相中，CO_2 腐蚀的发生都离不开水对金属表面的润湿作用。因此，水在腐蚀性介质中的含量是影响 CO_2 腐蚀的一个重要因素，但这种腐蚀和腐蚀性介质流速及流动状态密切相关。当有表面活性剂存在时，油水混合物在流动过程中会形成乳液，一般说来，当水含量小于30%（质量分数）时，会形成油包水型（W/O）乳液。

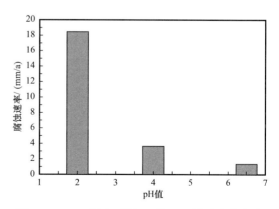

图3-1-1　Cr钢在不同pH值 CO_2 溶液中的腐蚀速率图

这时水相对金属表面的润湿将会受到抑制，发生 CO_2 腐蚀的倾向较小；当水的含量大于 40% 时，会形成水包油型（O/W）乳液，这时水相对金属表面发生润湿而引发 CO_2 腐蚀。所以，30% 的含水量是判断是否发生腐蚀的一个经验数据。

5）腐蚀产物膜

当材料表面形成腐蚀产物膜后，CO_2 腐蚀速率便由腐蚀产物膜的性质决定。而上述的各种影响因素也是通过直接或间接影响腐蚀产物膜的性质而改变腐蚀速率和腐蚀形态的。因此，开展腐蚀产物膜的形成条件、结构特征和力学性能等多方面的研究将有助于从本质上认识 CO_2 腐蚀速率、腐蚀形态的多样性与复杂性，达到预测与防止 CO_2 腐蚀的目的。

3. 抗 CO_2 腐蚀材质及缓蚀剂

1）材质

一般说来，油气井管柱及输油管线的材质多为碳钢和低合金钢。其中合金元素对 CO_2 的腐蚀有很大的影响，通过在钢材冶炼过程中加入一些能抗 CO_2 腐蚀或减缓 CO_2 腐蚀的合金元素可以达到防腐蚀目的。

Cr 是提高合金耐 CO_2 腐蚀最常用的元素之一，在 CO_2 环境介质中，很少量的 Cr 就能明显地提高合金材料的耐腐蚀效果。通过对不同含 Cr 量的钢进行腐蚀试验，发现在碳钢和铬钢的表面都有粗大晶粒的碳酸亚铁生成，Cr 在碳酸亚铁膜中的富集，会使膜更加稳定，这是 Cr 钢耐蚀的主要原因。图 3-1-2 给出了 Cr—H_2O—CO_2 体系的电位 E—pH 值图，显然在不同的电位、pH 值条件下，Cr 会生成不同的腐蚀产物。研究表明，当 Cr 在合金中的含量为 0.5% 时，合金会有很好的耐 CO_2 腐蚀特性，同时合金的强度不变。图 3-1-3 给出了 Fe-Cr 合金在 CO_2 水溶液中的电位 E—pH 图。在不同的条件下，形成的腐蚀产物也不同。

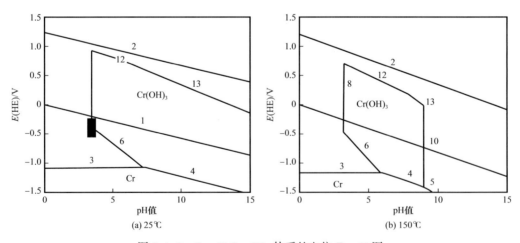

图 3-1-2 Cr—H_2O—CO_2 体系的电位 E—pH 图

2）防腐涂层

为了有效地防止管道的内腐蚀，国外普遍采用防腐蚀内涂层，它们大都是环氧型、改进环氧型、环氧酚醛型或尼龙等系列的涂层。这些涂料不仅具有优良的耐蚀性，而且

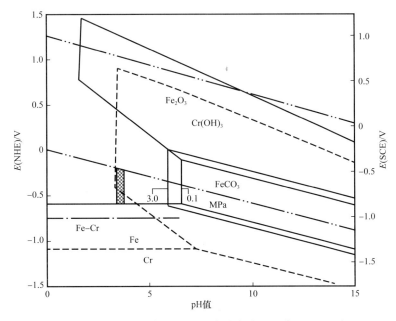

图 3-1-3　Fe-Cr 合金在 CO_2 水溶液中的电位 E—pH 图

还有相当的耐磨性能。对非含硫油气，在压力不超过 45MPa 时，涂层的最高使用温度可高达 218℃。对含硫油气则可达 149℃。在预制过程中应采用严格的 QC/QA❶，要求涂层厚度均匀，并达到整个涂敷表面 100% 无针孔。这些措施为它们在强腐蚀环境条件下使用的可靠性提供了技术保障，但这些聚合物类型的涂料，普遍都有老化问题，其使用寿命随操作条件而异。

3）缓蚀剂

使用缓蚀剂是金属腐蚀防护的重要手段，其特点是通过在腐蚀介质中添加某种物质或某些物质的混合物来抑制金属腐蚀过程而并不显著改变介质的其他性能，缓蚀剂防护金属有着用量少、见效快、成本较低、使用方便等优点。

缓蚀剂的缓蚀作用主要是通过缓蚀性粒子在金属表面上的吸附或使金属表面上形成某种表面膜，阻滞腐蚀过程的进行。按照缓蚀剂形成的保护膜特征可以将缓蚀剂大致分成三类：氧化膜型缓蚀剂、沉淀膜型缓蚀剂和吸附膜型缓蚀剂。

（1）氧化膜型缓蚀剂。这类缓蚀剂能使金属表面生成致密而附着力好的氧化物膜，从而抑制金属的腐蚀。这类缓蚀剂有钝化作用，故又称为钝化膜型缓蚀剂，或者直接成为钝化剂。

（2）沉淀膜型缓蚀剂。这类缓蚀剂本身无氧化性，但它们能与金属的腐蚀产物（如 Fe^{2+}、Fe^{3+}）或与共轭阴极反应的产物生成沉淀，能够有效地修补金属氧化膜的破损处，起到缓蚀作用。这类物质称为沉淀型缓蚀剂。例如中性水溶液中常用的缓蚀剂硅酸钠、锌盐、磷酸盐类等。

---

❶ QC—品质控制，通过涂层检验、测试验证涂层符合要求；QA—品质保证，通过对涂层工艺的每个操作步骤的监督来保证涂层质量。

（3）吸附膜型缓蚀剂。这类缓蚀剂能吸附在金属/介质界面上形成致密的吸附层，阻挡水分和侵蚀性物质接近金属，或者抑制金属腐蚀过程，起到缓蚀作用。这类缓蚀剂大多含有 O、N、S、P 的极性基团或不饱和键的有机化合物。

近 10 年来，针对防 CO_2 腐蚀的需要，国内外研究人员研发了一些抑制 CO_2 腐蚀的缓蚀剂，常用的缓蚀剂有咪唑啉、季胺盐、磷酸酯与烷基胺的反应产物、多胺类、咪唑啉与硫脲的复配物、松香衍生物、亚胺乙酸衍生物和炔类等。这些缓蚀剂的分子结构中大多含 N、P、S 等元素，缓蚀剂能迅速吸附在钢材表面发生电荷转移，形成非常牢固的化学键，在钢材表面形成牢固的缓蚀剂膜，使钢材表面与 CO_2 隔离，达到防腐蚀目的。其中市场上使用最多的是咪唑啉和酰胺类，而当介质中有硫化氢存在时，较多应用的是炔氧甲基季铵盐类。

4. CO_2 腐蚀评价方法及防护技术

1）室内静态腐蚀评价方法

在高温环境中，材料与液态介质接触可能会导致材料腐蚀、损坏或性能退化。材料和药剂高温服役性能的优劣是材料研究面临的关键问题之一，根据材料不同温度下在液态介质中的腐蚀实验，可为材料在工业中的实际应用提供实验依据。将实验样品和腐蚀实验介质均置于腐蚀评价装置内，实验样品浸泡于腐蚀实验介质中，根据不同的温度要求，选择能使试验溶液保持在规定温度范围的温度保持系统。试验时间为试样进入溶液并达到规定的温度时开始，直到试样取出时为止的整个时间。评价金属材料及缓蚀剂在静态、特定温度与时间下的均匀腐蚀性能。

2）室内动态腐蚀评价方法

CO_2 是油气田采出水中常见的腐蚀性介质之一。由于 CO_2 在水中的溶解度较小，一般采用 CO_2 分压来代替 CO_2 浓度，通过改变 CO_2 分压，模拟注采系统中 CO_2 对材质及缓蚀剂的腐蚀作用。

利用高温高压动态评价装置，实验将挂片放入溶液中，用 CO_2 增压至不同的分压，用 N_2 增压至总压。根据不同的温度要求，选择能使试验溶液保持在规定温度范围的温度保持系统。试验时间为试样进入溶液并达到规定的温度时开始，直到试样取出时为止的整个时间。设置合理转速评价金属材料、缓蚀剂在动态、特定温度与时间下的均匀腐蚀性能。

3）矿场监测评价方法

在油气田开发过程中，腐蚀监测工作非常重要，腐蚀监测评价分析，不但可以指导缓蚀剂的室内评价和现场试验，还可用于管道腐蚀风险的评估和预警，减少腐蚀危害，预防事故发生。腐蚀监测的方法很多，大体可分为直接测试腐蚀速率的方法和间接判断腐蚀倾向的方法。

（1）腐蚀挂片法。腐蚀挂片法是油田腐蚀监测中使用最广泛，也是最直接、有效的方法。通过腐蚀挂片的腐蚀形态可计算腐蚀速率，也可判断缓蚀剂使用效果。从失重可以计算出其放置期内的平均腐蚀速率，可用电子显微镜测量坑的深度并计算点蚀速率，观察点蚀的形状，还能判断腐蚀的类型。

（2）线性极化探针。线性极化技术是广泛应用于工程设备腐蚀速率检测的技术之一。借助于直流恒电流或恒电位测量，在自然电位附近进行阴极或阳极小幅度极化，然后通过对电位—电流曲线线性回归，计算出曲线的斜率，即极化电阻 R_p，最后，借助于 Stern 系数（即 B 值），将 R_p 转换为腐蚀速率。线性极化技术可以快速测定腐蚀体系的瞬时全面腐蚀速度，这有助于诊断设备的腐蚀问题，及时而连续地跟踪设备的腐蚀速率。不过，该方法仅适用于具有足够电导率的电解质体系（如油田污水、循环冷却水等），对导电率很低的体系（如原油）则不适用，并需要预先通过挂片结果来校正 Stern 系数 B。

（3）交流阻抗探针。交流阻抗技术可看作线性极化技术的继续和发展，在理论上它适合于多种体系。它不但可以求得极化阻力 R_p、微分电容 C_d 等重要参数，而且还可用于研究电极表面吸附、扩散等过程的影响。交流阻抗技术在实验室中已是一种较完善、有效的测试方法。测试和数据处理均需采用一些先进的仪器设备。为了适应在工业设备上作在线的和实时的测量，需要发展一种基于交流阻抗技术测量原理且又能自动测量记录金属瞬时腐蚀速度的腐蚀监测装置，即交流阻抗探针。对于大多数腐蚀体系，该技术只需要测量高频、中频和低频等几个频率点的阻抗来得到溶液电阻 R_s 和极化电阻 R_p，因此特别适用于低电导率的介质。对于探头表面的污染物，可通过高频正弦波的测量结果进行补偿。交流阻抗技术的局限性：不能判断局部腐蚀，需要预先通过挂片结果来校正 Stern 系数 B。

（4）电化学噪声技术。油气生产设备中绝大多数的腐蚀失效来自局部腐蚀。由于局部腐蚀的发生具有随机性，其引发的腐蚀事故（穿孔、泄漏等）往往事前无法预测。腐蚀电化学噪声是由金属材料表面与环境发生电化学腐蚀而自发产生的"噪声"信号，主要与金属表面状态的局部变化以及局部化学环境有关。与外加极化的测试方法不同，电化学噪声方法对被测体系没有扰动，可以反映材料腐蚀的真实情况，能灵敏地探测到腐蚀特别是局部腐蚀过程的变化。研究表明，通过对噪声峰的面积、强度、上升速率和下降速率以及发生频率的分析，可以得到稳态或亚稳态蚀点、裂纹延展和应力腐蚀等许多局部腐蚀的动态信息。腐蚀电化学噪声测量技术的研究涉及孔蚀、缝隙腐蚀、应力腐蚀破裂、涂层降解、微生物腐蚀、冲刷腐蚀等领域。

（5）电阻探针。电阻探针法的原理可用欧姆定律来解释，在腐蚀介质中，金属试片的横截面积将因腐蚀而减小，从而使其电阻增大，如果金属的腐蚀大体是均匀的，那么电阻的变化率就与金属的腐蚀量成正比，周期性地测量这种电阻，便可计算出该段时间后的总腐蚀量，从而计算出金属的腐蚀速率。由于环境介质的温度和流速、金属材料的成分和热处理方式以及电极表面制备等方面的偏差，或者探针表面存在的外来物质（如腐蚀产物），均会影响测量结果的精度和可靠性。该方法也不适用于监测局部腐蚀。在电阻探针基础上发明的磁阻探针技术，其原理是当电流由于薄膜元件腐蚀而减小时会引起磁场的微弱改变，探针内部的磁阻传感器对微弱磁场改变具有极高的灵敏度（类似于硬盘中磁阻磁头），因此该技术相对于普通电阻探针具有更高的检测灵敏度。

（6）化学分析方法。该方法包括测量被腐蚀的金属离子含量（如铁、锰含量分析），或残余缓蚀剂浓度，溶液的 pH 值等。该方法应用各种分析手段，了解腐蚀及环境的变化，推测腐蚀程度，对了解整个集气管道的腐蚀现状具有重要意义；但该方法干扰因素多，不易控制。

（7）超声波壁厚测量。用来测量管道或容器的剩余壁厚，超声波检测技术的适用性比较强。在管道和容器上测量的位置要有明显的记号，这样在下一次测量时可以找到相同的位置，使测量具有连续性。如果存在局部腐蚀坑，可以用超声波扫描技术从外部对蚀坑的长度和深度进行测量。

（8）缓蚀剂残余浓度监测。缓蚀剂返排浓度是检验缓试剂防腐性能的关键指标之一，目前缓蚀剂多为有机含氮类物质，在特定缓冲溶液中可与某种有机弱碱形成黄色络合物，该络合物易溶于有机溶剂并有明显的显色反应，其吸光度与缓蚀剂在一定浓度范围内符合朗伯 – 比尔定律。通过实施加药后残余浓度的有效确定，为合理的缓蚀剂现场应用方案制订和规范管理奠定基础。

4）防止 CO_2 腐蚀的控制措施

根据 CO_2 对油管的腐蚀作用机理及影响因素，目前控制油管腐蚀主要从井身结构、油管材质及缓蚀剂等几个方面入手。

缓蚀剂的缓蚀效率受缓蚀剂的种类、温度、浓度、时间、流速和加注方式以及表面活性剂和气液比等因素的影响，具体使用缓蚀剂时要考虑众多的影响因素及其相互作用。温度对缓蚀剂性能的影响是缓蚀剂评价及开发时必须考虑的问题。在不同的温度范围内，缓蚀剂本身包括其表面活性剂的各项指标都将随着温度的变化而变化。一般认为缓蚀剂的浓度越高，缓蚀效果越好，但部分缓蚀剂存在临近浓度，在应用时应当进行临界浓度的确定后使用。时间对缓蚀效率的影响是通过缓蚀剂浓度的变化来起作用的，尤其当缓蚀剂是分批加注时，随时间延长，缓蚀剂的浓度降低，由此引起缓蚀效率降低。流速是目前在油气田 CO_2 腐蚀缓蚀剂研究中的一个热点问题，当流速达到一定的程度，由于冲刷作用，部分缓蚀剂将不再起作用。缓蚀剂一般采用连续注入或分批注入的方式注入。分批注入使得每次注入时都生成一层缓蚀剂的膜，一旦缓蚀剂膜不再具有保护性，就必须立即再注入缓蚀剂。在大多数情况下，推荐使用连续注入的加注方式。因为缓蚀剂的浓度是随时变化的，在最初注入时，缓蚀剂的浓度比较高，但是当稳定的缓蚀剂膜形成以后，就可以将缓蚀剂的浓度降低到能保持缓蚀剂膜为止。

保障油田地面管线、油套管及井下工具防腐，应选择地面或井口加注针对性防腐药剂体系，可有效保护油田地面及注采系统金属材料免遭 CO_2 的腐蚀破坏。通过腐蚀监测，掌握腐蚀状况和腐蚀趋势，及时了解加注缓蚀剂的效果，动态调整缓蚀剂保护方案，使防腐管理科学化，从而达到长期有效地控制腐蚀的目的。

5）现场应用实例

针对吉林油田低渗透、低产等特点，通过 CO_2 驱油及埋存腐蚀规律研究，提出了 CO_2 驱油注入井、采油井、地面集输系统一体化防腐技术路线。

井筒工程以碳钢加缓蚀剂为主，研发形成了 YQY-HS-SJ-1 和 YQY-HS-SJ-2 抗 CO_2 缓蚀剂系列，满足 CO_2 分压 8MPa、100℃下全系统防腐需求。集输站、场采用不锈钢，地面管网以防腐性材质＋缓蚀剂防腐，部分采取非金属材料（表 3–1–1）。

试验区集输系统、注采系统监测表明，未发现明显腐蚀，矿场腐蚀监测数据低于行业标准（0.076mm/a），满足矿场防腐、安全需求（图 3–1–4）。

表 3–1–1　注采井筒与地面系统防腐应用效果

名称			材质选择	管内介质	缓蚀剂	监测/检测	防腐效果
CO_2 驱油注入井			碳钢	纯液态的 CO_2	YQY–HS–C1	挂环、探针、残余浓度	腐蚀速率低于 0.076mm/a
CO_2 驱油采油井			碳钢	含 CO_2 油水	YQY–HS–C2	挂环、挂片、残余浓度	腐蚀速率低于 0.076mm/a
CO_2 驱地面系统	集气站	发球区	L245	脱水后 CO_2 气体	—	挂片、探针	腐蚀速率为 0.000042mm/a
		收球区					
	液化注入站	分离操作间	不锈钢	含 CO_2 含水原油	—	挂片、探针	腐蚀速率为 0.000040mm/a
		掺输计量间	不锈钢	含 CO_2 油水混合物	YQY–HS–C1	探针	腐蚀速率为 0.00041mm/a
		注入泵房	16Mn	纯液态的 CO_2	—	挂片、探针	腐蚀速率为 0.00060mm/a

(a) 注入泵房　　　　　(b) 集油系统腐蚀分析界面　　　　　(c) 油井检泵分析形貌

图 3–1–4　注采集输系统腐蚀防腐效果

二、新型 CO_2 驱油注采工艺

1. 新型多功能注气井口设计

针对注入工艺管线水气交替操作过程水气互窜、注水管线冻堵等问题，在满足 CO_2 驱油注入井完整性及安全生产要求情况下，设计新型多功能注气井口，具备油压和套压的远程监测等功能，注入井口及工艺管线具体实施方案如下：

方案 1，将井口注气管线与注水管线分开，采油树一侧注气，相对另一侧注水。井口采油树顶部为测试阀门，采油树双翼设计 3 个阀门，其中注水端改为单翼单阀门结构，连接一个井口三通和一个普通水井阀门，可实现洗井、压井及放压等功能；安全阀调整至注气端内侧（15 阀井口无安全阀），设置主阀门两个，采油树、大四通单翼两阀门法兰连接处安装仪表法兰接远传式压力表，实现油压和套压远程监测。如图 3-1-5（8 阀、9 阀、11 阀注气井口）和图 3-1-6（15 阀注气井口）所示。

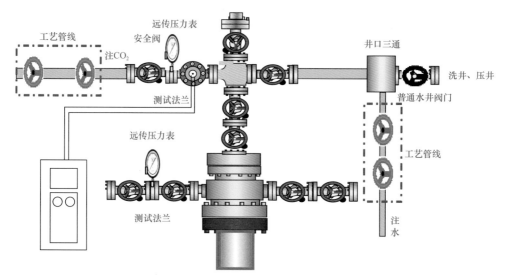

图 3-1-5　8 阀、9 阀和 11 阀注气井口改造方案 1

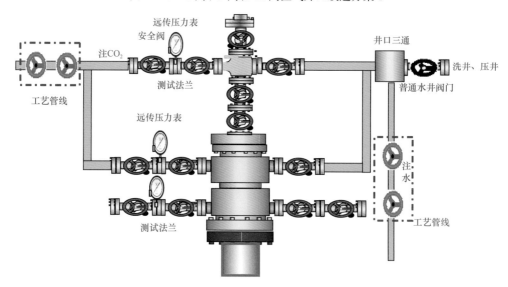

图 3-1-6　15 阀注气井口改造方案 1

　　方案 2，考虑更换井口阀门成本及数量问题，保证安全注入的前提下，在方案 1 的基础上，大四通两侧分别设计为单翼单阀门和单翼双阀门结构，即在大四通单侧减少一个阀门并连接仪表法兰和丝堵，其余结构同方案 1，如图 3-1-7（8 阀、9 阀、11 阀注气井口）和图 3-1-8（15 阀注气井口）所示。

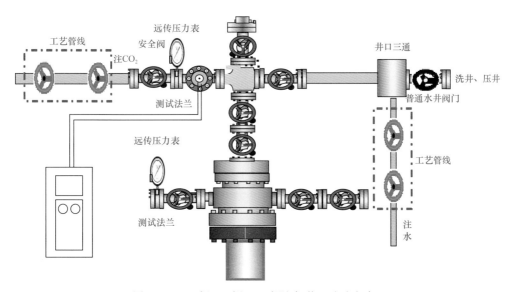

图 3-1-7　8 阀、9 阀、11 阀注气井口改造方案 2

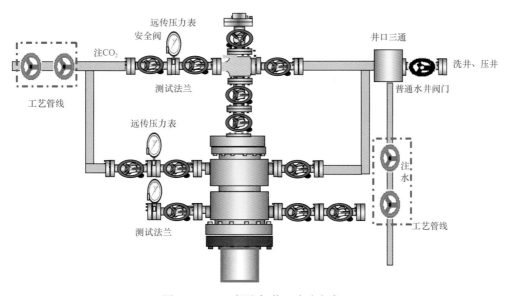

图 3-1-8　15 阀注气井口改造方案 2

2. 周期采油一体化井口优化设计

1）试验区采油井口基本情况

吉林油田黑 59、黑 79 以及小井距区块内的采油井均存在不同程度的抽油机基础加高的问题，更换采油井口需要加高抽油机基础导致增加成本、抽油机稳定性降低以及周期采油需要关井等问题。影响抽油机基础加高因素主要包括"光杆动密封盒高度 + 井口本身高度 + 套管双公短节长度（去掉螺纹）"等三方面，因此，新型采油井口在保障安全生产的前提下主要针对以上影响因素进行优化改进。

2）井口优化简化原则及思路

（1）井口优化简化原则。

在满足安全生产及技术要求条件下，设计周期采油一体化井口，总体高度要控制在井口基础不需要加高，材质、压力级别、密封要求不能降低，同时在光杆动密封盒增加关井装置。

（2）井口优化简化方案。

新型 CO_2 驱油采油井井口去掉了大四通与采油树之间的转换法兰以及套管双公短节与大四通之间的底法兰，并将阀门与大四通和小四通的连接方式改为螺纹连接（图 3-1-9 和图 3-1-10）。最终设计的新型采油井口高度为 0.8m 最低可以控制在 0.72m，配合最小尺寸光杆动密封盒使用，基本满足现场生产需求，成功解决了 CO_2 驱油采油井更换井口带来的增加抽油机基础的问题（表 3-1-2），同时，新型井口设计了测试法兰，压力表可直接安装在井口法兰上，方便测试，并编写了相应的井口技术要求。

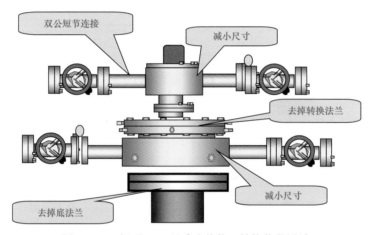

图 3-1-9　新型 CO_2 驱采油井井口结构优化设计

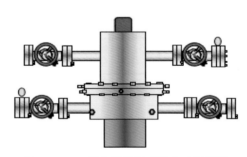

图 3-1-10　优化简化后采油井口示意图

表 3-1-2　优化简化后井口与原井口对比情况

井口类型	井口结构	井口高度 /m	优化简化后优点
优化简化前井口	4 阀结构	1.06	设计了测试法兰，压力表可直接安装在井口法兰上，方便测试
优化简化后井口	4 阀结构	0.72	

3）光杆动密封盒优化简化方案

设计了一种井口注胶粒多功能密封装置，可以满足周期采油需求，实现随时开关井：

（1）高度控制在 0.5m 以内，与井口连接可以满足基础不加高需求（图 3-1-11）；

（2）与常规密封盒相比可以实现不停机补充密封胶粒（图 3-1-12）；

（3）针对 CO_2 驱油井间歇出液导致干磨问题，设计储油腔保护密封部件；

（4）底部设计胶皮阀门，实现随时关井。

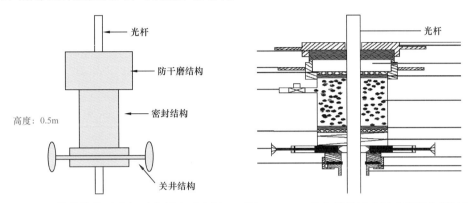

图 3-1-11　优化简化后光杆动密封盒示意图　　图 3-1-12　优化简化后光杆动密封盒设计图

3. 连续油管笼统注气工艺研发设计

1）常规 CO_2 驱油注入工艺存在问题分析

水驱转 CO_2 驱油老井由于套管、固井水泥及水泥返高等未按 CO_2 驱油注气井要求进行设计，实施 CO_2 驱油对完井管柱完整性提出更高要求；同时，从室内研究和大量现场试验来看，在 CO_2 驱油过程中应用水气交替可以有效扩大驱油波及体积，提高驱油效率，但水气交替过程中 CO_2 和水的频繁交替注入，工况复杂多变，给工艺设计带来诸多困难。

（1）油管存在腐蚀。气驱油普遍采用水气交替调整剖面，由于水气交替过程中水、气流速不同，井筒处于气液共存状态导致腐蚀，气密封油管应用材质防腐成本过高，添加缓蚀剂段塞可以降低腐蚀速率，但缓蚀剂段塞防腐效果依然有限。

（2）施工费用较高。气密封丝扣油管需要进行专业的洗上扣，通过矿场应用过程来看，单一采用气密封洗上扣管柱密封性难以保证，需通过对上扣后气密封检测，保证每个丝扣的密封效果。矿场试验表明，环空带压井比例大幅降低，但单井洗上扣、气密封检测费用较高。

（3）密封薄弱点多。注气和注水的频繁交替存在压力及温度等参数的变化，引起管柱受力变化，多变工况影响管柱的密封性及安全注气。

（4）长期服役小修作业成功率低。由于注入井井下管柱和封隔器存在腐蚀及结垢，管柱由于腐蚀导致管壁减薄，力学性能降低，另一方面封隔器长期处于腐蚀结垢环境，解封机构无法正常工作，在重新完井作业过程中易出现管断或封隔器不解封的问题。

因此，为了提高 CO_2 驱油注入井的井筒完整性，提出通过应用连续油管，尽可能避免管柱出现泄漏的问题。

2）连续油管笼统注气工艺创新设计

（1）连续油管材质优势评价及尺寸参数论证。

连续油管气密封薄弱点少、完整性好、成本低，开展连续油管材质优势、工艺可行性论证及室内评价实验，有利于完成 CO_2 驱油注气井管材及尺寸参数选择（表 3-1-3，图 3-1-13）。

表 3-1-3　2in-ST80 材质连续油管力学参数

外径 / mm	壁厚 / mm	内径 / mm	单位长度质量 / kg/m	2500m 质量 / t	最小抗拉强度 / tf	最小测试压 / MPa
50.8	3.96	42.88	4.584	11.46	36.9	69.59

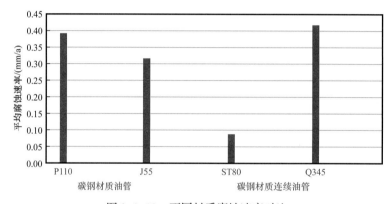

图 3-1-13　不同材质腐蚀速率对比

（2）关键工艺设计。

充分考虑吉林油田大情字井地区井况特征和气密封封隔器解封困难等问题，确定了"连续油管＋密封插管＋可钻桥塞"笼统注气工艺组合，优化桥塞滑动密封方式、设计井下工具连接工艺，加强工艺气密封性能（图 3-1-14）。

针对插管胶圈"过盈"插入损坏风险，调研分析了不同胶圈特点，集成研发了多重滑动密封结构，创新设计井下多重密封结构，增强插管密封效果。

结合连续油管作业为"带压作业"的特点，为满足大通径工具下入及带压起出等需求，创新提出并研发了"双体式多级密封悬挂器"、多功能一体化井口，可以实现"全通径、空井筒关井、切换常规工艺"等功能。

（3）室内及矿场试验效果评价。

通过室内评价实验，井下气密封工具满足 52MPa 以内气密封能力，井口悬挂装置满足 35MPa 气密封能力。目前连续油管笼统注气工艺在吉林油田矿场应用 30 余口井，最长服役 30 个月，工艺可靠性良好（图 3-1-15 和图 3-1-16）。

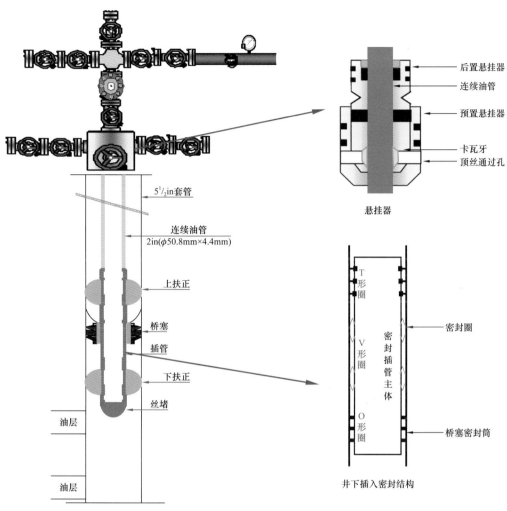

图 3-1-14　连续油管笼统注气工艺结构示意图

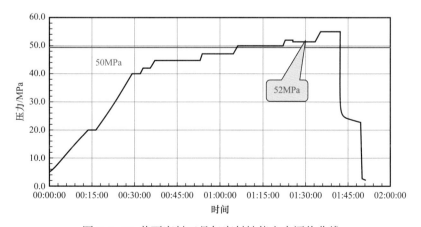

图 3-1-15　井下密封工具气密封性能室内评价曲线

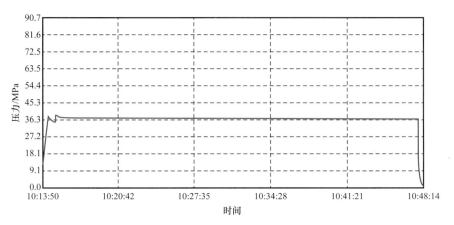

图 3-1-16 井口悬挂装置气密封性能室内评价曲线

三、CO_2 驱油高气油比油井举升技术

1.防气举升工艺适应性系统评价

1）携气举升的必要性

借鉴吉林油田黑 59 和黑 79 区块 CO_2 驱油成功经验，统计黑 59 和黑 79 区块采出井历史生产数据（图 3-1-17 和图 3-1-18），结果表明，随着气液比升高，油井泵效呈下降趋势，综合两区块泵效变化趋势，气液比在 0～50m³/t 范围内，油井生产状况良好，可以实现正常生产。

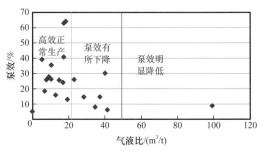

图 3-1-17 黑 59 区块泵效与气液比的关系

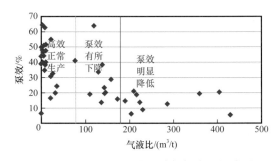

图 3-1-18 黑 79 区块泵效与气液比的关系

2010 年以来，针对 CO_2 驱油试验区采油井出现的套压高、气液比高、泵效低等问题，累计应用防气工艺约 46 口井（表 3-1-4），其中应用中空防气泵工艺 5 口井、气举阀＋气液分离器工艺 5 口井及气举阀＋中空防气泵＋气液分离器工艺 36 口井，防气效果明显改变。

2）携气举升工艺适应规律及适应范围

通过各种携气工艺机理研究、应用效果系统评价，明确了防气泵工艺、气举—助抽—控套一体化工艺及组合工艺的适应规律和适应范围。

（1）防气泵工艺：结合中空防气泵井下工作参数、常用防气泵参数及工作制度，理论计算井下状况中空防气泵的中空室设计可避免气液比 20m³/t 对泵的影响（表 3-1-5）。

表 3-1-4　吉林油田 CO_2 驱油试验区防气举升工艺应用情况

序号	工艺	区块	井数/口
1	中空防气泵	黑59、黑79	5
2	气举阀＋气液分离器	黑59、黑79、小井距	5
3	气举阀＋中空防气泵＋气液分离器	黑79、小井距、黑46	36

表 3-1-5　井下状况中空室避免气影响气液比理论计算结果

常压下储气筒容积/L	基础数据（单冲程）			泵挂位置参数			地面参数			气液比/m³/t
	泵径/mm	冲程/mm	泵内容积/L	下泵深度/m	井下温度/℃	入泵压力/MPa	地面温度/℃	地面压力/MPa	气体地面容积/L	
2.11	38	4200	4.76	1800	80	3	42	0.1	33.25	20.41

统计分析防气泵工艺矿场试验数据，确定防气泵工艺可满足矿场气液比 80m³/t 以内的采出井正常生产。

（2）气举—助抽—控套一体化工艺：统计了实施气举—助抽—控套一体化工艺采出井不同气液比生产阶段套压及充满系数变化规律，实施该工艺后，采出井套压均控制在 2MPa 以内，气液比 100m³/t 以内应用效果好（图 3-1-19）。

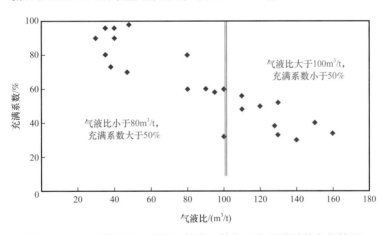

图 3-1-19　应用气举—助抽—控套一体化工艺充满系数变化情况

（3）组合工艺：现场生产数据表明，实施组合式防气举升工艺的采出井防气效果最优，在气液比 0～150m³/t 阶段应用效果好，150～200m³/t 范围工艺可以满足正常生产需求（图 3-1-20）。

2. 携气举升制度及矿场应用效果

（1）利用层次分析法建立携气举升工艺制度。结合前期携气工艺适用范围评价方法，确定了举升参数评价指标，构造了层次结构模型，考虑产液量、套压对泵效的影响建立评价指标判断矩阵，建立了不同气液比范围下的携气举升工艺制度，见表3-1-6。

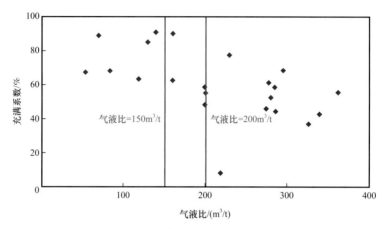

图3-1-20　应用组合防气工艺充满系数变化情况

表 3-1-6　气液比 200m³/t 以内携气举升制度

产液量 /m³	套压 p_c	气液比 /（m³/t）	加深泵挂	加深尾管	控套	防气泵	组合式	一体化
<7	p_c<2MPa	0～100	√√	√		√		
		100～150	√				√√	√
		150～200	√				√	√√
	p_c≥2MPa	0～100	√		√√			
		100～150	√			√	√√	
		150～200	√				√	√√
>7	p_c<2MPa	0～100	√√	√		√		
		100～150	√				√√	√
		150～200	√				√	√√
	p_c≥2MPa	0～100	√	√	√√	√		
		100～150	√				√√	√
		150～200	√		√		√	√√

注：√√—优先推荐；√—推荐。

（2）矿场应用效果。根据携气举升制度指导矿场38口高气液比油井合理实施举升工艺，对比于前期工艺应用原则，携气举升制度针对性更强，工艺实施前后提效更明显，平均充满系数提高14.1%（图3-1-21）。进一步提高了防气工具利用率、降低工艺成本，实现"一井一策"精细化管理，满足了气液比200m³/t以内油井高效生产需求。

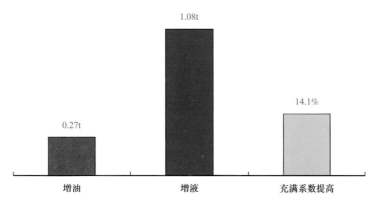

图 3-1-21　不同气液比范围井应用工艺及充满系数提高情况

第二节　伴生气 CO_2 捕集与循环利用技术

针对吉林油田 CO_2 驱油见效后，地面系统出现适应性差的技术难题，通过模拟实验、流程优化和矿场试验，优化了伴生气捕集及循环注气工艺，研发了高压 CO_2 密相注入技术，发展完善了高气液比平稳生产技术，提高了不同注入阶段集输系统的适应性，保障了地面系统平稳生产。

一、伴生气 CO_2 捕集技术

1. CO_2 捕集工艺及方法筛选

吉林油田 CO_2 驱油试验区块的气源主要依托含 20% 以上的 CO_2 天然气气井，通过对天然气进行净化，捕集其中的 CO_2。

1）CO_2 捕集工艺

目前，脱碳工艺技术主要分为溶剂吸收法（包括热钾碱法、醇胺法、物理溶剂法）、膜分离法、变压吸附法及低温分馏法等几大类。从这些工艺发展和工业应用的经验可知，目前适用于油气田的脱碳工艺技术主要有以下几类：溶剂法中的醇胺法和物理溶剂法工艺、膜分离法、变压吸附法和低温分馏法。

2）CO_2 捕集方法的筛选

含 CO_2 天然气或注 CO_2 提高油田采收率工程所得伴气体的处理涉及许多方面的问题，如 CO_2 回收、烃类回收或者脱除 H_2S 等，相互又有影响，因此在选择 CO_2 分离技术时应考虑多方面的因素，如原料气成分及条件（温度、压力）、回收 CO_2 的最佳工艺过程、CO_2 产品的质量要求、烃类回收要求以及露点控制、投资和运行成本以及能源供应情况等。

化学溶剂吸收法中目前应用最多的天然气脱碳工艺是醇胺法。混合胺工艺和活化 MDEA 工艺都是处理含 CO_2 原料气比较理想的工艺。

物理溶剂法脱碳工艺应用范围远不及醇胺法工艺广泛，国外主要用于合成气及煤气

的脱碳，应用于天然气脱碳的装置不多，国内则尚未在天然气工业中应用过。

膜分离技术对于处理含 CO_2 天然气相对较为成熟，目前应用也较多，但烃损失率偏高，单独用膜分离法难以深度脱碳和回收得到高纯度 CO_2，通常需要与醇胺溶剂法工艺结合起来使用；膜材料的制备和膜分离单元制作比较复杂，特别是建设大型高压的（天然气净化）膜分离装置，我国目前尚缺乏自主开发的专有技术和工程经验。

低温分离法适用于 CO_2 驱油条件下的伴生气处理，但很少用于处理含 CO_2 天然气。

变压吸附技术适用于气源 CO_2 组分不断变化，具有工艺过程简单、能耗低、适应能力强、操作方便、自动化程度高等优点。

对醇胺法、物理溶剂法、膜分离法、低温分离法、变压吸附工艺和热钾碱法等 6 种脱碳方法所具有的优势和存在的不足归纳，见表 3-2-1。对于含 CO_2 的天然气，比较合适的 CO_2 捕集方法是醇胺法工艺、"膜分离＋醇胺法"组合工艺及变压吸附工艺。而对于 CO_2 驱油条件下，伴生气中 CO_2 含量不断变化，根据油藏注 CO_2 含量需求，可选择变压吸附工艺。

表 3-2-1　各种脱碳方法的优势和不足

脱碳方法	优势	不足
醇胺法	MDEA 工艺具有使用溶剂浓度高、酸气负荷大、腐蚀性低、抗降解能力强、脱 H_2S 选择性高、能耗低等优点。基于 MDEA 的各种配方型溶剂，比单独 MDEA 溶液具有的 CO_2 选择性更高；可使溶剂适用于脱除更多的 CO_2 或者 CO_2 含量按要求进行调节以及脱除有机硫；且使能耗大幅度下降，显著地降低装置的投资及操作费用，成为目前技术水平最为先进的脱碳工艺	流程较复杂、二次污染很难完全避免。MEA 和 DEA 存在较严重的化学降解和热降解，设备腐蚀严重，只能在低浓度下使用，从而导致溶液循环量大。MDEA 工艺中采用的溶剂碱性弱，与 CO_2 反应速度较慢，在较低吸收压力或 CO_2/H_2S 比值很高的情况下净化气中 CO_2 含量很难达标
物理溶剂法	溶剂再生通常采用降压闪蒸或常温气提的方法，尤其适用于原料气中仅含微量 H_2S 或不含 H_2S 的情况。特别适用于 CO_2 分压较高的气体脱碳，主要用于合成氨以及制氢装置的过程气脱碳。该工艺在一些特定的情形，如气体 CO_2 含量较高，压力也较高，而且含有机硫以及处理量不是特别大，易组成小型装置	用于油气田的脱碳处理主要缺点是其对 C_2 以上烃类有较大的挟带量，造成烃类原料的大量损失。烃类的共吸收率较大，且在不使用热能进行再生的情况下净化度受限制。应用范围远不及醇胺法工艺广泛，应用于天然气脱碳的装置不多，国内则尚未在天然气工业中应用过
膜分离法	投资及操作成本低，设备简单、快捷，操作简便，适应性强，装置利用效率高，能耗低，运行可靠，空间利用效率高，对环境友好。是边远天然气加工处理的理想选择。从膜分离出来的渗透气体可用作工厂燃料气，可满足工厂燃料气的供应需求	一方面，为了防止原料气携带的水分对膜分离装置的膜造成损害、防止原料气冷却和后序处理生产水合物、分离重烃，需要对原料气进行三甘醇脱水和丙烷制冷等预处理，工艺相当复杂。另一方面，膜分离技术对 CO_2 的脱除属于粗脱，单独用膜分离法难以获得深度脱除和回收得到高纯度 CO_2，渗透气中烃类含量较高，通常需要与其他脱碳工艺结合起来使用

脱碳方法	优势	不足
低温分离法	工艺灵活，没有类似于溶剂吸收工艺的发泡等问题的发生，腐蚀较低。可以得到干燥的高压 CO_2 产品，用于 EOR 回注时可降低压缩机能耗。NGL 回收率高，尤其适用于天然气中重烃含量较高的 EOR 伴生气的处理。不但可回收 CO_2 用于回注，还可回收商业价值高的 NGL 作为产品出售	工艺设备投资费用相对较大，能耗相对较高。若原料气中不含 H_2S 才有较大幅度降低其投资和能耗的可能性。国内尚无应用此工艺的先例
变压吸附工艺	PSA 装置常温操作，无腐蚀性介质，设备、管道、管件寿命均达 15 年以上，维修费用极低。PSA 装置全电脑控制，全自动运行，还可实现自动切除故障塔，从而实现长周期安全运行。该工艺流程更简洁、便于操作、能耗低、适应能力强、经济合理	PSA 工艺为了获得高纯度的 CO_2 及较高的烃回收率，需要很多的吸附塔，设备管理困难
热钾碱法	工艺比较成熟，净化度较高、CO_2 回收率高，具有节能优势，是国外使用最多的 CO_2 脱除技术	设备腐蚀严重，必须使用特殊的缓蚀剂。主要用于合成氨等工业中的 CO_2 脱除，在天然气脱碳中极少应用

2. 吉林油田变压吸附（PSA）脱碳技术

吉林油田黑 79 CO_2 驱油扩大试验区建有黑 79 南注入站 1 座，试验区内建有产出的伴生气经 $8 \times 10^4 m^3/d$ 变压吸附装置脱出 CO_2，CO_2 再回到长岭净化厂进行增压、液化，循环利用。

伴生气的显著特点是 CO_2 在较大范围内波动（体积分数 5%～88%），而且气源压力较低。对于伴生气 CO_2 捕集，装置运行的关键参数为伴生气中 CO_2 浓度、吸附压力、产品气纯度和收率。

1）不同吸附压力试验

变压吸附装置设计的吸附压力为 2.8MPa，但由于伴生气的压力较低，吸附前原料气需升压至吸附压力。以产品天然气和 CO_2 技术指标要求为标准，通过改变吸附时间的方式来最终确定工艺操作参数。实际操作时，在原料气流量和 CO_2 浓度等条件基本一致的情况下，吸附时间随吸附压力的升高而延长。

2）产品气纯度和收率的确定

产品天然气和 CO_2 的纯度要求降低时，则可节约吸附剂，延长吸附床使用时间，吸附剂单位时间的再生次数减少、再生周期长，从而明显提高产品气的收率。在含 22%～26% CO_2 天然气原料气情况下变压吸附装置的捕集效果，优化装置生产数据见表 3-2-2。

表 3-2-2　变压吸附装置生产数据优化

项目	设计规格	实际情况
天然气	原料气：3400m³/h	原料气：3200～3400m³/h
	装置操作弹性：20%～100%	装置操作弹性：30%～100%
	CO_2 组分：26%	CO_2 组分：22%～26%
出口天然气	CO_2 组分：3%	CO_2 组分：2.5%
出口 CO_2 气	CO_2 组分：99%	CO_2 组分：99%

3）不同压力条件下的现场运行试验

设计的吸附压力为 2.8MPa（表）（表），装置适应两种气源：一是生产气井天然气，二是油田伴生气。气井天然气压力较高，选择该吸附压力主要是考虑到净化天然气能够直接送去 2.5MPa（表）天然气管网输送，但由于油田伴生气的压力较低，吸附前原料气需升压至吸附压力，此过程存在一定的压缩成本，从而在进行现场试验时针对吸附压力作一定调整。在现场试验时针对吸附压力做了以下 4 种试验，即吸附压力分别为 1.0MPa（表）、1.5MPa（表）、2.0MPa（表）和 2.8MPa（表）（设计压力）时装置的运行试验，在设计压力 2.8MPa（表）条件下运行时，CH_4 收率达到 99.2%，满足 CH_4 收率不低于 98.5% 的技术要求。

从表 3-2-3 可以看出，吸附压力越高，在满足产品气技术指标的条件下，吸附时间越长，即整个吸附循环时间越长，达到的效果越好。

表 3-2-3　不同吸附压力条件下的 PSA 装置运行参数

吸附时间	1.0MPa（表）	1.5MPa（表）	2.0MPa（表）	2.8MPa（表）
t_1/s	35	38	40	40
t_2/s	110	130	150	180
t_3/s	35	38	40	40
t_4/s	150	180	220	260
总时间 /s	330	386	450	520

4）不同 CO_2 含量条件下的现场运行试验

从油田 CO_2 驱油产出伴生气组成可以明显看出，油田伴生气组成的一个重要特征是 CO_2 含量波动范围较大（根据预测数据表明 CO_2 含量在短时间内存在明显增加趋势），含量范围为 5%～88%。为此，针对该情况开展不同 CO_2 含量条件下的现场运行试验。试验选择的吸附压力为设计压力 2.8MPa（表），以满足产品气技术指标要求为基本前提，考察不同 CO_2 含量条件下 PSA 装置的运行情况。试验考察了 4 种 CO_2 含量情况，即 CO_2 含量分别为 10%、20%、30% 和 40%。不同 CO_2 含量条件下，PSA 装置获得的净化天然气、

富 CO_2 气以及 CH_4 收率均能满足技术指标要求（表3-2-4）。其中，CH_4 收率随原料气 CO_2 含量升高而略有下降，这主要是由于在其他条件（原料气流量、吸附压力以及技术指标要求）基本不变的条件下，原料气 CO_2 含量越低，吸附时间越长，即整个循环周期越长，单位时间内吸附剂解吸次数越少，则 CH_4 收率越高。

另一方面，随着原料气中 CO_2 含量的下降，产品 CO_2 的浓度也略有下降，CO_2 的浓缩倍数不断提高；当原料气中 CO_2 含量下降到20%以下时，为了保证产品 CO_2 的浓度，中试装置需要运行带置换步骤的专用程序，原料气 CO_2 含量越高，在满足产品气技术指标的条件下，吸附时间越短。

表 3-2-4　原料气中不同 CO_2 含量条件下的 PSA 装置运行参数

吸附时间	原料气中 CO_2 含量			
	10%	20%	30%	40%
t_1/s	60	40	38	35
t_2/s	240	180	110	70
t_3/s	60	40	38	35
t_4/s	600	260	230	190
总时间/s	960.1	520.2	416.3	330.4

注：CO_2 含量为体积分数。

二、CO_2 注入技术

目前，CO_2 驱油地面注入技术主要分为液相注入和超临界注入两类。

1.CO_2 液相注入技术

1）流程与布局

液相注入工艺流程是液态 CO_2 从储罐中经喂液泵抽出增压，通过 CO_2 注入泵增压至设计注入压力，并配送至注入井口。根据液态 CO_2 输送方式的不同，又可以分为液相汽车拉运注入和液相管输注入（图3-2-1）。

液相汽车拉运注入有两种模式：一是直接抽取罐车内 CO_2 注入，该模式适用于井数少、集中、注入量少的试注井组，机动灵活，更适于单井吞吐；二是利用固定、半固定 CO_2 储罐存储，在通过增压橇注入，该模式适于井数相对多，单车 CO_2 供给量不能满足注入量需求，需要连续注入的试注井组。

液相管输注入是指在注入站与液相 CO_2 气源较近条件下，直接利用液相 CO_2 短距离输送后，通过柱塞式注入泵增压注入，既节省工程初期投资，又有便于维护，运行费用低的优点（图3-2-2）。液相管输流程采用液相短距离输送，比超临界气相输送输量大，注入规模大。所用增压泵为容积式注塞泵，较超临界压缩机工程投资低很多，后期维护费用低，日常维修保养无需专业人员，普通维修人员即可完成。

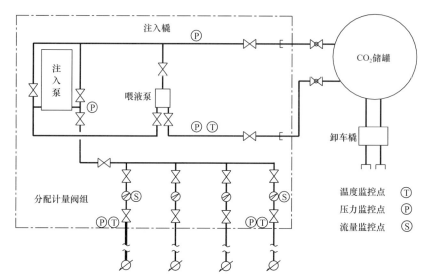

图 3-2-1　带储罐及卸车系统的 CO_2 液相拉运注入流程示意图

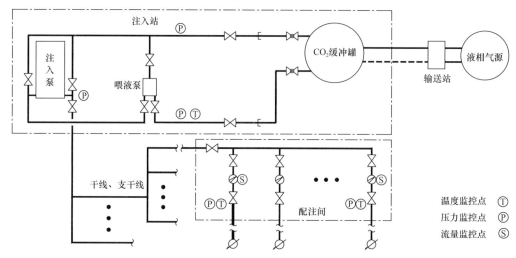

图 3-2-2　CO_2 液相管输注入流程示意图

CO_2 液相注入站布局有集中建站和橇装式分散小站两种模式。集中建站有单泵单井流程和多泵多井流程，具体选取哪种模式，应根据油区油藏条件，开发具体要求和注入规模择优选择。

2）储罐保冷

液态 CO_2 储存采用低温、低压储罐，一般温度范围为 $-30\sim-20\,℃$，压力范围为 $1.5\sim2.5MPa$。通过对操作工艺、保冷性能和投资成本综合比选，液态 CO_2 储罐一般采用聚氨酯硬质泡沫塑料浇注成型保冷工艺，个别小罐采用真空粉末绝热保冷工艺。

3）预冷工艺

在注入系统启动之前，除液态 CO_2 和储罐处于低温状态下外，其他管道、阀门和机泵都处于环境状态下。液态 CO_2 在流动过程中要克服各种阻力降压，将导致部分液态

CO_2 气化。预冷就是使液态 CO_2 温度由泡点状态转为"过冷"状态。液态 CO_2 一部分流经喂液泵电动机转子与定子间，对电动机冷却，自身气化，这部分气液混合物再经管道回流到储罐内；另一部分进入注入泵，对泵头进行预冷。循环预冷工艺通过喂液泵和注入泵使 CO_2 在系统内往复循环，直到达到注入系统启动的温度和压力条件。

4）喂液工艺

采用喂液工艺是防止 CO_2 注入泵产生"气锁"现象。液态 CO_2 经喂液泵增压 0.2～0.3MPa，加上储罐内压力，喂液泵出口压力可达 2.2～2.3MPa，以保证注入泵腔内的 CO_2 为过饱和蒸气压以上的液相状态。为避免液态 CO_2 气化而影响喂液泵和注入泵的吸入，需要维持液态 CO_2 处于"过冷"状态，喂液泵的排量应大于注入泵的总排量，多余液量用于冷却喂液泵和注入泵，再经注入泵入口的回流管道回到储罐内。

根据实际生产经验及夏季高温不利情况下的换热量计算，喂液泵额定流量按注入规模的 1.5～2.0 倍选择较为合理，保证正常注入的同时，剩余流量回流基本能够带走环境造成的注入泵温升，不同温度下纯 CO_2 黏度随压力变化曲线如图 3-2-3 所示。

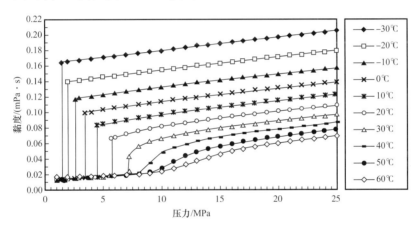

图 3-2-3　不同温度下纯 CO_2 黏度随压力变化曲线

另外，由于 CO_2 驱油注入 CO_2 时间较长，注入量前后期变化也较大，因此喂液泵应采用变频控制，可适时调节排量，增强配注的适应性。

5）加热注入

液态 CO_2 出注入泵后，需经换热器换热，使液体由 -20℃升至 10℃进入注入阀组，以保证井口注入温度，防止长期低温注入而引起套管断裂。

6）液相输送

液态 CO_2 输送包括 2.0～4.0MPa 低压输送和 10MPa 以上高压输送。

2. CO_2 超临界注入技术

超临界注入是一种把 CO_2 从气态加压至超临界状态（31.06℃，73.82bar）后注入地下的驱油注入工艺。

1）注入流程

为了满足注入 CO_2 纯度控制在 90% 以上的需求，当 CO_2 气源或产出伴生气 CO_2 含

量高于 CO_2 注入纯度要求时，采取超临界直接注入；当产出气 CO_2 含量低于 CO_2 注入纯度要求时，应与更高纯度的 CO_2 气混合达到纯度要求后注入，即混合注入方式；当产出气与纯 CO_2 气混合后 CO_2 含量仍低于 CO_2 纯度注入要求时，需将产出气分离提纯后注入（图 3-2-4）。

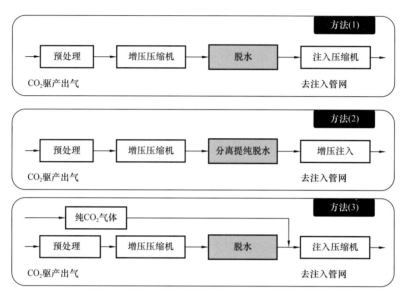

图 3-2-4 CO_2 超临界注入模式及流程示意图

2）相态临界点、泡点线和露点线的确定

混合气源的组分按照 CO_2 含量 93%（体积分数）其余是烃和 N_2，采用相态软件计算 CO_2 混合气相态参数，介质的临界点压力为 7.74MPa，温度为 26.45℃（图 3-2-5）。

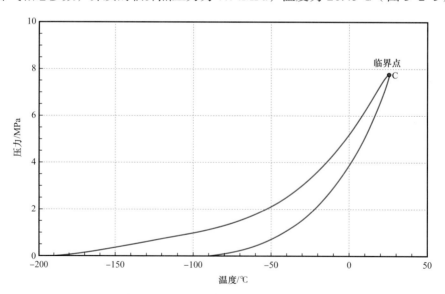

图 3-2-5 CO_2 相态图（CO_2 含量 93%）

3）含水量控制

含 CO_2 混合气体中如果有水存在，一方面酸气腐蚀性强，另一方面含 CO_2 混合气可能产生水化物会损害设备。因此应控制混合气体含水量，使酸气的露点达到可控要求。

4）相平衡分析与控制

主要以含 CO_2 混合气体的相包络线为相态参数控制依据，计算和修正压缩机各级进出口参数，确保多级增压时压缩机各级入口参数处于非两相区和非液相区。

5）预处理

当混合气含有较多机械杂质时，应通过预处理除去液体和大直径固体颗粒，以保证压缩机入口气质要求。

3. CO_2 密相注入

密相注入是将超临界输送来的中压 CO_2 通过密相注入泵（柱塞泵）再次增压至注入压力后回注地层。即通过中低压压缩机（小于 16MPa），将 CO_2 气源以超临界态送至注入站，再经温度、压力及分离控制，采用柱塞泵，再次增压至注入压力回注地层。

密相注入工艺主要针对超临界输送后的常温、中压即密相态 CO_2，进行增压注入，不使用高压压缩机，可有效降低工程投资和生产运行成本。根据吉林油田中试，密相注入泵投资约为高压压缩机的 1/8，体积与同规格柱塞式注水泵相近。

密相注入工艺可实现油田大规模 CO_2 驱油或埋存，并适合气源地与驱油、埋存地点较远（200km 以上）的工程。工程实施后较液相 CO_2 注入和超临界注入工艺节省工程投资和生产维护运行成本。

4. 注入管网

CO_2 驱油注入管网与水驱油注水管网有相似之处，目前只有单干管多井配注流程和小站配注流程。

CO_2 单干管多井配注流程：即注气站出站干线辖带多个配注间，配注间辖带多口注气井，形成的支状注气管网（图 3-2-6）。该管网适用于大规模注气开发，具有输量大、辖井多、单站覆盖范围广，注气半径大的优点。

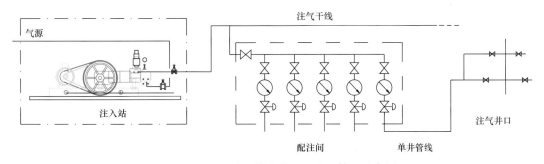

图 3-2-6　CO_2 单干管多井配注流程管网示意图

CO_2 小站配注流程：注气站规模小，一般采用橇装模式，单井配气阀组在站内，辖井少（图 3-2-7）。该管网适用于先导试验、小规模开发，具有投资少，结构紧凑等优点。

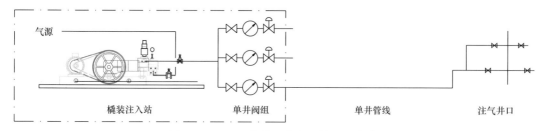

气源

橇装注入站　　　　单井阀组　　　　单井管线　　　　注气井口

图 3-2-7　CO_2 小站配注流程管网示意图

管网水力计算与 CO_2 液相输送相同（CO_2 驱油注入的 CO_2 为高压状态，出站后埋地管线内的 CO_2 受地温影响，最终都低于临界温度，高于临界压力，处于液相区）。

注入管网材质，需考虑 CO_2 泄放会造成低温影响，要有防止管材冷脆断裂措施。

三、CO_2 驱油采出流体集输技术

1. CO_2 驱油采出流体特性

1）CO_2 在原油中的溶解度

CO_2 在原油中的溶解度随着压力的升高而升高，溶解度随压力近似为线性变化。相反，随着温度的升高，气体分子运动加剧，更易摆脱油相的束缚，使油品溶解的气体量变少。此外，在低压下温度对溶解度的影响相对较小，而随着压力的升高，温度对 CO_2 在油中的溶解度影响逐渐增大。

2）溶气原油发泡规律

选取初始压力 2MPa、温度 40℃下原油发泡进行分析，分为 4 个阶段：小气泡产生、小气泡整齐单层排列、小气泡聚并及气泡衰变和气泡多层堆叠。

3）温度对原油发泡的影响

在原油温度为 35℃时，气泡数量较少，小气泡呈单层排列，部分小气泡聚并成大气泡，之后发生破裂；当原油温度为 40℃时，小气泡数量增多，小气泡之间相互靠近，发生聚并然后破裂，聚并过程中并未出现大气泡；当原油温度为 45℃时，小气泡数量较40℃时明显增多，出现了不同大小气泡之间的交错双层排列，但仍未出现小气泡聚并成大气泡的现象，小气泡聚并之后发生破裂的速度较 35℃和 40℃时要快。

4）泄压速率的影响

在降压过程中，不同降压速率下的发泡情况无明显差异，气泡直径位于 0.1～0.2cm 之间，视野内气泡数量在 5 个以下；而第一次气泡产生的时间存在明显差异：降压速率越快，原油中第一次产生气泡的时间越早，而不同降压速率下第一次气泡生成压力都位于 1.0MPa 左右。原油中开始出现 CO_2 气泡，降压速率对 CO_2 溶解度无影响，因此产生第一次气泡的压力不随降压速率的变化而变化。

5）集输系统采出流体特性

在现场实际数据和物性测试实验结果的基础上，对油井井口至分离器入口的集输管道进行模拟，通过改变管道入口液体流量、气油比、立管高度、管道起伏角度等变量，模拟计算不同工况下的管道出口参数，得出段塞流形成时的气油比，主要受管道出口持

液率、最大压力、最大液塞长度、最大液体流量和出口气液流速等段塞流特性参数影响。

不同气液周期下的最大液塞长度随气油比变化规律基本一致（图 3-2-8），最大液塞长度随气油比增加先剧烈增加后突然减小然后缓慢增加，分别在 400m³/m³ 和 600m³/m³ 达到极大值和极小值。

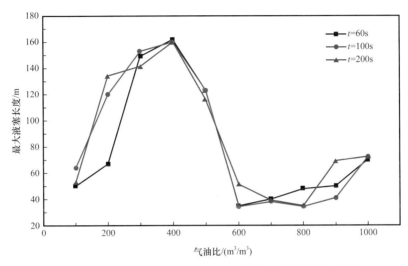

图 3-2-8 不同气液交替周期下最大液塞长度随气油比变化

2. 发泡原油气液分离技术

基于 CO_2 驱油采出液物性组分特点，结合多种类型旋流分离器调研结果，选择的发泡原油气液分离方案为将柱状气液旋流分离器（GLCC）安装在传统卧式分离器前作为预分离器（图 3-2-9），预分之后的原油再进入卧式分离器进行分离，在卧式分离器中设置多种有利于泡沫消除的结构部分，最终实现 CO_2 驱油采出液的气液分离。

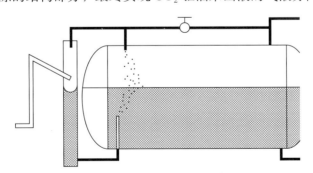

图 3-2-9 GLCC 作为传统重力式分离器的预分离器

1）分离器结构

系统由气液供应系统、主分离器及其优化结构部件构成。优化结构部件有挡板式入口结构、多管旋流入口结构、GLCC 入口结构、消泡浆以及消泡板等多种结构，实验时分别分析各部件对消泡效率和停留时间的影响。

入口结构对泡沫消除效率影响：以气油比 16.7m³/t 和 20.8m³/t 为例，分析入口结构对泡沫消除效率影响。从图 3-2-10 中可以看出，进入分离器的前 4min 内，泡沫消除速度较快，处于快速消泡阶段。在 4min 以后，泡沫消除效率变缓，进入稳定消泡阶段。由于入口结构对于泡沫质量的影响，插入式 GLCC 入口的泡沫消除效率最好。

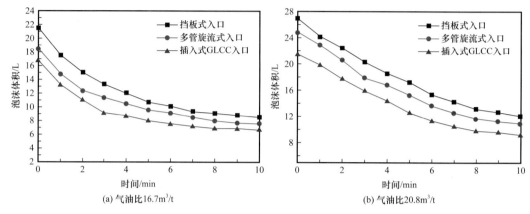

图 3-2-10　不同气油比下不同入口结构对泡沫消除效率影响

2）静态消泡装置

静态消泡构件消泡板位于分离器的后部，与消泡板耦合作用，消泡板带动的液面波动，增加了分离器后部的液体与消泡板间的作用，比单独静置消泡板的效果要好。静态消泡板对于气中含液率、液滴粒径分布和液中含气率基本无影响。

3. CO_2 驱油高气液比集输技术

1）支干线气液分输技术

吉林油田黑 46 站辖区从 2014 年开始注气，随着注气时间的延长，个别单井环逐步发生气窜，其中 2 号间共有气窜油井 7 口，由于是气液混输进站，单环气窜直接影响到总体，导致支干线凝堵，集输系统调控能力差。

按照既定的技术路线，对 2 号间现有运行流程进行改造，实现了支干线气液分输，解决了支干线凝堵问题，支干线至今实现安全平稳运行。

2）单井气液分输技术

吉林油田黑 79 站 0 号井组，2010 年开始注气，随着注气时间延长，单井气窜现象逐步发展到多口井同时气窜，由于是气液混输进站，单环气窜直接影响到总体系统运行。

根据现场提供生产参数，选取气液比较大，生产困难井 4 口进行串井试验，每 2 口井串井入间。方案分 4 个阶段逐步开展：

（1）单管不加热串井集输工艺；

（2）油套同采不加热串井气液分输工艺；

（3）油套同采换热串井气液分输工艺；

（4）油套同采掺输工艺。

通过试验确定 4 种集输工艺的可行性，在满足现场生产需求后进行改进，为黑 46 工业化应用奠定工程技术基础，为 CO_2 驱油试验区安全平稳运行保驾护航。

单管不加热串井集输工艺：单井采用单管不加热气液混输流程进入 0 号井组，利用原集油管线进行试验（图 3-2-11）。

图 3-2-11　单管不加热串井集输工艺流程示意图

油套同采不加热串井气液分输工艺：单井在采用不加热气液分输至 0 号井组集输系统，集气管线中高压输送，在进入 0 号井组前节流至已建系统设计压力范围内（图 3-2-12）。新建 2 条集气支干线，中间井采用不锈钢转换接头"T"接新建集气管线。

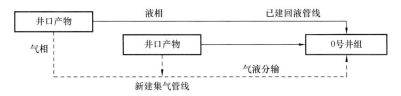

图 3-2-12　油套同采不加热串井气液分输工艺流程示意图

油套同采换热串井气液分输工艺：端点井场新建换热器 1 座，换热器采用橇装设计，中间井预留换热器接口（图 3-2-13）。通过利用端点井已建掺输系统来水对单井气液进行换热升温，该套工艺可满足对产气换热。

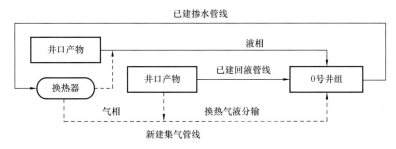

图 3-2-13　油套同采换热串井（2 口井）气液分输工艺流程示意图

油套同采掺输工艺：随着连续生产套压降低，掺输压力大于套压阶段，可对单井气液分别掺热水，气液分输至 0 号井组，减少换热流程（图 3-2-14）。

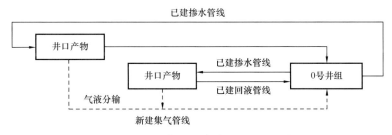

图 3-2-14　油套同采掺输工艺流程示意图

通过现场试验，地面两种集输工艺更为适合 CO₂ 驱油高气液比单井集输：单管不加热串井集输工艺和油套同采掺输工艺（季节性掺输）。吉林油田单井气液分输技术，可实现低成本安全平稳生产。

第三节　CO₂驱油安全埋存监测及控制技术

针对 CO_2 驱油安全埋存监测及控制需求，通过监测方法集成、工具研发和矿场监测评价，完善了长期安全埋存监测技术，实现了 CO_2 埋存大范围监测。同时，建立了注入井完整性评价及控制技术，指导注气井合理制订安全措施。

一、气驱油注入井环空带压形成机理

1. 环空带压原因

环空带压（SCP）是指井口处的环空压力经过卸压后又重新恢复到卸压前压力水平的现象，主要有 3 种因素：一是由于各种人为原因（包括气举，热采管理，监测环空压力或其他目的）导致的环空带压；二是套管环空温度变化以及鼓胀效应导致流体和膨胀管柱变形造成环空带压；三是由于环空存在气体窜流导致环空带压，尤其是螺纹连接和封隔器密封失效导致气体窜流形成的环空带压。作业施加的环空压力和受温度变化使环空流体膨胀引起的环空压力在井口泄压后可以消除，油套管串失效被诊断出后也可通过更换管柱消除，但气窜引起的环空压力在井口泄压后可能继续存在，具有永久性。

2. 泄漏途径

不同的环空其带压原因不同。A 环空带压可能是由于井下油管串的接头发生漏失，井下油管串腐蚀穿孔，井下安全阀和控制管线等井下组件失效而发生漏失，油管封隔器密封失效，尾管悬挂器密封失效，油管挂密封失效，采油树的密封、穿孔、接头漏失，生产尾管顶部完整性失效等而引起的（图 3-3-1）。

对于 B 环空和 C 环空等其他环空，其可能带压路径包括：内外环空水泥环发生气窜，生产套管螺纹密封失效或套管管体腐蚀穿孔，固井质量欠佳或水泥环遭到破坏导致环空气窜；内外套管柱密封失效和套管头密封失效等（图 3-3-2）。

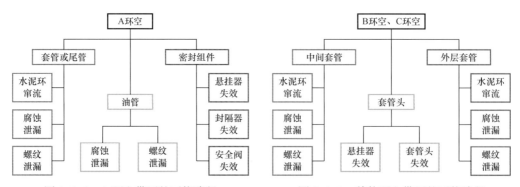

图 3-3-1　A 环空带压的可能路径　　　　图 3-3-2　其他环空带压的可能路径

一旦井筒完整性受到削弱，注入井普遍存在较高的环空持续带压现象，而环空持续带压预示着井筒发生泄漏，这将对生产和环境带来一系列的危害。

根据挪威科技工业研究院（SINTEF）对 217 口油气井完整性泄漏类型统计，完井管柱泄漏、井下安全阀泄漏、环空与环空之间窜漏是油气井失去完整性的主要因素，如图 3-3-3 所示。

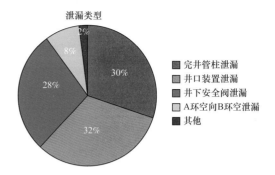

图 3-3-3　SINTEF 对 217 口油气井泄漏类型统计

二、气驱油注入井井筒完整性综合评价方法

环空压力是注气井完整性评判最直接也是最重要的指标参数。如果环空压力绝对值显示异常或短期内迅速上升，并经过多次泄压、恢复后，仍超出正常值，则证明注气井为环空带压"隐患井"，其完整性已出现问题，应采取应对措施或启动紧急预案。

1. 气驱油注入井井筒完整性评价要素

为方便完整性评价可以把注气井大体上分为井口单元、管柱单元以及井筒单元 3 大评价单元。井口单元包括采气树和井口密封（油管头、套管头）；管柱单元包括油管、井下安全阀、封隔器；井筒单元包括套管、固井水泥。因此，把注气井划分为 3 大单元、7 大评价要素，这与挪威石油工业协会 117 标准《油气井完整性推荐做法指南》中关于井屏障组件规定一致。117 标准规定井屏障组件为采气树、油管挂和密封、井下安全阀、油管柱、套管柱及封隔器等。

参照 117 标准的规定，井屏障的结构也是非常重要的一项评价内容，即在第一级井屏障失效后，是否有性能可靠的井屏障组件能够代替失效的组件，以确保注气井具有两级井屏障结构。

吉林油田大情字井 CO₂ 驱油试验区注气井井筒完整性评价主要方法及指标见表 3-3-1。

表 3-3-1　注气井井筒完整性评价指标

评价单元	评价内容	评价方法	评价指标
井口	采气树	泵车连接井口，用清水试压；手动开关阀门	35MPa 压力下 30min 不刺不漏为合格，各闸阀开关功能有效
	井口安全阀	操作安全阀控制系统开、关安全阀，评价是否处于正常工作状态	当安全阀关闭时，控制系统压力显示为 0MPa；开启时，压力在 10MPa 以上为合格；如低于 10MPa，则应及时对液压系统补压
管柱	油管挂	油套环空打压并观察井口油压变化	井口油压无变化为合格
	油管	气密封检测	打压 40MPa，稳压 15～20s 压力不降为合格
	封隔器	验封	环空打压验封 7MPa，稳压 15min 压力不降为合格

续表

评价单元	评价内容	评价方法	评价指标
井筒	套管头	井内下入桥塞，井口清水试压	35MPa 压力下 30min 不刺不漏为合格
	套管	新井气密封检测、老井套管检测	新井检测合格，老井套变或落物鱼顶位置在水泥返高之下 200m，套变位置以上井筒无漏、无穿孔、井况良好，修井前注水正常，套管壁厚磨损小于 30% 为合格
	固井水泥环	八扇区测井	水泥环无微裂缝，且油层以上水泥胶结好且分布连续的段大于 150m
	环空保护液	取样，检测残余浓度	液面高度与井口距离低于 50m，残余浓度小于 1000mg/L 防腐标准

2. 井筒完整性评价指标

1）层次结构构建

经过对评价单元中影响注气井完整性的评价要素的进一步细化，得出 16 项影响因素，建立如图 3-3-4 所示的注气井井筒完整性风险评估层次结构。最高层次为目标层，即完整性风险；中间层次为准则层，即影响注气井完整性的评价单元；最底层次为方案层，即具体影响因素。

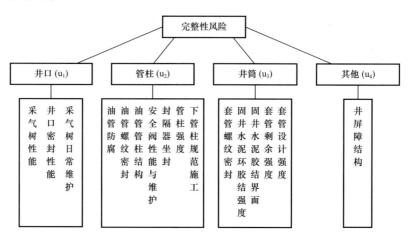

图 3-3-4 注气井井筒完整性风险评价层次结构

2）判断矩阵构建

根据建立的层次结构，可以确定层次模型，进而可以确定每个层次之间的相互隶属关系，得出各个评价单元的权重以及各个因素的权重。

通过比较评价单元 u_1、u_2、u_3 以及 u_4 的相对于完整性风险的重要程度，并按照 1～7 的标度值赋值，得到标度值及其意义（表 3-3-2），进一步得出准则层指标重要性判断矩阵 A。

表 3-3-2　注气井井筒完整性评价层次结构各标度含义

重要性等级	标度值
i 和 j 两个元素相比，具有同样的重要性	1
i 和 j 两个元素相比，前者比后者稍重要	3
i 和 j 两个元素相比，前者比后者明显重要	5
i 和 j 两个元素相比，前者比后者极端重要	7
若元素 i 和 j 的重要性之比为 a_{ij}，那么元素 j 与 i 的重要性之比为 a_{ji}，$a_{ji}=1/a_{ij}$	1/3，1/5，1/7
表示上述相邻判断的中间值	2，4，6

$$A=\left(a_{ij}\right)_{4\times4}=\begin{pmatrix} 1 & a_{12} & a_{13} & a_{14} \\ 1/a_{12} & 1 & a_{23} & a_{24} \\ 1/a_{13} & 1/a_{23} & 1 & a_{34} \\ 1/a_{14} & 1/a_{24} & 1/a_{34} & 1 \end{pmatrix}=\begin{pmatrix} 1 & 3 & 5 & 7 \\ 1/3 & 1 & 3 & 5 \\ 1/5 & 1/3 & 1 & 3 \\ 1/7 & 1/5 & 1/3 & 1 \end{pmatrix} \quad （3-3-1）$$

3）权重计算

判断矩阵 A 的特征向量的每个向量值就是评价单元 u_1、u_2、u_3 以及 u_4 对于目标层的相对权重。必须通过一致性检验来判断评价层次的有效性，判断原则为 $C_R<0.1$。

$$C_R=\frac{C_i}{R_i}$$
$$C_i=\frac{\lambda-n}{n-1} \quad （3-3-2）$$

式中　R_i——比例系数，与矩阵阶数 n 有关；

　　　C_i——一致性判断指标；

　　　λ——判断矩阵的最大特征根。

判断矩阵 A 的最大特征根 $\lambda=4.1170$，查表可知对于阶数为 4 的矩阵 $R_i=0.90$，则 $C_i=0.043<0.1$，满足一致性要求最大特征根对应的特征向量为 $W_{max}=（0.8880　0.4121　0.1847　0.0869）^T$，归一化权重为：$W_{max}=（0.4746　0.3086　0.1615　0.0553）^T$。也就是说管柱、井筒、井口以及井屏障结构对注气井完整性的影响权重分别为 47.46%、30.86%、16.15% 和 5.53%。

与井口相关的因素（采气树性能、井口密封性能、采气树日常维护）归一化权重为：$W_{max}=（0.5462　0.3384　0.1154）^T$。与管柱相关的因素（下管柱规范施工、管柱强度、封隔器坐封、安全阀性能与维护、油管管柱结构、油管螺纹密封、油管防腐）归一化权重为：$W_{max}=（0.2581　0.2581　0.1645　0.1097　0.1097　0.0653　0.0346）^T$。与井筒相关的因素（套管设计强度、套管剩余强度、固井水泥胶结界面、固井水泥环胶结强度、套管螺纹密封）归一化权重为：$W_{max}=（0.3194　0.2315　0.2315　0.1753　0.0603）^T$。将评价单元的权重分别与各具体影响因素的权重相乘，即可得到每个影响因素的权重，见表 3-3-3。

表 3-3-3 注气井井筒完整性风险评价权重表

序号	科目	要素	所占权重
1	井口	采气树性能	9
2		井口密封性能	5
3		采气树日常维护	2
4	管柱	油管防腐	12
5		油管螺纹密封	12
6		油管管柱结构	8
7		安全阀性能与维护	5
8		封隔器坐封	5
9		管柱强度	3
10		下管柱规范施工	2
11	井筒	套管螺纹密封	10
12		固井水泥环胶接强度	7
13		固井水泥胶结界面情况	7
14		套管剩余强度	5
15		套管设计强度	2
16	其他	井屏障结构	6

3. 气驱油注入井井筒完整性综合评价

当井筒完整性破坏形式模型建立后，应用风险矩阵方法对井筒完整性存在危害的风险因素进行评价，一般步骤如下：

（1）详细地描述最有可能发生井筒压力控制系统失效的节点，讨论并记录引发该节点失效的诱因。

（2）描述并记录井筒压力控制系统其余的节点，调查它们的工作情况及管理手段。

（3）描述假设节点发生井筒完整性破坏所带来的后果，分析研究其余的井筒压力控制系统节点及其当前的有效性。

（4）描述假设的井筒完整性破坏情况发生后的严重程度（例如，对工作人员健康、安全造成的危害；对油气生产区块周围环境的影响；对油气生产投资企业运营造成的损失等）。

（5）确定并记录在实际生产中已经发生的井筒完整性破坏情况，对不同井筒完整性破坏情况发生的可能性做风险排序。

（6）针对所有假设的井筒完整性破坏形式进行分析和讨论，考虑每种井筒完整性破坏形式发生的可能性和发生破坏后果的严重程度，运用风险矩阵方法进行风险评估。

井筒完整性风险评价流程如图 3-3-5 所示：

根据井筒完整性风险危害程度将 CO_2 驱油注入井划分为绿色、黄色、橙色和红色 4 个等级（图3-3-6，表3-3-4）。绿色和黄色等级是根据相关标准评价，认为风险是可以接受的，其中绿色等级认为 CO_2 驱油注入井具有两级完整性屏障保护；黄色等级则为 CO_2 驱油注入井的完整性屏障出现异常，但总体上保持完整。橙色等级指的是这些 CO_2驱油注入井存在完整性问题，需进一步诊断测试。红色等级通常是注入井一种完整性屏障出现失效，另一种完整性屏障已经老化或失效。

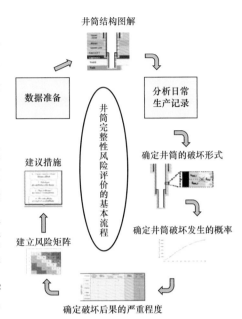

图 3-3-5　井筒完整性评价流程图

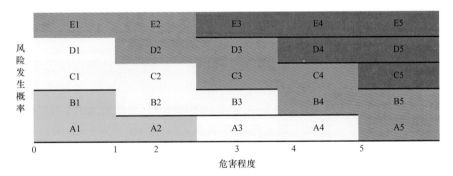

图 3-3-6　气驱油注入井井筒完整性风险矩阵图谱

表 3-3-4　气驱油注入井井筒完整性风险等级划分

风险等级	气驱注入井风险等级描述	风险划分	对策
一	没有泄漏	可以接受	生产
二	微漏，环空没有或有很少量的气体	风险可以控制，可以接受	监测 生产
三	环空压力已经超过最大许可压力值	只有在风险可以控制时才能接受	在控制措施下生产
四	安全屏障已经不满足要求，严重失效或油气泄漏到地表	不可以接受	压井 修井

三、井筒完整性风险管理控制

日常生产过程中，CO_2 驱油注入井井筒完整性评价主要是对环空带压和环空保护液的评价；采出井井筒完整性评价与水驱油区块大体相同，主要考虑缓蚀剂的加注问题。

1. 环空带压管理

1）环空带压测试

（1）针对套压高于 5MPa 井，套管阀门侧翼设计安装放压装置，控制套压在高于 5MPa 时，进行放压（放压需要连接管线，并进入排污池）；

（2）针对套压泄压后恢复缓慢的井，正常生产时加强日常压力监测及生产管理，采取措施查找漏点；

（3）针对套压泄压后短时间内恢复的井，进行泄压分析，查找漏点并根据实际情况优化管柱结构、工具及螺纹类型，重新进行完井作业，确保气密封可靠。

2）环空带压风险分级管理

环空带压风险按照注入井套压和放空情况分 4 级，如图 3-3-7 所示。

Ⅰ级为安全：套压为 0～0.69MPa；环空带压值大于 0.69MPa 但小于其最大允许带压值，卸压后环空关闭一段时间，环空压力为零或一放即无。

Ⅱ级为低风险：环空带压值大于 0.69MPa 但小于其最大允许带压值，卸压后环空关闭一段时间，环空压力增长缓慢。

Ⅲ级为高风险：环空带压值大于 0.69MPa 但小于其最大允许带压值，卸压后环空关闭一段时间，环空压力迅速增加。

Ⅳ级为不可允许风险：环空带压值大于 0.69MPa 但小于其最大允许带压值，放空时套压不降低；有时环空带压值大于最大允许带压值。

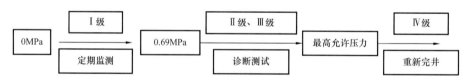

图 3-3-7　环空带压风险级别评价流程

2. 现场跟踪检测及风险评价方法优化

吉林油田 CO_2 驱油试验区为扩大波及体积，注入井采用水气交替注入，并设计了交替周期。通过不同注入阶段特点，开展环空带压风险评价。

1）环空带压的评价方法优化

通过对试验区注气井环空压力恢复测试，对带压较高、恢复较快的井开展环空带压测试评价及风险分级（表 3-3-5）；对风险级别较高的井进行重新完井，保障注气井安全。

针对注气、注水过程环空压力恢复测试动态反应不同，环空保护液颜色变化进行影响因素分析（图 3-3-8），结合防腐性能评价结果，建立了一种环空带压风险评价方法（图 3-3-9）。

表 3-3-5　环空带压测试评价及风险分级

序号	井号	目前注入状态	油压/MPa	套压				空间介质	风险级别	建议	注气工艺
				泄压前套压/MPa	泄压时间/min	泄压后套压/MPa	恢复后套压/MPa				
1	黑79-1-03	注水	15.3	15.5	20	0	15.5	气带液	IV	重新完井	笼统注气
2	情东47-29	注水	16.5	16.5	1	1.6	17.5	液体	IV	重新完井	笼统注气
3	情4-6	注气（停注）	0	12	40	2	12	气体	IV	重新完井	笼统注气

图 3-3-8　不同生产阶段环空带压井保护液取样

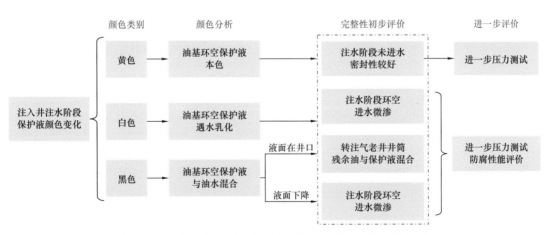

图 3-3-9　CO_2 驱油注入井注水阶段环空带压分析评价方法

2）完善环空带压评价制度

结合前期压力恢复测试及注水与注气阶段井筒泄漏测试规律认识，优化测试方法，并通过后期使用的新型水基环空保护液残余浓度检测，最终形成了一套完整的分析评价方法及制度（图 3-3-10），满足环空带压评价需求。

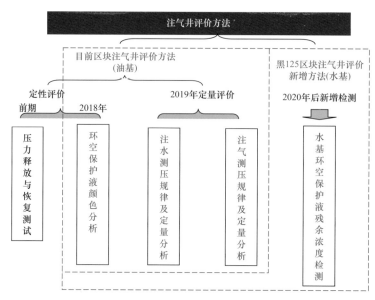

图 3-3-10 注入井环空带压分析评价方法

四、CO₂ 埋存地质完整性评价

1. CO₂ 埋存地质完整性的影响因素

CO_2 地质埋存过程中流固耦合作用复杂，影响地质完整性的因素众多。在 CO_2 驱油与埋存过程中地质完整性的破坏方式主要分为以下 4 种：一是水泥环—地层界面失效；二是隔层微观封闭性失效；三是隔层宏观封闭性失效；四是隔层力学完整性失效。

以注气过程中储层微观结构、固井二界面完整性、隔层岩石宏观力学性质等因素的变化规律为基础，分析得到储层矿物组成、溶蚀后岩石微观封闭性、溶蚀后岩石力学参数、岩石宏观构造完整性以及现场注气参数等为 CO_2 埋存地质完整性的关键影响因素。

2. CO₂ 埋存地质完整性评价指标及评价方法

根据 CO_2 注入过程中化学—力学—渗流耦合作用机理，分别选取储层岩石绿泥石含量、隔层突破压力、隔层岩石拉张安全系数、隔层岩石剪切安全系数、隔层宏观构造完整性、注入压力及注入量为评价指标，从地层的微观封闭性、宏观完整性以及二界面能量平衡等多角度出发，对 CO_2 埋存地质完整性进行全面评价。

1）隔层完整性评价指标及评价方法

（1）隔层微观封闭性评价。以 CO_2 溶蚀后的隔层突破压力作为隔层微观封闭性评价指标，根据 Washburn 理论，得出岩石毛细管压力与孔隙中值半径的关系，利用质量守恒原理计算各矿物随时间变化的体积变化量，并根据 Carman-Kozeny 公式与达西定律联立计算出由溶蚀作用引起的孔隙度、渗透率动态变化与岩石突破压力的关系，将岩石随时间变化的动态突破压力换算成等效气柱封闭高度。

（2）隔层宏观封闭性评价。以隔层岩石宏观发育特征、抗拉安全系数和剪切安全系数作为宏观封闭性评价指标，其中岩石宏观发育特征包括隔层黏土含量、累计隔层厚度、单层厚度、沉积环境以及成岩程度等，利用已知区块地质资料对以上参数进行综合评价。结合大量文献中所记载的油田实例，统计油田沉积环境、泥质岩单层厚度、断层封闭性与其宏观封闭性能关系，得到隔层宏观封闭能力评价参数等级划分标准，见表 3-3-6。

表 3-3-6 隔层宏观封闭能力评价参数等级划分标准

等级划分（权值）	黏土含量 /%	累积隔层厚度 /m	单层厚度 /m	沉积相	成岩程度
好（4）	>31	>300	>20	半深—深海相、浅海相、蒸发台地相、半深—深湖相	晚成岩 A 亚期
较好（3）	16～30	300～150	20～5	三角洲前缘亚相、台地亚相、深湖相、滨浅湖相	早成岩 B 亚期
中等（2）	5～15	150～50	5～2.5	台地边缘相、滨岸相三角洲、分流平原相	晚成岩 B 亚期中成岩 A 亚期
差（1）	<5	<50	<2.5	河流相、冲积扇相	晚成岩 C 亚期

根据综合评价法，按照各评价参数由好至差等级分别赋予其 4、3、2、1 的权值，计算隔层封闭能力综合评价权值。最后根据等级划分标准，对研究区块隔层宏观发育特征进行综合评价。

$$Q = \sum_{i=1}^{n} a_i q_i \qquad (3-3-3)$$

式中 Q——隔层综合评价权值；

a_i——第 i 个评价参数权值；

q_i——第 i 个评价参数的权重系数；

n——评价参数数量，个。

表 3-3-7 隔层宏观完整性评价等级划分标准

隔层综合评价等级	Ⅰ类	Ⅱ类	Ⅲ类	Ⅳ类
隔层综合评价权值	>3.2	2.7～3.2	2～2.7	≤2

（3）隔层力学完整性评价。以岩石的拉张安全系数为评价指标，利用隔层岩石拉伸失效判别条件从拉伸破坏角度对隔层力学完整性进行评价；以剪切安全系数 χ 为评价指标，利用隔层岩石剪切失效判别条件从剪切破坏角度对隔层力学完整性进行评价。

2）地层—水泥环界面完整性评价指标及评价方法

以二界面破坏长度突破隔层以上 10m 为评价指标，分别建立不同注气条件下失效时间评价标准。根据各大油田的 CO_2 地质封存项目经验数据，分别将注气速率与失效时间的关系、注气压力与失效时间的关系进行等级划分，如图 3-3-11 和图 3-3-12 所示。将目标区块实际注气参数带入等级划分标准，对固井二界面的完整性进行评价。

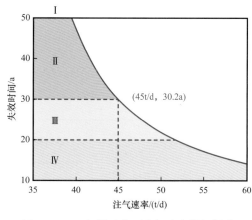

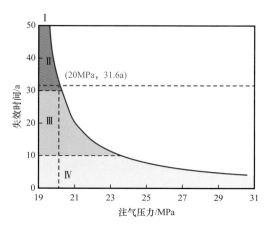

图 3-3-11　相同压力下注气速率等级划分　　图 3-3-12　相同注入量下注气压力等级划分

由图 3-3-11 和图 3-3-12 可知，目前现场注气速率为 45t/d，注气压力为 20MPa，以注气速率为评价指标或以注气压力为评价指标时，失效时间均属于 Ⅱ 类范围，即水泥环—地层二界面在该条件下可保持 30 年以上的完整性。

五、安全埋存监测方法优化

1. 监测技术方法优化设计

吉林油田在浅层土壤 CO_2 埋存安全状况方面重点监测地下水和土壤气，技术上采用浅层多级 U 形管取样系统，采集地下不同深度地层的地下水和土壤气，实现在试验区内立体监测。

浅层多级 U 形管取样系统，基于 U 形管原理和气体推动技术，能够实现定深取样，高保真取样，操作简单，场地适应性强等特点，如图 3-3-13 和图 3-3-14 所示。

浅层多级 U 形管取样系统包括连接段和进样段两个部分，可以根据设计需要进行不同方式的组装。连接段分为两个部分：外管和内管。外管起支撑连接作用，内管连接各层进样段及提供地下流体储存空间和导流通道。进样段包括方向控制装置等核心部件。本产品除上述部件外，还有井头保护装置、操作面板等部件。根据部署区域的差异，还包括保温装置等特别定制部件。

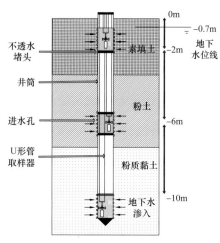

图 3-3-13　浅层多级 U 形管取样系统安装地下部分效果示意图

浅层多级 U 形管取样系统的特点和优势主要体现在三方面：一是可实现地下水、土壤气一站式取样，取样操作方便，场地适应强；二是可实现不同深度地层的多层地下流体取样，且层间间隔距离可因地制宜；三是样品真实性、代表性强，U 形管原理保证了所取样品压力恒定的显著优点，取样速率对地层扰动几乎可以忽略，层间密封保证取样的实时性和指定深度的代表性。

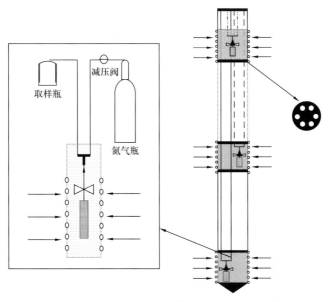

图 3-3-14　浅层多级 U 形管取样系统结构示意图

调查国内外 CO_2 驱油与埋存项目，结合吉林油田 CO_2 驱油与埋存试验的特点，选取了试验区内监测指标集（表 3-3-8），分为地下水指标、土壤气指标、其他指标 3 类。其中矿物成分需要在建造监测井时，获取地下目标深度的土样或者岩样，以确定土壤或岩石的矿物成分。主要目的是了解地下水与原位地层矿物的物理化学反应，明确试验区反应最活跃的离子种类。矿物成分分析需要在建成监测井初期分析一次，其他地下水指标和土壤气指标需要每月取样分析，对比指标变化，发现指标的异常变动。为了监测更加准确，需要有足够长时间的背景值监测，在背景值监测期间可以提高监测频率。试验区内监测需要持续 1 年甚至 2～3 年作为背景值监测。

表 3-3-8　吉林油田 CO_2 驱油与埋存试验监测指标集

指标类型	监测指标
地下水指标	pH 值、氧化还原电位（ORP）、水中溶解性总固体含量（TDS）、碱度、电导率、电阻率、氟离子、氯离子、硫酸根离子、硝酸根离子、亚硝酸根离子、溴离子、磷酸根理子、铵根离子、锂离子、钠离子、钾离子、镁离子、钙离子
土壤气指标	二氧化碳、一氧化碳、甲烷、氮气、一氧化氮、硫化氢
其他指标（基础参数）	地下水位埋深、温度、颗粒级配、矿物成分

2. 浅井试验分析与评价

1）浅部地层环境分析

地下流体主要包括地下水和土壤气，地下流体和地表生物生存息息相关。通过对地下流体的取样分析，可以获得地层的物理、化学和生物信息，是 CO_2 地质封存监测的重要部分，对工程的开展和环境风险评估具有重要的指导意义。为实现 CO_2 长期封存在地下储层中，需要对CO_2地质封存的风险进行研究和提出应对措施。CO_2泄漏到浅部地层的风险评估是CO_2埋存风险管理中的关键部分，在饱气带的监测手段主要是对土壤成分进行分析；在饱水带主要通过采集地下水样组成、pH值等参数进行分析。

2）测试化验与分析

当逃逸的CO_2进入饮用地下水的补给区时，含水层中CO_2的溶解量增加，会导致地下水pH值降低，使微量元素在地下水中的富集程度增加，形成一些有机酸，增加有毒重金属如铅、硫酸盐和氯化物的活动性，可能改变地下水的颜色、气味和味道，从而造成地下水水质污染。CO_2逃逸可能引起重金属污染物从矿体进入附近的饮用地下水补给层；大量CO_2的注入将改变地层中的孔隙流体压力，使原有孔隙流体被CO_2挤出或置换，盐度较高的地下水则通过裂缝或钻井向浅部地层运移，将对浅部地下水造成污染。因此，定期取样分析地下水的pH值、TDS和阴阳离子含量能够准确判断地下水环境是否发生变化。

3. 关键监测指标

确定监测指标包括：土壤的含水率、密度、颗粒级配、矿物成分；地下水的pH值、TDS、氟离子、氯离子、溴离子、碳酸根离子、碳酸氢根离子、硫酸根离子、硝酸根离子、亚硝酸根离子、磷酸根离子、铵根离子、钾离子、钙离子、钠离子、镁离子、锂离子；土壤气的氮气、氧气、二氧化碳、硫化氢、二氧化硫、甲烷、氢气、氦气、氩气。

由实验结果分析可知，吉林油田CO_2驱油区块的地下水主要为弱碱性水，若发生CO_2泄漏，pH值会发生明显的变化。结合国内天然CO_2气藏泄漏到浅层的水样数据（pH值为6.5~6.8），pH值降低较多，灵敏度较强，适宜作为核心监测指标。

4. 监测制度

建立气相色谱分析方法及浅层技术监测制度，逐步建立工业化应用试验区CO_2浓度变化背景值，判断CO_2埋存安全状况，如图3-3-15和图3-3-16所示。

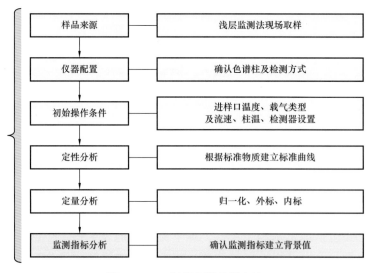

图3-3-15 气相色谱分析方法

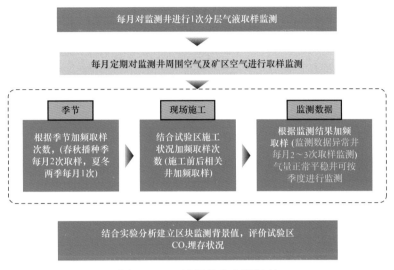

图 3-3-16　浅层技术监测制度

第四节　吉林低渗透油藏 CO_2 驱油与埋存技术应用与实践

吉林油田 CO_2 驱油开发效果持续向好，黑 79 北小井距试验区核心评价区阶段提高原油采出程度 22.3%，预测提高原油采收率 25%，黑 46 试验区预测提高原油采收率 15%，系统揭示了 CO_2 驱油开发规律和开发特征。同时，研究成果通过矿场集成及应用，取得了显著的经济效益，有力推动了吉林油田 CO_2 驱油与埋存技术工业化应用规模逐步扩大。

一、CO_2 驱油应用效果持续向好

截至 2020 年 10 月，吉林油田黑 79 北小井距试验区已累计注气 0.93HCPV，核心评价区阶段提高原油采出程度 22.3%，油产量较水驱提高 5 倍以上，试验区累计产油 $6.9 \times 10^4 t$，累计增油 $4.86 \times 10^4 t$，预测可提高原油采收率 25%（图 3-4-1 和图 3-4-2）。

截至 2020 年 10 月底，黑 46 试验区已累计注气 0.18HCPV，试验区累计产油 $20.2 \times 10^4 t$，累计增油 $6.1 \times 10^4 t$，预测可提高原油采收率 15%（图 3-4-3 和图 3-4-4）。

二、取得了较好的经济效益

1. 新型防腐技术降低了防护成本

1）"碳钢＋环空保护液"防腐技术降本显著

针对 CO_2 注入井管柱应力腐蚀断裂问题，在前期油基环空保护液基础上，研发形成新型水基缓蚀、杀菌、脱硫多功能环空保护液体系（图 3-4-5），提高了环空保护液综合防护性能，单井应用成本 0.1 万元，较前期环空保护液成本降低 90% 以上，形成了"碳钢＋环空保护液"的注入井防腐技术。

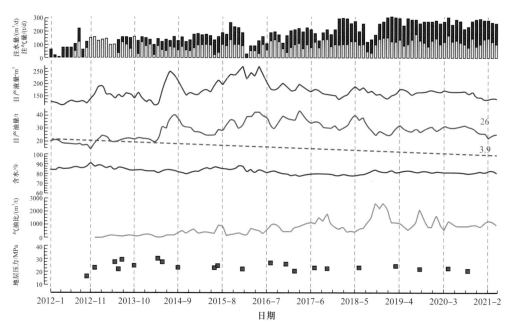

图 3-4-1 吉林油田黑 79 试验区日产油对比曲线

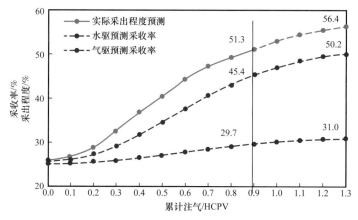

图 3-4-2 吉林油田黑 79 试验区核心评价区采收率预测曲线

现场试验表明，研发的新型环空保护液体系，提高了环空保护液综合防护性能，新型环空保护液体系应用后，起出管柱外壁无腐蚀，保障了注入井管柱防腐效果（图 3-4-6）。

2）药剂利用率大幅提高

研发了腐蚀监测与自动加药一体化装置，形成了满足油井防腐的多元化防腐加药工艺（图 3-4-7），通过不同腐蚀单元 CO_2 含量、产液量、含水等差异性分析，结合缓蚀剂使用浓度、成膜性能、残余浓度及现场试验成果，形成了一井一策的防腐加药制度，提高药剂利用率，共节约费用 4924.8 万元，油井免修期达到 850 天以上，降本增效显著。矿场腐蚀监测表明，随着 CO_2 驱油整体见气情况下，矿场整体腐蚀速率小于 0.076mm/a，自主研发缓蚀剂能满足矿场防腐需求（图 3-4-8 和图 3-4-9）。

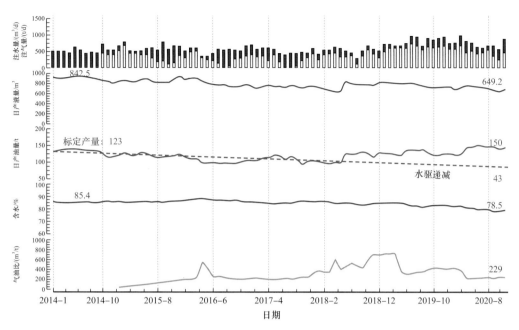

图 3-4-3　吉林油田黑 46 试验区综合注采曲线

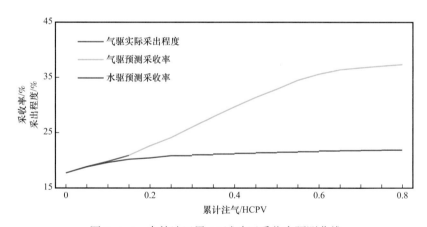

图 3-4-4　吉林油田黑 46 试验区采收率预测曲线

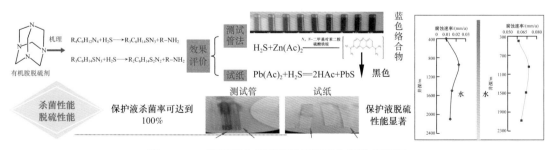

图 3-4-5　新型环空保护液体系研发与评价流程图

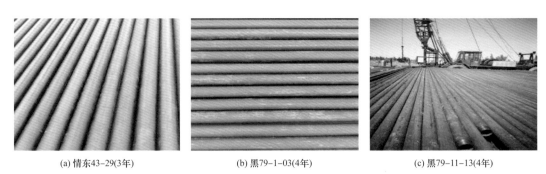

(a) 情东43-29(3年)　　　　　(b) 黑79-1-03(4年)　　　　　(c) 黑79-11-13(4年)

图 3-4-6　注气井加环空保护液后油管外壁形貌图

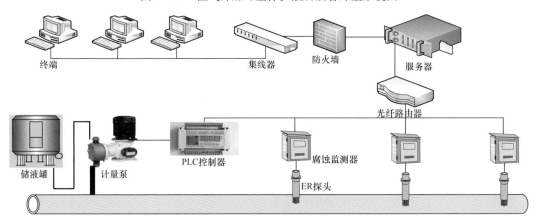

图 3-4-7　腐蚀监测与自动加药工艺示意图

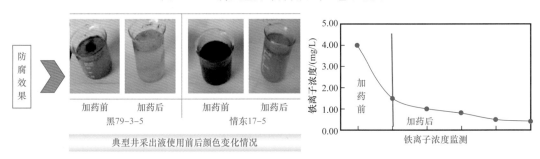

图 3-4-8　多种矿场检测防腐效果

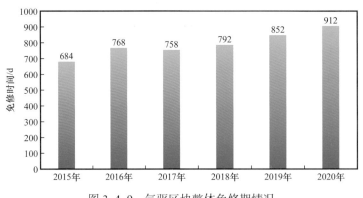

图 3-4-9　气驱区块整体免修期情况

2. 新型注采工艺降低了工程投资

1）推广应用周期采油及安全生产一体化井口

结合矿场需求，试验应用周期采油及安全生产一体化井口装置 181 套，试验成功率100%，共节约费用 3149.4 万元，新型井口矿场应用节约成本统计见表 3-4-1。

表 3-4-1 新型井口矿场应用节约成本统计表

单井节约	分项节约
单井节约 17.4 万元	井口节约成本 6.2 万元
	盘根节约成本 1.2 万元
	省去井口安装、基础加高 3 万元
	缩短工期 1.5 天，减少产量影响 3t，节省费用 7 万元

2）扩大连续油管注气工艺试验

结合注气井井筒完整性需求，在黑 125 区块扩大应用新型连续油管注气工艺 8 口井，降低一次性完井投资 506.4 万元，井筒完整性和作业效率提高，全生命周期内单井成本降低 67%，注气完井工艺成本对比见表 3-4-2。

表 3-4-2 注气完井工艺成本对比表

工艺	首次完井		检管完井		大修费用/万元	15 年内完井情况		
	投入/万元	降幅/%	投入/万元	降幅/%		投入/万元	降幅/%	说明
气密封油管	189.3	—	155	—	65	564	—	检管 2 次 + 大修 1 次
连续油管	126	28	61	60	—	187	67	检管 1 次

3. CO_2 循环注入降低了注入成本

CO_2 气源主要来自长岭净化站，每年消耗气源在 $20 \times 10^4 t$ 以内。CO_2 驱油伴生气实现循环注入（图 3-4-10），截至 2020 年 10 月，已累计注入 $10.52 \times 10^4 t$，满足油藏需求情况下降低气源成本，已节约气源费用 1077 万元。

4. 实现了安全埋存

自 2015 年起通过定期对 CO_2 埋存监测井取样分析，持续监测区块埋存状况，建立监测背景值，如图 3-4-11 所示，试验区 CO_2 气体浓度较低，未发生泄漏。

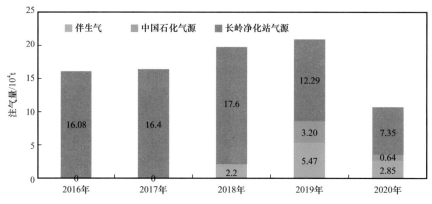

图 3-4-10 CO$_2$ 注入量来源组成图

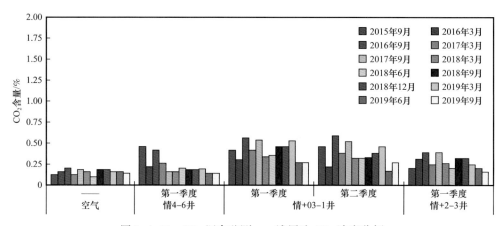

图 3-4-11 CO$_2$ 埋存监测——浅层法 CO$_2$ 浓度分析

第四章 特／超低渗透油藏 CO_2 驱油与埋存技术

长庆油田特／超低渗透油藏开展 CO_2 驱油与埋存面临诸多挑战：一是油田地层水矿化度高，CO_2 与地层水接触后易结垢，垢中 Ca^{2+}、Ba^{2+}、Sr^{2+} 和 Mg^{2+} 含量高，给正常生产带来隐患；二是独有的黄土源地形地貌，对 CO_2 长距离管道输送提出特殊要求；三是储层特／超低渗透油藏裂缝发育，气窜风险大。针对上述问题，通过理论方法探讨、实验研究、技术集成，形成了高矿化度地层水采出系统腐蚀结垢防治技术、复杂地形地貌条件下 CO_2 管道输送技术、特／超低渗透油藏 CO_2 驱油气窜监测与控制技术，评估了试验区地质埋存能力。研究成果在长庆油田黄 3 区块应用，为现场试验的成功奠定基础。

第一节 高矿化度地层水采出系统腐蚀结垢防治技术

特／超低渗透油藏存在低渗透率、低孔隙度及宏观／微观层面的强非均质等特点，并且在二次采油阶段，注水后储层的孔喉、微裂缝等都可能发生变化。CO_2 驱油与埋存试验过程，生产系统的腐蚀和 CO_2—高矿化度水—储层的结垢，需特别关注。

长庆油田黄 3 先导试验区长 8 储层是典型的超低渗透储层，前期的注水开发阶段发现地层水矿化度平均 78000mg/L，Ca^{2+} 和 Ba^{2+}/Sr^{2+} 高，注入水的 SO_4^{2-} 平均含量 2500mg/L，远高于国内外典型油田的离子含量水平，见表 4-1-1；油井、地面场站的结垢占相应总量的近 50%；井筒垢型以 $CaCO_3$ 垢为主，地面系统混层集输时，以 $Ba/SrSO_4$ 为主；井筒和地面系统的清防垢技术难度大。

表 4-1-1 典型油田的地层水、注入水离子含量对比　　　　单位：mg/L

油田	离子含量		油田	离子含量		油田	离子含量	
	Ba^{2+}	SO_4^{2-}		Ba^{2+}	SO_4^{2-}		Ba^{2+}	SO_4^{2-}
长庆油田（黄 3 区块）	2180	2500	中国海油涠洲油田群	69	2712	北美巴肯油田	390	280
江汉八面河油田	182	960	挪威北海油田	1590	2900	非洲安哥拉 Kiame 油田	230	5300
胜利纯化油田	283	700	英国北海油田	1000	1500	伊朗波斯湾 Siri 油田	<30	3350

国内外对碳钢等材质的 CO_2 腐蚀问题研究比较深入，但在 CO_2 驱油的高 CO_2 分压情况下，碳钢等不同材质的腐蚀规律变化复杂，防控难度较大。超临界态 CO_2 对原始岩矿的溶蚀／沉积作用，可能导致成垢离子浓度变化、次生矿物或者是溶蚀碎屑运移造成孔喉

堵塞。开展相关机理及经济有效的防治措施研究，对后期生产有重要意义。

一、生产系统的腐蚀特征

考虑到黄 3 区块先导试验的注采井以老井为主、地面系统配套以新建为主的特点，针对油井的 N80 和 J55 油套管两种材质以及地面系统的 20# 钢、Q245R、L245N、20G 和 316L 5 种材质，开展不同工况条件下的高温高压腐蚀评价实验。黄 3 区块地层水组成见表 4–1–2。

表 4–1–2 黄 3 区块地层水组成

典型井	离子含量 /（mg/L）						总矿化度 / mg/L
	Na^+/K^+	Ca^{2+}/Mg^{2+}	Sr^{2+}/Ba^{2+}	Cl^-	SO_4^{2-}	HCO_3^-	
井 1	28745.17	1506.61	5076.57	49499	—	129.48	84980.51
井 2	6062.29	7944.36	2293.58	23219.7	139.93	127.5	37493.83

1. 井筒环境的腐蚀特征

试验区油井平均含水 55%、产出液流速小于 0.8m/s，腐蚀评价试验结果如图 4–1–1 所示。整体看，因为 J55 和 N80 均为中低碳钢，不同介质下的腐蚀速率值没有数量级差异。

（1）注 CO_2 后碳钢腐蚀速率随温度变化趋势。固定 p_{CO_2} 为 10MPa、流速为 0.2m/s、实验时长 168h，在 40～100℃ 温度区间内，两种管材液相中腐蚀速率变化呈鞍形；井底温度 80℃时，J55 和 N80 的碳钢腐蚀速率达到最大值，分别为 10.171mm/a 和 11.059mm/a。

（2）注 CO_2 后碳钢腐蚀速率随分压变化趋势。固定温度 70℃、流速 0.2m/s、实验时长 168h，在 p_{CO_2} 为 0～10MPa 时，J55 和 N80 在液相中的腐蚀速率分别是其在气相中的数倍以上。p_{CO_2}＜5MPa 的范围内，腐蚀速率随压力的变化呈线性上升趋势；当 5MPa＜p_{CO_2}＜7MPa 时，腐蚀速率呈线性下降趋势；p_{CO_2}＞7MPa 后，腐蚀速率又呈上升趋势。

（3）注 CO_2 后碳钢腐蚀速率随流速变化趋势。固定温度 80℃、p_{CO_2} 为 5MPa、实验时长 168h，在流速 0～0.8m/s 范围内，流速与管材的腐蚀速率呈线性关系，流体介质的冲涮促进腐蚀的持续发生。

2. 地面环境下的腐蚀特征

对地面系统常用的 20#、Q245R、L245N、20G 和 316L 5 种材质进行不同含水、CO_2 分压条件下的腐蚀评价。在温度为 35℃，总压力 3MPa，CO_2 分压为 0.15～1.5MPa，静态及流速 0.1m/s 条件下，20#、Q245R、L245N 和 20G 4 种碳钢材质表现出了相同的腐蚀特征（图 4–1–2）。

316L 不锈钢在 CO_2 分压 0～1.5MPa、原油含水 10%～70% 条件下，均匀腐蚀速率均小于 0.02mm/a，但表面发现少量开口型点腐蚀坑。这主要是产出液中的 Cl^- 含量较高，一旦腐蚀和局部产物沉积，很容易导致腐蚀加快。

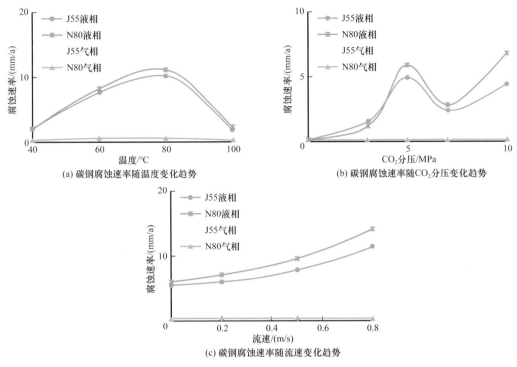

图 4-1-1　CO_2 注入后碳钢管柱腐蚀与温度、CO_2 分压及流速的关系

后续地面系统建设中，针对含水高于 60%、CO_2 分压大于 0.2MPa 条件下，腐蚀速率为 0.1～3.5mm/a 碳钢材质，也需要采取防腐措施。

在腐蚀机理研究中，还可以结合 De-Waard 经验公式、OLI 预测软件和井筒、地面的失重挂片腐蚀监测 / 检测等手段，进一步定性或定量掌握各种材质的腐蚀规律。

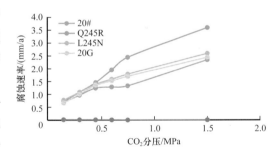

图 4-1-2　碳钢腐蚀速率随 CO_2 分压变化趋势

二、生产系统溶蚀—结垢特征

室内实验表明，超临界态 CO_2 对地层原始矿物存在一定的溶蚀作用，而 CO_2 注入储层过程中，成垢离子增加会生成新矿物。溶蚀碎屑或新生矿物在流体运移过程中，会堵塞储层孔喉并影响正常生产。

1. CO_2 驱油溶蚀 / 结垢作用

CO_2 驱油过程中，注入的 CO_2 在地层水中溶解后会形成碳酸溶液，可解析出 H^+ 和 HCO_3^- 及 CO_3^{2-}，如下式所示：

$$CO_2 + H_2O \Longleftrightarrow H_2CO_3 \tag{4-1-1}$$

$$H_2CO_3 \rightleftharpoons H^+ + HCO_3^- \tag{4-1-2}$$

$$HCO_3^- \rightleftharpoons H^+ + CO_3^{2-} \tag{4-1-3}$$

$$2HCO_3^- + Ca^{2+} \rightleftharpoons Ca(HCO_3)_2 \tag{4-1-4}$$

$$Ca(HCO_3)_2 \rightleftharpoons CaCO_3 \downarrow + CO_2 \uparrow + H_2O \tag{4-1-5}$$

随着 CO_2 的注入，地层水中 CO_3^{2-} 和 HCO_3^- 浓度增加，与 Ca^{2+} 和 Mg^{2+} 等反应成垢，生成 $Ca/MgCO_3$ 固相沉积，堵塞孔隙喉道从而降低储层渗透率。

1）CO_2—地层水—岩石的溶蚀作用

CO_2 溶于水后形成酸性流体，可引起储层岩石中可溶性矿物的溶解和新矿物的沉淀。CO_2 注入后，溶液酸度的增加使砂岩中长石、方解石和白云岩等矿物溶蚀，使储层渗透率增加。CO_2 在驱替过程中会导致储层中碳酸盐胶结物溶解，使得砂岩和碳酸盐储层的渗透率增加。在不同温度和压力条件下，分别对方解石、白云石和鲕粒灰岩的岩心进行 CO_2 驱油实验，驱替后 3 种岩石的渗透率均有所增加，其中鲕粒灰岩岩心渗透率增加最为显著。岩石渗透率的增加主要源于碳酸盐的溶蚀，尤其是孔喉处的溶蚀形成了大量的次生孔隙，溶液中 Ca^{2+} 和 Mg^{2+} 浓度也相应增加。此外，影响岩心渗透率变化的因素主要有 CO_2 注入压力、压力梯度和注入量。

在 45℃ 和 13.8 MPa 的条件下利用 CO_2 驱替砂岩岩心。发现岩心的渗透率先下降后增加，可观察到方解石和菱铁矿的溶解。伊利石为主的细粒矿物堵塞孔喉，使得储层渗透率降低，而碳酸盐矿物的溶蚀导致渗透率的增加。通过特定条件下 CO_2 驱替实验，发现碳酸盐矿物的溶蚀，增大岩心渗透率而黏土类矿物运移堵塞部分孔隙，降低岩心渗透率，二者相互作用后的渗透率几乎没有改变。通过白云岩的 CO_2 驱油实验表明，CO_2 注入储层后，注入井附近碳酸盐矿物大量溶解，渗透率增加。但是生产井附近的储层中有新矿物生成，导致生产井附近渗透率降低。

注入 CO_2 在 28h 后，Ca^{2+}、Na^+ 和 Sr^{2+} 的离子浓度轻微下降；67h 后，Na^+ 和 Sr^{2+} 的离子浓度上升，Ca^{2+} 浓度下降；150h 后，Ca^{2+} 的离子浓度升高。实验用砂岩岩心的孔隙度和渗透率均下降，但渗透率降低幅度更大，CO_2 的初期实验过程中产生了 $CaCO_3$ 沉淀和钙蒙脱石等新生矿物，会降低砂岩渗透率。

2）CO_2—地层水的沉积作用

CO_2 驱油易存在无机垢 / 有机沥青质等的沉积情况，主要是 CO_2 腐蚀产物及 $CaCO_3$ 和 $MgCO_3$ 等无机垢的沉积。垢质附着在套管、油管及地面设备和管道壁上，严重影响注采井的正常运行和安全平稳生产。由于水质、温度和生产工艺不同，各油田的具体情况也不尽相同。

20 世纪 80 年代，Ramsey 等研究发现美国科罗拉多州某油田在 CO_2 驱油先导试验中，$BaSO_4$ 结垢问题突出。研究发现 CO_2 驱油过程中，pH 值从 7 降低到 4，聚丙烯酸（PAA）、羟基乙叉二磷酸（HEDP）和二亚乙基三胺五亚甲基膦酸（DETAPMP）等 5 种 $BaSO_4$ 防垢剂的应对效果不佳，需要通过防垢剂加注浓度来提高防垢效果。大庆油田、胜利油田、吉林油田和江苏油田等不同区块的 CO_2 驱油先导性试验中，也不同程度出现注采井结无机垢的问题。温度、压力、注入水与地层水的混合比等因素对结垢程度和类型产生影响。

CO_2 驱油的结垢防治主要是对注采生产系统（地层、井筒、地面系统）的结垢现状进行全面调查，掌握结垢方面的相关数据资料；分析 CO_2—地层水的溶蚀／沉积作用，研究 CO_2 驱油注采生产系统的结垢趋势及影响结垢的因素，制订结垢防治对策。

2. 低渗透油田环境下的结垢因素

黄 3 区块的地层水分析资料表明，原始地层水离子含量相对较高，为分析不同离子成垢沉淀特征，以塬 30–101 水样为基础，配制了主要含 Ca^{2+} 和 Mg^{2+} 及主要含 Ba^{2+}/Sr^{2+} 的两类水样进行结垢分析。

1）Ca^{2+}/Mg^{2+} 与结垢关系

以塬 30–101 水样的 Ca^{2+} 和 Mg^{2+} 为基准，配制高钙低镁、高镁低钙和钙镁含量都较多的 3 种水样，见表 4–1–3。

表 4–1–3　配制水样表

样次	离子	矿化度 /（mg/L）	试剂	pH 值
1 号水样	Ca^{2+}	4841	$CaCl_2$	7.1
	Mg^{2+}	283	$MgCl_2$	
2 号水样	Ca^{2+}	659.32	$CaCl_2$	7.1
	Mg^{2+}	1601	$MgCl_2$	
3 号水样	Ca^{2+}	7041	$CaCl_2$	7.1
	Mg^{2+}	3051	$MgCl_2$	

上述情况下，CO_2 驱油后生产的沉淀主要为 $CaCO_3$ 和 $MgCO_3$ 等，如图 4–1–3 所示。

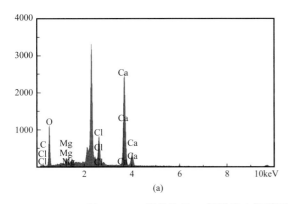
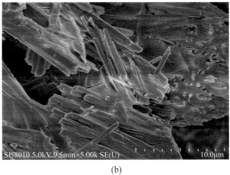

图 4–1–3　垢产物的 X 射线光电能谱图（a）和扫描电镜微观形貌（b）

温度对无机盐沉淀的影响：实验发现温度对沉淀影响很大，且温度越高，沉淀越少；温度越低，沉淀越多，且高矿化度地层水对温度更为敏感（图 4–1–4）。

压差对无机盐沉淀的影响：实验发现随压力升高，地层水中 Ca^{2+} 的浓度降低，$CaCO_3$ 沉淀量增大。这是由于 CO_2 压力增加过程中，CO_2 溶解量增加，促进 CO_3^{2-} 和 HCO_3^- 浓度增加，故产生的碳酸盐沉淀越多。而压力降低时，相应的沉淀量减少。另外还需要考虑压力降低情况下，$CaCO_3$ 等在水中溶解度降低，会部分沉淀析出（图4-1-5）。

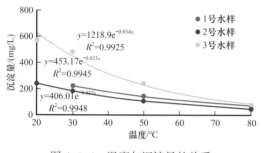

图4-1-4 温度与沉淀量的关系

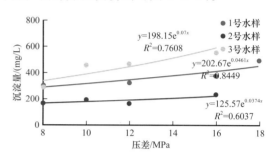

图4-1-5 压差与沉淀量的关系

成垢离子含量对无机盐沉淀的影响：实验发现在注入足量 CO_2 的条件下，地层水中成垢离子含量越高，沉淀越多。

由上述实验，建立 CO_2 与地层水作用后无机盐沉淀定量表征，呈现指数型关系：

$$y = 151.7967e^{(-0.03016T+0.059643\Delta p+0.000106M)} \tag{4-1-6}$$

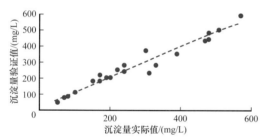

图4-1-6 各因素与沉淀量的关系验证

利用此公式，根据塬30-101水样计算无机盐沉淀量，与实际沉淀量实验结果对比，两者误差较小，验证了该方法的可靠性（图4-1-6）。

2）Ba^{2+}/Sr^{2+} 与结垢关系

考虑到黄3区块同层系地层水的矿化度变化大，特别是 Ba^{2+}/Sr^{2+} 极易与注入水、CO_2 发生成垢反应。模拟 CO_2 驱油的岩心驱替实验中，在不同温度、压力梯度下，采出水的 Ba^{2+}/Sr^{2+} 含量大幅降低，见表4-1-4，岩心切片表面对应有碳酸盐沉淀析出，其主要成分是 $Sr/BaCO_3$。原因是当 Ba^{2+}/Sr^{2+} 与 Ca^{2+}/Mg^{2+} 共存时，对比成垢产物的溶度积 Ksp_{BaCO_3} 为 2.58×10^{-9}、Ksp_{SrCO_3} 为 5.60×10^{-10}，均小于 $Ksp_{CaCO_3}=3.36\times10^{-9}$，更容易形成 $Sr/BaCO_3$。

表4-1-4 CO_2 驱替前后采出水离子浓度的变化

编号	温度/℃	压力/MPa	Ba^{2+}含量/（mg/L）	Sr^{2+}含量/（mg/L）
空白	—	—	4108	1135.6
1	40	4	1197.6	268.8
2	40	8	1059.6	1041.6
3	60	4	300.4	54

编号	温度 /℃	压力 /MPa	Ba^{2+} 含量 / (mg/L)	Sr^{2+} 含量 / (mg/L)
4	60	8	617.2	267.2
5	80	4	49.2	8.8
6	80	8	134	15.2

3）沥青质沉淀

沥青质沉淀量与地层原油组分中沥青质含量有关。黄 3 区块原油的沥青质含量极低，判断沥青质沉淀极少，为验证这一判断开展了多组实验。

压力对沥青质沉淀的影响：对比 2 组典型原油样的实验发现，在 CO_2 驱替过程中，随着压力的升高，沥青质沉淀量增加，如图 4-1-7 所示。这是因为，原油中沥青质分子与胶质分子以沥青质胶质胶束的形式存在，随着 CO_2 在地层油中的溶解量增加，胶束之间相互结合，逐步沉积出沥青质。

温度对沥青质沉淀的影响：对比两组实验，发现随着地层温度增加，沉淀量出现增加的趋势，如图 4-1-8 所示。一般情况下，一方面升高温度是有利于沥青质自身在原油中的溶解；另一方面，温度升高使得原油密度相应减小，从而使得沥青质和胶质之间的相互作用力减弱，沥青质失去胶质分子保护的可能性增大，使得沥青质更容易沉淀。但由于地层原油沥青质含量低，增加幅度不明显。

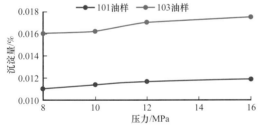

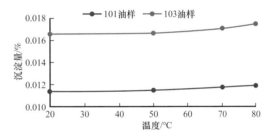

图 4-1-7 压力对沥青质沉淀的影响　　　图 4-1-8 温度对沥青质沉淀的影响

CO_2 与地层原油作用导致沥青质沉淀定量表征方法：根据实验结果，采用多元回归方法，可以建立注入 CO_2 后的沥青质沉淀定量表征关系，拟合回归出压力和温度与沉淀量的关系式：

101 油样

$$y = 0.00972e^{(0.0008467T + 0.0085469p)} \tag{4-1-7}$$

103 油样

$$y = 0.013743e^{(0.000905T + 0.010181p)} \tag{4-1-8}$$

式中　T——温度；

p——压力。

分别做出原油中沥青质含量在 0.0195% 和 0.0251% 条件下，沉淀量随压力和温度变化的图版，如图 4-1-9 所示。

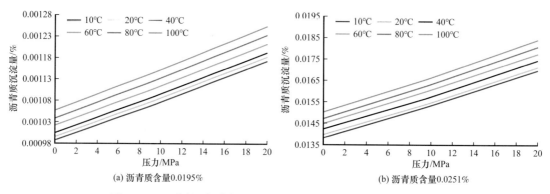

(a) 沥青质含量0.0195%　　　　(b) 沥青质含量0.0251%

图 4-1-9　不同沥青质含量下沥青质沉淀量随压力和温度的变化

由实验结果可知，CO_2 溶解于 100mL 地层原油中导致沥青质沉淀量为 0.019～0.027mL；假设地层孔隙中只存在单相油，沥青质沉淀对孔隙度和渗透率影响比较小（沉淀量占孔隙体积的 0.019%～0.027%，对渗透率影响更小）。

结垢过程是成垢离子从过饱和溶液中析出、结晶、聚合并沉积的过程。溶液的过饱和度、结垢所处的环境都会影响成垢离子的析出和结垢速率及结晶状态。油气田环境不同于室内纯溶液体系，结垢是复杂的多相体系，垢晶晶核生成后，晶体的长大集聚过程同样也受热力学和动力学作用影响。结垢热力学研究只是判断解析成垢溶液的平衡状态，动力学角度则是研究垢沉积的过程，结垢速率及影响因素。这些影响因素包括成垢离子的浓度梯度、扩散速率、在相界面的反应和吸附特性及溶液的过饱和度，还有垢晶晶型、形貌和垢晶成长速度等。由于结垢影响因素太多，定量性的研究还需继续深化。

三、防腐防垢技术研究与应用

CO_2 腐蚀是油气田生产过程中经常遇到的问题，高矿化度水质条件下会出现垢下腐蚀，对管线和设备造成严重危害。目前，控制油管腐蚀的方法主要有选用耐蚀材料、有机或无机涂层、金属镀层或渗层、加缓蚀剂、水质处理等。

1. W-Ni 合金镀层防腐技术与应用

注采井油管柱采用有机涂层防腐措施时，有机涂层易因超临界 CO_2 作用而溶胀，同时 CO_2 易穿透涂层微孔，破坏有机涂层完整性。而金属镀层与基体间的结合强度是有机涂层的 10～100 倍，经受冲击、钝物撞击时不易脱落、开裂，为此防腐可考虑金属镀层。

油套管的 W-Ni 合金电镀工艺主要流程是：来料检验→除油、除锈→质检→装夹→电解除油→清洗→初活化→清洗→活化→清洗→电镀钨合金→清洗→质检→后处理→检验→包装。该生产过程不影响基材的机械性能，同时中性电镀溶液的腐蚀性小，环保性有所提升（图 4-1-10）。

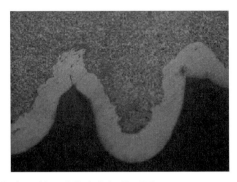

图 4-1-10　钨合金镀层的表面微观形貌和金相截面图

　　模拟长庆油田 CO_2 驱油采出井腐蚀环境，开展 W–Ni 合金镀层评价：传统小试样腐蚀实验—全尺寸油井管柱多参量应力腐蚀实验—现场服役试验验证。在多因素耦合作用下，W–Ni 合金均表现出优良耐蚀特性（图 4-1-11）。

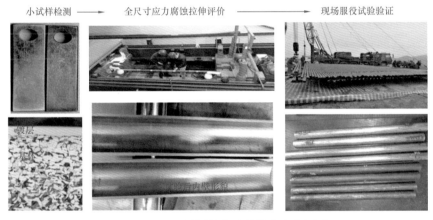

图 4-1-11　不同评价方法的结合和分析图

　　W–Ni 合金镀层主要含有 Ni、W、Fe 和 P 4 种元素。W–Ni 镀层油管螺纹经过上卸扣和水压实验后，具有和非镀层油管同等的抗黏螺纹和密封性能。对 W–Ni 镀层油管进行 4 次上扣和 3 次卸扣后，未发现黏结，如图 4-1-12 所示。在 95MPa 下进行 30min 水压实验后，未发现泄漏。

图 4-1-12　上卸扣实验后的宏观形貌

2. 缓蚀阻垢一体化药剂研制与应用

在 CO_2 驱油工艺中，井筒和集输等各系统的高分压 CO_2 造成的腐蚀严重。动态条件下，超临界 CO_2 相与水相形成混相流体，具有强烈的电化学腐蚀特征，需要缓蚀剂抑制 CO_2 腐蚀。同时，长庆油田试验区地层水矿化度高，富含钡锶离子，还需进行结垢控制。

对于腐蚀轻微，结垢严重的采出井和集输管线，可投加化学防垢剂，在低浓度的经济加量下，实现对地层、井筒和地面流程的高效防垢。常用化学防垢剂种类有：缩聚磷酸盐类、有机膦酸盐类、聚羧酸盐类、聚合物类防垢剂。其中有机膦酸类与聚合物类防垢剂都具有抑制垢晶成核、晶体生长的双重机理。有机膦酸防垢剂在抑制垢晶成核方面更显著，聚合物防垢剂在抑制晶体生长和分散已经形成的结垢物方面更有效。在油田用量较大的聚合物防垢剂有聚丙烯酸（PAA）、聚顺丁烯二酸（又称聚马来酸或 PMA）、聚甲基丙烯酸（PMAA）及其共聚物。聚羧酸盐类防垢剂具有无磷、非氮结构，是国内外研究最多的绿色环保型防垢剂。比较常用的是聚环氧琥珀酸（PESA）盐和聚天冬氨酸（PASP）盐。

鉴于防垢剂种类繁多，在防垢治理过程中，需根据垢样类型及生产工况，加注适用性的防垢剂，才能达到防垢治理目的。

对于腐蚀与结垢共存的井筒环境，需同时加注缓蚀剂与阻垢剂。但是，将 CO_2 缓蚀剂与钡锶阻垢剂直接混合容易出现试剂絮凝，严重影响两种试剂的添加效果。

因此，针对 CO_2 驱油井采出环境面临的腐蚀和结垢问题，研发了苯甲酸硫脲基咪唑啉型一体化缓蚀阻垢剂进行井筒防护，并根据现场生产过程中还需添加破乳剂、防蜡剂和杀菌剂等药剂的需求，评价了一体化药剂与破乳剂、防蜡剂、杀菌剂之间的配伍性，见表 4-1-5 至表 4-1-7。评价结果显示选用的破乳剂、防蜡剂和杀菌剂与一体化药剂具有良好的配伍性。

表 4-1-5 药剂配伍性评价条件

药剂种类	缓蚀剂	破乳剂	防蜡剂	杀菌剂
药剂	一体化药剂	聚氧乙烯聚氧丙烯十八醇醚	OP-10	1227
浓度 /（mg/L）	300	100	100	50

表 4-1-6 其他药剂对一体化药剂防腐性能影响

项目	缓蚀剂	缓蚀剂 + 破乳剂	缓蚀剂 + 防蜡剂	缓蚀剂 + 杀菌剂
腐蚀速率 /（mm/a）	0.028	0.021	0.025	0.018

表 4-1-7 一体化药剂对其他药剂性能影响 单位：%

破乳性能（脱水率）		防蜡性能（防蜡率）		杀菌性能（杀菌率）	
无缓蚀剂	有缓蚀剂	无缓蚀剂	有缓蚀剂	无缓蚀剂	有缓蚀剂
93.6	93.6	89.8	91.2	95.4	95.4

按照 SY/T 5673《油田用防垢剂性能评定》，采用油田实际水样，对一体化药剂进行缓蚀性能评价。结果显示在 80℃，CO_2 分压为 9MPa 时，添加 300mg/L 一体化试剂，腐蚀速率为 0.048mm/a，阻垢率大于 75%（表 4-1-8）。

表 4-1-8　缓蚀阻垢一体化药剂的缓蚀性能

CO_2 压力 /MPa		3	6	9
腐蚀速率 / mm/a	实验室样品	0.025	0.021	0.047
	工业化产品	0.022	0.023	0.048

长庆油田 CO_2 驱油试验区的 37 口采油井均加注缓蚀阻垢一体化药剂，井下挂环的腐蚀监测显示最高腐蚀速率为 0.077mm/a，腐蚀得到有效控制。2018—2020 年，对加注了缓蚀剂阻垢一体化药剂的 2 口采油井先后开展 5 井次工程测井，均未发现井筒结垢加重等现象。

第二节　复杂地形地貌下 CO_2 管道输送技术

长庆油田 CO_2 驱油与埋存技术工业化推广，对注入气需求量较大，CO_2 主要由油田周边的煤化工企业产生，距离油田均在 300km 之内，具有建设管道输送的气源条件。通过对 CO_2 相态特性和国外 CO_2 输送管道建设特点的分析对比可以看出，CO_2 输送管道与油气输送管道相比复杂得多，其输送工艺与输送压力、温度以及 CO_2 的液—气相边界密切相关。CO_2 管道建设需要注意：气源组分、CO_2 输送时相态的选择、路由选择、阀室设计、涂层选用、设备与材料的特别要求、水合物控制措施等。

长庆油田区域地处黄土高原边缘，地形破碎，沿线地质条件复杂，黄土残塬、黄土冲沟、黄土斜坡、黄土梁峁等是其主要地貌单元，其中黄土冲沟深度达数十米至百米，黄土斜坡坡度均在 30°～70°，切沟和细沟发育，区域内沟壑纵横、地形高差大，影响长距离 CO_2 管道输送时的相态保障，同时会存在水力翻越点和输送压力较高的问题，本节主要围绕复杂地形地貌条件下 CO_2 长距离管道输送问题进行阐述。

一、气源组分

1. 气质要求

对进入输送管道的气体组分进行控制，主要考虑以下因素：

（1）满足下游用户对气质的需求，主要是满足混相驱油的要求。

（2）满足管道安全输送的要求，主要是控制 H_2S 和 N_2 等影响 CO_2 相态参数的杂质含量，此外要严格控制水露点，确保管道输送过程中不会有游离水析出。

（3）尽可能降低 CO_2 捕集和提纯过程中对杂质处理的成本。

2. 杂质对 CO_2 相特性影响

长庆油田周边煤化工所产 CO_2 混合介质主要由 CO_2、N_2、H_2S 和 SO_2 等组成。与纯 CO_2 比，含杂质 N_2 的 CO_2 临界压力增大，临界温度降低；SO_2 会使得混合介质临界压力增大，临界温度也增大。N_2 比 SO_2 对 CO_2 混合物相图影响更大，物性变化也更大。

3. CO_2 气质指标

鉴于长庆油田 CO_2 驱油与埋存项目的气源主要来源于煤化工过程中的气体捕集，通过对周边气源的综合考虑，长庆油区在大规模示范工程中拟采用宁夏回族自治区宁东工业园内化工企业和陕西省榆林煤化工园区企业所产 CO_2。这些气源具有 CO_2 含量高、数量大、捕集成本低的特点。经过捕集后可外供输送的介质参数见表 4-2-1。

表 4-2-1　管道输送 CO_2 控制技术指标

技术指标	数据
CO_2 含量 /%（体积分数）	99.90
H_2S 含量 /（mg/m^3）	≤0.15
O_2 含量 /（mg/m^3）	≤4.25

二、CO_2 输送相态的选择

输送 CO_2 可采用高压力（8MPa 或更高）输送或以相对较低的压力（4.8MPa 或更低）输送，压力的不同对应 4 种相态，分别是超临界态、密相态和气态、液态。输送状态的选择需要根据具体的线路状况、流量以及设施条件综合确定。超临界 CO_2 具有类似于液体的高密度和类似于气体的高扩散性与低黏度，长庆油田实施大规模 CO_2 驱油与埋存示范工程时需求量将达到 $1000 \times 10^4 t/a$，而气源地距离示范区约 190km，经过技术经济对比，拟采用超临界态输送，管道设计压力 15MPa。

三、路由选择

CO_2 相对密度大于空气，在泄漏时地面水平浓度高于空中浓度，复杂地形地貌更易造成积聚，特别是在斜坡、山谷、河流、沟渠、公路、铁路和堤坝等特殊位置处，另外，管道周边建（构）筑物以及风向均对 CO_2 云的扩散具有显著影响。在 CO_2 管道路由的选择上，除了应符合地方政府规划，避开环境敏感区、文物保护区、地质灾害区和水资源保护区等区域外，还要重点考虑管道与周边村庄、入口密集区、工矿企业等相对位置关系。在选择路由的同时进行高后果区识别，针对高后果区和高风险区采取保护和预警措施，特殊低洼地段，通过 CO_2 管道泄漏淹没分析确定合理安全间距。

四、阀室设计

在管道上每隔一段距离设置线路截断阀室便于事故状况下快速切断气源，减少气源的外排。对于人口密集区域，结合地形复杂程度、风速和障碍物的影响，通过定量安全分析进一步确定阀室间距设置的合理性。

五、涂层选用

CO_2 管道在事故工况下快速降压而造成管内温度急剧下降，从而可能造成内涂层与基管材料分离的风险，根据国外 CO_2 管道建设和运行经验，不建议使用内涂层防腐或减阻涂层。

CO_2 管道外涂层设计必须考虑管道在正常工况和事故工况下的放空流程可能导致较低的温度，要求外防腐涂层应该具有较好的耐低温性能；此外，还需考虑管道在投产充压过程中，由于压力快速升高导致较大的温升而要求外涂层具有较好的耐高温性能。

六、设备和材料的特别需求

1. 设备和阀门的密封性能要求

由于地形地貌复杂、高差较大，管道内容易造成不满管流，压力温度难以控制，造成 CO_2 超临界态快速降至气态，使管线的稳定运行难度加大，同时 CO_2 会引起设备、阀门出现不同类型的密封失效，尤其是 O 形圈、密封件、阀座和清管器等。因此，非金属密封材料需要具备抵制破坏性泄压的能力，与 CO_2 接触时不会发生分解、硬化等，同时可以承受正常工况和事故工况下的温度变化。根据实验发现，PTFE 相对其他非金属材料具有良好的密封性能。

2. 润滑剂选择要求

CO_2 会使阀门、泵和压缩机等管道部件处的石油基润滑脂和许多合成润滑脂恶化变质，因此，在选择润滑剂时应考虑润滑剂在 CO_2 中的溶解性，必须根据 CO_2 管道的组分、设计压力、设计温度优选润滑脂，确保润滑脂的性能正常。具体实施过程中建议在操作温度、工作压力下测试润滑剂与 CO_2 的相容性。

3. 管材止裂性能要求

超临界 CO_2 管道操作压力一般为 8.8～15MPa，在管材选取时需要特别考虑断裂控制方法。断裂控制的主要手段是选择适宜的材料或安装止裂器。止裂器的间距应根据安全评估和管道修复的成本来确定。

对于 CO_2 管道管体止裂韧性有以下要求：（1）管线钢管的韧脆转变温度应低于管线钢管运行中的最低温度；（2）对于液相、超临界相和密相输送管线使用的钢管应遵循"不启裂准则"，对于气态输送管线使用的钢管应遵循"止裂准则"，对于钢管上的焊缝和管件可按"不启裂准则"要求。

长庆油田采用超临界态 CO_2 输送，输送压力在 15MPa 左右，管径均小于 508mm，经过对比可采用 Battelle 双曲线模型预测管材止裂韧性。

4.压缩机选择要求

超临界相和密相 CO_2 管道设计应考虑地形影响，因为高差造成流体的静压力可能会导致下游的压缩机需要承载更高的压力。压缩机采用往复式压缩机，选择时需关注以下几点：

（1） CO_2 分子量相比天然气大， CO_2 压缩机应具有转速低、活塞线速度低的特点。

（2） CO_2 临界温度高，当采用多级压缩时，需考虑级间存在液相问题。

（3） CO_2 是酸性气体，含水的情况下会对活塞杆产生腐蚀，因此需采用不锈钢材质或做表面硬化处理。

（4） CO_2 与油互溶， CO_2 压缩机润滑油应采用专用润滑油。

七、水合物的控制方法

1.水合物的危害

水合物在管道内形成，会堵塞管道、增大管线的压差、腐蚀损坏管件，导致严重的管道事故。当输送管道内含有水时，管道的输送压力大于超临界压力时， CO_2 遇到水会形成碳酸使得管道内流体的 pH 值降低，且当 CO_2 流体中还夹带有其他杂质（氮氧化物、氧气等）也会部分溶于水中，进一步降低 pH 值，从而加速腐蚀。氮氧化物和氧气对于管道输送的影响主要取决于输送压力以及管道内是否有水的存在。在干燥的环境中不会发生腐蚀，但一旦有水的存在且压力超过 10MPa 时，腐蚀的现象会更加的明显。 SO_2 和 O_2 共存时会形成亚硫酸或者硫酸，更会加速对管道的腐蚀。

2.水合物的生成及控制方法

在 CO_2 的运输过程中会包含一定量的水蒸气，高温 CO_2 进入管道后，在输送过程中随着管内温降的作用，水蒸气凝结形成自由水，自由水结合 CO_2 形成碳酸根离子是 CO_2 管道产生内腐蚀的主要因素，因此国外有关 CO_2 管道标准对 CO_2 含水量做出了规定，推荐管输 CO_2 含水量不高于 $400mg/m^3$。

CO_2 气体在进入长距离管道输送之前需要在气体处理厂进行脱水，以满足管道对气体露点的要求（露点比最低输送环境温度低 5℃以上）。在运输中，为了减少酸性气体对管线和设备的腐蚀，需要对气体进行脱水。进入脱水装置前气体露点与脱水后气体露点之差称为露点降，它表示气体水含量的降低程度或脱水深度。防止水合物生成的方法主要有：

（1）加热气流，使气体温度高于气体水露点，系统内不再产生液态水。

（2）对气体进行脱水，使气体露点降至输送温度以下。

（3）注入水合物抑制剂，使生成水合物和冰的温度降低至输送温度以下。

（4）控制进站压力和温度，使 CO_2 在长距离管道输送时避开水合物的生成区。

八、其他安全措施

为确保管道途经人口密集区的人员安全，避免事故发生，在管道设计中采取以下保护措施：

（1）管道采用 SCADA 控制系统，实现全线的自动化控制。

（2）设置管道泄漏监测系统，实现管道泄漏实时监测。超临界 CO_2 管道一旦发生泄漏，由于焦耳–汤姆逊效应，泄漏点处压力降低到大气压的同时温度会迅速降低，形成一个低温区域，其温度与正常的地温形成一定的温差，利用这一特性而采用分布式感温光纤泄漏监测系统对微小泄漏进行实时监测，准确定位泄漏点。

（3）管道首站设置色谱分析仪和水露点检测仪，确保合格气体进入管道，避免管道发生内腐蚀。同时，设置内腐蚀监检测装置和智能清管装置，定期对管道进行腐蚀检测和清管作业。

（4）由于 CO_2 无色无味，注入臭剂加臭，使周边人员对泄漏更为警觉；在管道沿线因地形复杂有可能集聚 CO_2 的场所和受限空间设置警示牌；在站场、阀室、线路高后果区等特殊地段设置 CO_2 浓度监测报警装置。

第三节　特 / 超低渗透油藏 CO_2 驱油与埋存气窜监测及控制技术

CO_2 驱油与埋存安全风险位置主要是井口、裂隙 / 断层、盖层，以黄 3 区块为地质模型分别开展了主要风险位置的泄漏风险评价。结合长庆油田油藏特点，筛选出适合长庆油田特 / 超低渗透油藏 CO_2 驱油与埋存气窜监测方法。以自由气前缘突破的气油比作为气窜预警指标，建立了气窜预警判识方法，制定了试验区气窜标准。针对特 / 超低渗透油藏渗透率低、裂缝发育、矿化度高等难点，开展了气窜特征、耐酸耐盐堵剂和防窜工艺研究，提出两级封窜工艺思路，以指导现场试验。

一、CO_2 地质泄漏风险评价

由于地质条件和人类开发活动导致的不确定性，注入储层的 CO_2 可通过生产井和废弃井、断层或裂缝以及盖层的"薄弱带"等途径发生泄漏。

1. 井筒泄漏风险评价

根据黄 3 区块 CO_2 埋存研究区的地质条件，参照有毒气体的扩散模型，研究 CO_2 泄漏扩散特征及模式、建立相关的 CO_2 泄漏预测模型，为近地表 CO_2 浓度传感器的布设方案及 CO_2 泄漏处置方案设计提供依据。

对于 CO_2 驱油与埋存，井筒完整性为最大的泄漏风险因素。井筒常见的泄漏路径（图 4-3-1）包括：（1）水泥和套管外壁之间的区域；（2）水泥与套管内墙之间

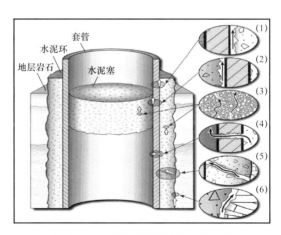

图 4-3-1　CO_2 在井筒中的泄漏路径

的区域；（3）水泥塞；（4）套管磨损（如铁锈）；（5）在圆形孔中水泥磨损（水泥缝）；（6）地层与水泥之间的区域。

1）CO_2 的泄漏模型

（1）CO_2 气体泄漏速率的计算。

造成 CO_2 泄漏的原因有管道破裂、地质活动造成封存体不稳定、钻井密封不佳等，相应的气体泄漏速率（Q_G，mg/s）均可按式（4-3-1）进行计算：

$$Q_G = YC_d Ap \sqrt{\frac{MK}{RT_G}\left(\frac{2}{K+1}\right)^{\frac{K+1}{K-1}}} \qquad (4-3-1)$$

式中　Q_G——气体泄漏速度，kg/s；

　　　Y——流出系数，对于临界流，$Y=1$，对于次临界流，Y 按照式（4-3-2）计算；

　　　C_d——气体泄漏系数，当裂口形状为圆形时取 1，三角形取 0.95，长方形取 0.9；

　　　A——裂口面积，m^2；

　　　p——容器内介质压力，Pa；

　　　p_0——环境压力，Pa；

　　　M——相对分子质量；

　　　R——气体常数，J/（mol·K）；

　　　T_G——气体温度，K；

　　　K——气体的绝热指数（热容比），即比定压热容 c_p 与比定容热容 c_v 之比，针对矿场条件 CO_2，查表可知本研究 K 取值 1.30。

由于气体的泄漏速度与其流动状态相关，因此，在计算气体的泄漏量之前，必须判断泄漏气体的流动性质，当 $\dfrac{p_0}{p} \leqslant \left(\dfrac{2}{K+1}\right)^{\frac{K}{K+1}}$ 时，气体的流动状态为临界流；当 $\dfrac{p_0}{p} > \left(\dfrac{2}{K+1}\right)^{\frac{K}{K+1}}$ 时，气体的流动状态为次临界流。

$$Y = \left(\frac{p_0}{p}\right)^{\frac{1}{K}}\left[1-\left(\frac{p_0}{p}\right)^{\frac{K-1}{K}}\right]^{\frac{1}{2}}\left[\frac{2}{K-1}\left(\frac{K+1}{2}\right)^{\frac{K+1}{K-1}}\right]^{\frac{1}{2}} \qquad (4-3-2)$$

（2）CO_2 气体泄漏浓度的分布计算。

气体在大气中的扩散，通常采用的模型有多烟团模式、分段烟羽模式或重气体扩散模式等。一般当事故排放源持续时间较长时（几小时至几天），通常采用高斯烟羽公式进行计算，即：

$$C = \frac{Q_G}{2\pi\mu\sigma_y\sigma_z}\exp\left(-\frac{y_r^2}{2\sigma_y^2}\right)\left\{\exp\left[-\frac{(z_s+\Delta h-z_r)^2}{2\sigma_z^2}\right]+\exp\left[-\frac{(z_s+\Delta h+z_r)^2}{2\sigma_z^2}\right]\right\}$$

$$\qquad (4-3-3)$$

式中　C——位于 $s(0, 0, z_s)$ 的点源在接受点 $r(x_r, y_r, z_r)$ 产生的浓度；

　　　Δh——烟羽抬升高度；

　　　μ——当地风速，m/s；

　　　σ_y，σ_z——下风距离 x_r（m）处的水平方向扩散参数和垂直方向扩散参数。

对于大气扩散系数，一般采用经验公式进行拟合计算，本文按照文献的计算结果，采用如下的经验公式：

$$\sigma = a + bx^g + dx^e \qquad (4-3-4)$$

式中　σ——扩散系数，与大气稳定度有关，一般将大气稳定度分为 A、B、C、D、E 和

　　　　F 共 6 个级别（A 为最不稳定级，F 为最稳定级），km；

　　　x——离烟囱中心的下风距离，km；

　　　a，b，g，d，e——拟合系数。

其中水平方向及垂直方向上扩散系数的拟合结果见表 4-3-1 和表 4-3-2。经验公式和拟合结果可以在 0.01～100.00km 范围内较好地拟合水平方向和垂直方向上的大气扩散系数。

表 4-3-1　水平方向上的扩散系数

稳定度级别	a	b	g	d	e
A 级	0.0048	280.7300	0.9311	−72.030	1.0740
B 级	0.0010	245.1368	0.9521	−91.0407	1.0500
C 级	0.0180	266.5212	0.9776	−163.4154	1.0200
D 级	−0.0220	2172.3657	0.9972	−2104.2353	1.0000
E 级	0.0030	243.9271	0.9897	−192.9929	1.0100
F 级	−0.0150	1905.1755	0.9984	−1871.2704	1.0000

表 4-3-2　垂直方向上扩散系数（据李玉平，2009）

稳定度级别	a	b	g	d	e	适宜区间 /km
A 级	0.2116	255.0555	2.9324	128.3861	0.9750	0.01～0.30
	433.5448	463.6611	2.1029	−443.9089	0.0400	0.30～3.1
B 级	0.0050	29.4599	2.9124	89.0947	0.9270	0.01～0.40
	368.8647	112.0109	1.0909	−373.3432	0.0100	0.40～32.00
C 级	0.0020	65.9466	0.9155	−4.8161	0.9260	0.01～100.00
D 级	0.1928	385.5170	0.7029	−352.3391	0.6900	0.01～0.35
	−5.4895	43.6252	0.6430	−7.2937	0.8550	0.35～100.00
E 级	0.8166	803.2275	0.5165	−782.5406	0.5100	0.01～0.80
	−8.7993	420.0559	0.6342	−389.8360	0.6450	0.80～100.00
F 级	0.6833	15.1577	0.7375	−1.5122	0.1300	0.01～0.50
	−5.2489	350.1995	0.6116	−33.2868	0.6200	0.50～100.00

注：A 级 $x > 3.10$km，扩散系数恒等于 5.00km；B 级 $x > 32.00$km，扩散系数恒等于 5.00km。

（3）烟羽抬升高度的计算。

不同的天气状况，所采用的烟羽抬升高度的计算模型存在较大的差异，对于神华鄂尔多斯 CCS 项目现场，根据测试时及常年的平均气象条件，采用如下的计算模型计算烟气抬升高度 ΔH：

$$\Delta H = Q_h^{\frac{1}{2}}\left(\frac{dT_a}{dZ} + 0.0098\right)^{-\frac{1}{3}} u^{-\frac{1}{3}} \tag{4-3-5}$$

式中 dT_a/dZ——排气筒几何高度以上的大气温度梯度 K/m；

u——排气筒出口平均风速，m/s；

Q_h——烟气热释放率，kJ/s。

Q_h 具体的计算公式为：

$$Q_h = 0.35 p_a Q_v \frac{\Delta T}{T_s} = 0.35 p_a Q_v \frac{T_s - T_a}{T_s} \tag{4-3-6}$$

式中 Q_v——实际排烟率，m³/s；

ΔT——烟气出口温度与环境温度差，K；

T_s——烟气出口温度，K；

T_a——环境大气温度，如无实测值，可取邻近气象台（站）季或年平均值，K；

p_a——大气压力，Pa。

2）研究区 CO_2 井筒泄漏计算

以黄 3 区块实例开展井筒泄漏分析，测试时大气压为 87323Pa，环境温度为 20℃，温度梯度为 0.006K/m。CO_2 在泄漏过程中，井筒压力随泄漏急剧减小，至井口油压为 0.2MPa，井筒温度 35℃，油管泄漏口的形状为圆形，泄漏口油管直径为 76mm（$3\frac{1}{2}$in），泄漏系数 C_d 取为 1。测试点地表平均风速为 3m/s。泄漏气体为 CO_2，其相对分子质量 M 为 44g/mol（0.044kg/mol），气体常数 R 为 8.314J/（mol·K），计算烟羽高度时，泄漏口的平均风速为 20m/s，其实际排烟速率为 0.01m³/s。

在 CO_2 的泄漏监测中，测试距离及测试时的风速对 CO_2 的泄漏监测具有显著的影响。根据上述理论公式对 CO_2 井筒泄漏的计算，井场附近 CO_2 浓度的分布如图 4-3-2 所示，可以发现，在其他参数一定的情况下，空气中 CO_2 的浓度随着测试点离泄漏点距离的增加而呈指数规律下降。在同一测试距离下，随着风速的降低，空气中 CO_2 的质量浓度会增加（图 4-3-3）。

3）CO_2 泄漏风险评估

根据气体扩散浓度，结合 CO_2 泄漏扩散危害浓度临界值，确定 CO_2 扩散的影响区域，将泄漏源附近区域划分为致死区、重伤区、吸入反应区和安全区。按照前述计算过程，在监测点离 CO_2 泄漏点的高度为 1m 情况下，将不同风速下致死区、重伤区以及吸入影响区的最大半径列入表 4-3-3。可以发现，随着风速的增加，相应 3 个区域的半径逐渐变小，由于风速的增加，CO_2 的质量浓度得到尽快稀释，其影响区域越来越小。

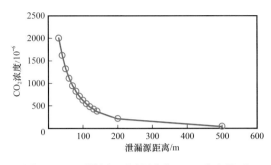

图 4-3-2　泄漏点不同距离与 CO_2 浓度关系

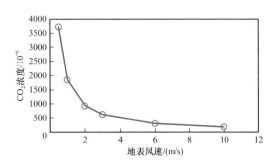

图 4-3-3　不同风速泄漏点 100m 处 CO_2 浓度

表 4-3-3　不同风速下 CO_2 泄漏环境风险值

区域	最大半径 /m		质量浓度 /（mg/L）
	1.0m/s	3.0m/s	
致死区	5.8	2.2	100000
重伤区	10.2	4.3	40000
吸入反应区	41.3	19.5	5000

采用区域环境风险评价方法——信息扩散法进行风险评价。因致死区和重伤区对人群健康和生态环境破坏最大，故将其风险值与泄漏源处风险作等值处理；吸入反应区按照风险随浓度降低而减小的规则进行处理。环境风险分布可按梯形模糊关系进行简化计算，计算方法为：

$$r = \begin{cases} r_0 & 0 < x_0 \leqslant l_0 \\ \dfrac{r_0}{l - l_0}(l - x_0) & l_0 < x_0 \leqslant l \\ 0 & x_0 > l \end{cases} \qquad (4\text{-}3\text{-}7)$$

式中　r——计算点的环境风险值；

　　　r_0——泄漏风险源点的环境风险值；

　　　l_0——重伤区最大影响半径，m；

　　　l——最大影响半径，m；

　　　x_0——计算点与泄漏源点的距离，m。

由于 l_0 和 l 与危险物质泄漏总量有关，事故大小不同，泄漏量不同，l_0 和 l 也不同。r 按国内外同类性质风险源的平均风险值计算。对于毒气泄漏的事故风险概率评价，不仅需对事故和危险物质本身的风险性进行评价，同时还应考虑事故发生时的天气条件和周围人群分布情况，计算方法为：

$$r_0 = \text{致死区人口数} \times \text{致死百分率} \times \text{事故发生概率} \times \text{出现不利天气概率}$$

$$(4\text{-}3\text{-}8)$$

以黄 3 区块为例，假设风速为 1m/s，根据重伤区最大半径为 5.8m，致死区人口数近似为 2～3 人，致死率近似为 1.99%，事故发生概率为 2.2×10^{-5}，出现不利天气概率为 0.3。由式（4-3-8）可求得 $r_0 = 3.9 \times 10^{-5}$。将 r_0 代入式（4-3-6）得到泄漏源附近不同区域的环境风险值。例如在距泄漏源点 100m 处的 r 为 1.18×10^{-5}。泄漏源附近不同区域的环境风险值见表 4-3-4。

表 4-3-4　泄漏源附近不同区域的环境风险值

至泄漏源的距离 /m	环境风险值
0～100	1.18×10^{-5}
300	6.38×10^{-6}
500	2.15×10^{-6}
2000	0

根据不同的环境风险值可对各类事件进行相应的风险分级，便于人们了解危害程度，做出相应的应对，风险分级见表 4-3-5。在本案例中，风速 1m/s，泄漏源点及距泄漏源点 100m 处的环境风险值数量级为 10^{-5}，与中级危险等级相对应，CO_2 泄漏引起的事故危险性在井场附近，值得关注并应采取一定的应对措施。

表 4-3-5　风险分级表

风险等级	环境风险值数量级	危险性	可接受程度
极高	10^{-3}	操作危险性极高	不可接受，应立即采取措施
高	10^{-4}	操作危险性中等	应采取相应的措施
中	10^{-5}	与游泳事故属同一危险等级	能引起人们的注意，采取相应措施
低	10^{-6}	相当于地震或天灾发生的概率	很难引起人们的注意
极低	10^{-7}	相当于陨石坠落伤人的概率	几乎无人在意

2. 断层 / 裂缝泄漏风险评价

CO_2 从储层断裂系统泄漏后，其向上部地层运移的路径如图 4-3-4 所示：CO_2 从储层泄漏后，沿着断裂面向上运动过程中，可能进入上部渗透层（含水层、上部油层等），当经过某一渗透层时 CO_2 流体的压力与渗透层气水毛细管力的大小决定着 CO_2 能否进入该渗透层。当 $p_c > p_c^{entry}$ 时，途经的 CO_2 无法进入该储层；当 $p_c < p_c^{entry}$ 时，途经的 CO_2 才能进入该储层。至于多少 CO_2 进入储层，根据渗流力学和物质平衡方程，可知渗透层的边界条件也对其有重要的影响。显然当储层为恒压边界时，是能够吸收 CO_2 最多的理想条件；当储层为封闭边界时，是吸收 CO_2 最不理想的条件。

由于断裂系统的渗透率具有较大的不确定性，因此当其他地质条件相同时，不同的断裂系统的裂缝渗透率对 CO_2 的泄漏速度和泄漏量具有重大影响。黄 3 区块由于上覆地层厚度超过 2000m，上部存在多套渗透层和封盖层，纵向上能够通过盖层运移到地表的

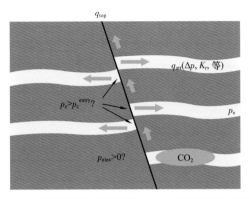

图 4-3-4 CO_2 从储层断裂系统泄漏后向上部地层运移的路径示意图

p_{elev}—CO_2 从储层泄漏后沿着断面向上的提升压力，$p_{elev}>0$ 时 CO_2 才能从储层泄漏向上运移；p_e—上部渗透层气水毛细管力；p_c^{entry}—CO_2 沿断面经过上部渗透层时的入口压力；q_{att}—进入上部渗透层的泄漏量，与断面入口压力与渗透层压力之间的压差 Δp、渗透层渗透率 K_r 及边界条件等相关；p_e—当上部渗透层为恒压边界时的边界压力，为常量；q_{top}—当上部渗透层为封闭边界时 CO_2 沿断层的最大泄漏量

可能性小，因此本研究对断层导致的断裂系统对盖层封闭性的影响，可通过计算从断裂系统直接泄漏的 CO_2 量来评估。

对于断层 / 裂缝断裂系统评价很难通过取心实测的方法来完成，根据大量的储层断层的封闭性现场实践，目前断层的渗透率可以通过系统中的泥岩比例 SGR（shale gouge ratio）来计算。

$$\lg K_f = -4SGR - \frac{1}{4}\lg D\left(1 - SGR\right)^5 \qquad (4-3-9)$$

根据黄 3 区块断层附近测井数据，采用式（4-3-9）计算的断层渗透率（K_f）随深度（D）的变换关系，断层的渗透率变化范围从毫达西到微达西，平均值为 0.05mD。断层的泄漏速度与断层系统的渗透率、断层上下岩层所承受的流体压差和断裂系统区域体积（面积）存在正相关的关系。本次设定盖层渗透率为 0.001mD，断裂系统为单条断裂带，断裂系统处于注入井与边界的中点位置，通过设定不同的注入量，建立断层上下面的压力差分别为 1MPa、3MPa 和 5MPa，不同断裂系统平面区域面积占整个盖层面积在 0.1%～1% 之间变化、渗透率 0.01～10mD，通过单井数值模拟，得到不同条件下的泄漏速度，如图 4-3-5 和图 4-3-6 所示。

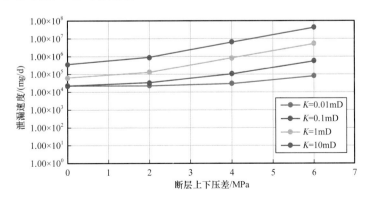

图 4-3-5 断裂系统渗透率和承受压差对泄漏量影响（面积 0.5%）

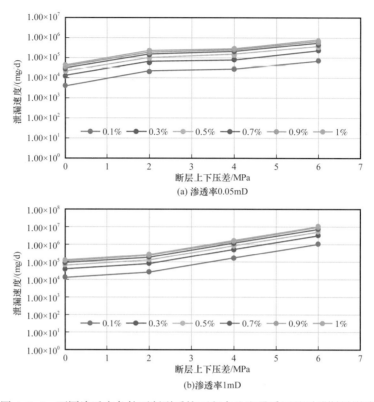

图4-3-6 不同渗透率条件下断裂系统面积占比和承受压差对泄漏量影响

采用上述图版，结合黄3区块实际的情况，在工区裂缝带渗透率取高值1mD，裂缝系统承受压力6MPa情况下，计算得出每天从裂缝泄漏的CO_2量为5.3kg，由于地层压力降低，泄漏量会呈递减情况。但如果断裂系统等效渗透率到达10mD，则对应的泄漏量每天可以达到44kg，对于这类断裂系统，泄漏的风险较大，应避免注入CO_2后油藏压力保持水平过高，或者尽量避免在这类断裂系统附近注入。

3. 盖层泄漏风险评价

1）盖层突破压力实验

选取黄3区块典型井长7层位盖层岩心，开展盖层突破压力实验，具体实验步骤如下：

（1）测量盖层岩心长度、直径和渗透率（脉冲法测定）；

（2）根据所测渗透率选取4块渗透率不同的盖层岩心；

（3）用矿场地层水将所选盖层岩心饱和，饱和时间为48h，并记录饱和前后岩心质量；

（4）采用分步法测定4组盖层突破压力以及4组CO_2逃逸速度，记录对应的上下游压力，CO_2穿透岩心时上游压力为突破压力，上下游压差为突破压差；

（5）绘制盖层渗透率与突破压力和突破压差的关系图像，拟合实验结果，评价盖层的封闭能力（表4-3-6，图4-3-7和图4-3-8）。

分步法具体步骤：岩样饱和水后置于岩心夹持器内，下游端用软管沉入饱和的碳酸钠溶液中用以观察 CO_2 是否突破，上游端恒压注入 CO_2，回压设定为 15MPa（地层压力），并逐步增加上游注入压力（18MPa、20MPa、22MPa、24MPa、26MPa、28MPa、…、50MPa），每步压力稳定 2h，并每 20min 用排水法计量流速。

当某 CO_2 压力与下游压力之差低于岩样突破压力时，由于毛细管力的作用，气体难以穿透岩心，下游端软管不会有明显气泡冒出；而当某 CO_2 压力与下游压力之差超过岩样突破压力时，CO_2 会克服毛细管力作用穿透岩心，较长时间后可以在下游观察到大量 CO_2 气泡冒出。

表 4-3-6　盖层突破压力实验结果

实验编号	井号	岩样长度／mm	岩样直径／mm	岩样质量／g		渗透率／mD	突破压力／MPa	突破压差／MPa
				饱和前	饱和后			
1	塬 29-100	50.03	25.26	63.19	64.09	0.00748	22	7
2	检 29-104	49.35	25.24	62.20	63.54	0.00371	28	13
3	检 29-104	50.12	25.25	64.82	65.35	0.00342	30	15
4	检 29-104	50.06	25.26	63.36	63.77	0.00243	36	21

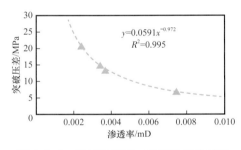

图 4-3-7　盖层渗透率—突破压差关系图

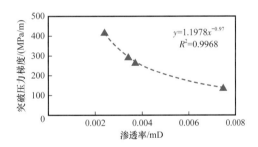

图 4-3-8　盖层渗透率—突破压力梯度关系图

分析实验结果可知：

（1）盖层封隔 CO_2 主要为毛细管力的作用，随着盖层渗透率的增大，突破压力和突破压差快速减小，突破压力与渗透率呈幂指数关系。

（2）实验测得盖层 CO_2 的最小突破压力为 22MPa，CO_2 突破盖层逃逸的可能性不大；同时考虑到盖层的厚度，其突破压力梯度大于 100MPa/m，因此 CO_2 突破盖层风险较小。

2）盖层渗漏风险评价

通过工区单井模拟可知，在盖层不同渗透率和压力保持水平条件下，CO_2 泄漏率如图 4-3-9 所示。

从图 4-3-9 可以看出，假设从盖层泄漏的 CO_2 全部到达地表，当盖层渗透率为 0.01mD，需在地层压力系数达到 150%，才有接近影响人体最低浓度 0.35% 的趋势。当盖层渗透率为 0.1mD，注入后地层压力系数达到 130% 时，在 80 年后预计达到 0.35% 的影响浓度。当盖层渗透率为 0.5mD，注入后地层压力系数达到 110% 时就有可能达到影响人体安全的泄漏浓度阈值 0.35%，尤其当注入后地层压力系数达到 150% 时，也有达到泄漏速度为 3690g/（$m^2 \cdot d$）的可能，对人会产生危害。

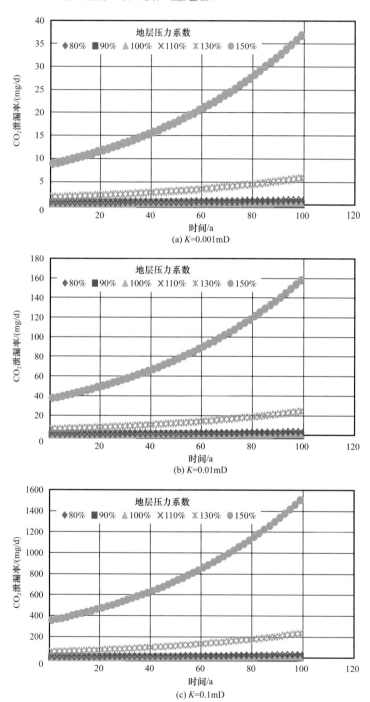

图 4-3-9　不同盖层渗透率条件下单位 CO_2 面积泄漏率与时间关系

上述风险评价均假设从盖层泄漏，在运移过程中不被其余地层吸收的情况。实际上工区埋存深度超过 2000m，且上覆地层存在多套储层和盖层，因此其泄漏风险远比上述假设要小，目前从盖层缓慢泄漏能到达地表并被监测到的情况还未见报道。因此从盖层泄漏达到影响浓度的可能性较小。

二、CO_2 驱油与埋存气窜监测方法与技术

1. 储层气窜监测方法

结合长庆油田油藏特点，推荐适合长庆油田特 / 超低渗透油藏的气窜监测方法如下：

（1）注入端监测。主要监测方法有注入井压力、全井段测井（温度、压力、密度）、吸气剖面测试等，明确 CO_2 注入压力、CO_2 相态变化和剖面动用情况。

（2）产出端监测。主要监测方法有剩余油测试、产出油气水分析、产出气 CO_2 含量分析等，通过监测分析驱替效果、气窜情况等。

（3）井筒完整性监测。采出井腐蚀监测：多臂井径 + 磁壁厚测井（MIT+MTT），井径 + 电磁探伤成像测井（MIT+MID–K）。

2. CO_2 埋存过程中主要气窜监测方法与技术

在向储层注入 CO_2 后，需要确定储层中 CO_2 迁移的位置和状态。另外，必须评估封存的永久性和有效性。为实现这一目标，现场的监测和管理程序需得到落实，包括4个方面：（1）压力保持水平，通过监测注入井，可以有效控制 CO_2 注入速率和压力；（2）CO_2 羽流的位置，通过监测 CO_2 分布和地下迁移得到确认；（3）未关闭废弃井的 CO_2 泄漏风险，通过监测手段有效避免；（4）通过监测地下和地表环境来检测潜在 CO_2 泄漏的风险。

按监测位置不同，可分为大气监测、地表监测、井筒监测、储层监测等。根据所采用的方法与技术可以分为地球物理监测、地球化学监测和电磁监测。地球物理监测包括四维地震、井间地震、垂直地震剖面和微地震监测。电磁监测包括重力测试、电磁测量、大地电位监测和测井技术监测4种监测方法。地球化学监测包括井流体化学分析、示踪剂技术监测、土壤气体分析和大气监测。

CO_2 埋存模拟技术主要包括 CO_2 的运移、CO_2 渗流特征和最终埋存状态、地质力学 / 机械 / 化学 / 流动耦合等模拟。

监测技术应联合使用（表 4–3–7），扬长避短，相互补充。四维地震技术可以有效地监测超临界 CO_2 羽状体在盐水层内的形成和迁移，但对于构造复杂、储层较薄的油藏而言，其有效性大大降低，井间地震、VSP 和井下重力测试也许更为有效；示踪剂技术、井内流体取样分析和测井技术是监测储层内流体运移和 CO_2 状态以及油藏和井完整性的有效手段；电磁监测是有前景的低成本 CO_2 地质埋存监测技术；土壤气体分析和大气监测能够对 CO_2 泄漏和地表环境进行有效的监测；地下 CO_2 动态模拟是评估地下 CO_2 运移和预测埋存状态的有效工具。

表 4-3-7 CO_2 埋存过程中主要气窜监测方法与技术

环境	方法	监测用途	监测技术	监测频率
大气层	近地表气体取样	监测泄漏到地表 CO_2 的浓度，是否对井场人员造成危险	便携式红外 CO_2 浓度检测器技术，表面 CO_2 浓度检测器技术	实时监控
地表 / 近地表	表面形变监测	监测注入后储层变形，导致地表的变形幅度，辅助判断泄漏分析	干涉合成孔径雷达（InSAR）技术	有条件可在注入前后做对比监测，注入后每年监测 1~2 次
	地表水取样	CO_2 泄漏对地表水质的影响	pH 值、电导率、TDS、碳酸盐含量、碳酸氢盐含量和重金属含量监测技术	每月监测 1~2 次
	近地表水取样	CO_2 泄漏对近地表含水层水质的影响		每季度监测 1~2 次
	土壤 CO_2 浓度与通量监测	CO_2 泄漏对地表土壤的环境影响	LI-8100 自动土壤碳通量测量系统 C_{13} 同位素分析技术	每周监测 1 次
井筒	井筒完整性监测	注气和采油管柱的安全性	腐蚀监测电磁缺陷技术	每月全面评价 1 次，完整性实时监测
储层	CO_2 垂直运移监测	监测注入后垂向上运移状况，是否从盖层、裂缝、优势通道运移	VSP 监测技术	每季度监测 1 次
	三维运移、四维地震监测	注入后 CO_2 在储层总的三维分布状况，CO_2 羽流的形态	三维运移技术、四维多分量地震监测技术	每 1~2 年监测 1 次
	示踪剂方法	监测注入后 CO_2 的气窜、优势通道判断	SF_6 浓度监测技术	初期判断井组的连通性和优势通道监测 1 次，后期每次有新井组投注时监测新井组

三、CO_2 驱油气窜判识与对策

CO_2 驱油过程中由于储层微裂缝发育易发生气窜，导致波及体积下降，严重影响注气开发效果。针对特 / 超低渗透油藏渗透率低、裂缝发育、地层水矿化度高等难点，开展了气窜特征、耐酸耐盐堵剂和防窜工艺研究，提出两级封窜工艺技术，指导现场试验，保障了 CO_2 驱油平稳运行。

1. 气窜预警判识方法

以自由气前缘突破的气油比作为气窜预警指标，建立不同含水和井底流压下的气窜预警判识图版如图 4-3-10 所示。

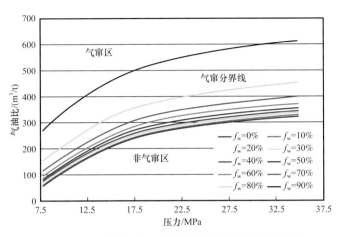

图 4-3-10　不同含水、井底流压气窜预警判识图版

以气油比和 CO_2 含量作为气窜判识的主要指标，结合技术、经济、现场生产综合制定了试验区气窜判识标准，见表 4-3-8。

表 4-3-8　试验区气窜综合判识标准

序号	生产井状况	产出气 CO_2 含量 /%（摩尔分数）	推荐气油比 / (m³/t)
1	未见气井	[0, 0.8]	[0, 80]
2	见溶解气井	[0, 8.50]	[80, 150]
3	前缘突破井	[50, 70]	[150, 325]
4	气窜风险井	[70, 80]	[325, 2000]
5	气窜井	[80, 100]	>2000

2. CO_2 驱油见气特征实验

1）实验材料

实验岩心：包括不同渗透率级差（5、10、15、20）的人造非均质岩心，以及裂缝性岩心模型。岩心规格均为 4.5cm×4.5cm×30cm。

实验用气：高纯 CO_2，纯度为 99.99%。

实验用水：模拟长庆油田黄 3 区块地层水，地层水矿化度为 61240mg/L，水型为 $CaCl_2$ 型。

实验用油：长庆油田黄 3 区块地层原油，地层温度 85℃下原油黏度为 2.16mPa·s，密度为 0.768g/cm³。

2）实验流程

（1）设定注入压力 5MPa、10MPa、15MPa、20MPa 和 25MPa，在室内进行不同注入压力条件下 CO_2 驱油实验，对比不同注气压力条件下 CO_2 驱油的见气模式及气窜特征。实验步骤如下：

① 选取满足渗透率要求的岩心，烘干，测量长度、宽度和高度，计算视体积；

② 将岩心放入岩心夹持器中，加环压，抽真空约 4h；

③ 饱和地层水，测定孔隙体积、孔隙度；

④ 连接好设备，设定地层温度为 85℃，恒温 12h 以上，水测渗透率；

⑤ 变流速饱和油，待出口端恒定出油之后，饱和油结束，计算饱和油体积；

⑥ 分别设定出口端回压 5MPa、10MPa、15MPa、20MPa 和 25MPa，恒速注入 CO_2，对应的地层注入速度为 0.727mL/min，直至出口端生产气油比高于 3000m³/m³ 时为止，记录注入压力、出口端液体与气体体积等实验数据，计算气驱油采收率。

（2）选取 5 组不同渗透率级差（5、10、15、20、裂缝）的人造非均质岩心，进行连续气驱油实验，研究不同渗透率级差条件下 CO_2 的驱油效果。实验步骤如下：

① 选取满足渗透率要求的岩心，烘干，测量长度、宽度和高度，计算视体积；

② 将岩心放入岩心夹持器中，加环压，抽真空约 4h；

③ 饱和地层水，测定孔隙体积、孔隙度；

④ 连接好设备，设定地层温度为 85℃，恒温 12h 以上，水测渗透率；

⑤ 变流速饱和油，待出口端恒定出油之后，饱和油结束，计算饱和油体积；

⑥ 设定出口端回压 15MPa，恒速注入 CO_2，注入速度为 50mL/min（地面标况下），对应的地层注入速度为 0.727mL/min，直至出口端生产气油比高于 3000m³/m³ 时为止，记录注入压力、出口端液体与气体体积等实验数据，计算气驱油采收率。

3）实验结果与认识

（1）不同注入压力下的见气特征。实验结果表明（表 4-3-9，图 4-3-11 和图 4-3-12），特/超低渗透油藏 CO_2 驱油采收率随着注入压力的增加而增大。当注入压力达到 25MPa 时，注入的 CO_2 与地层原油实现动态混相，最终采出程度达到了 88.81%。

（2）储层非均质性对 CO_2 气窜的影响。实验结果表明（表 4-3-10，图 4-3-13），随着渗透率级差增大，储层非均质性增强，特低渗透油藏 CO_2 驱油的总采收率明显降低。随着储层非均质性增强，CO_2 的总注入量以及各驱替阶段分注入量明显下降，即从出口端见气到完全气窜的时间越来越短，注入气体沿高渗透通道以及裂缝发生窜逸的现象越发严重。

表 4-3-9 CO_2 注入压力对气窜规律影响实验结果

岩心编号	注入压力/MPa	采出程度/%			总采收率/%	注入量/PV			总注入量/PV
		无气采油阶段	见气阶段	气窜阶段		无气采油阶段	见气阶段	气窜阶段	
CQJZ-1	5	18.13	9.58	1.14	28.85	0.75	0.24	0.11	1.10
CQJZ-2	10	18.93	25.18	2.26	53.89	0.75	0.35	0.15	1.25
CQJZ-3	15	19.41	40.63	5.57	65.61	0.75	0.47	0.29	1.51
CQJZ-4	20	25.4	48.8	10.4	84.60	0.76	1.0	0.75	2.51
CQJZ-5	25	26.47	51.2	11.25	88.81	0.77	1.1	0.82	2.69

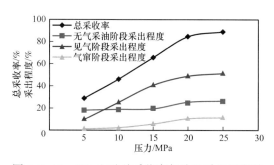

图 4-3-11　CO₂ 驱油总采收率与阶段采出程度随注入压力关系曲线

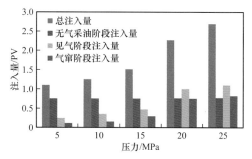

图 4-3-12　CO₂ 驱注入量随注入压力柱状图

表 4-3-10　储层非均质性对 CO₂ 气窜规律影响实验结果

岩心编号	渗透率级差	采出程度 /%			总采收率 /%	注入量 /PV			总注入量 /PV
		无气采油阶段	见气阶段	气窜阶段		无气采油阶段	见气阶段	气窜阶段	
CQJZ-3	1（均质）	19.41	40.63	5.57	65.61	0.75	0.47	0.29	1.51
CQFJZ-5	5	17.95	24.25	5.39	47.59	0.54	0.49	0.39	1.42
CQFJZ-10	10	17.56	21.39	4.31	43.26	0.45	0.39	0.34	1.18
CQFJZ-15	15	17.25	20.16	3.97	41.38	0.41	0.36	0.28	1.05
CQFJZ-20	20	16.96	19.45	3.81	40.22	0.39	0.27	0.24	0.9
CQLF	—（裂缝）	14.31	15.74	1.32	31.37	0.25	0.2	0.15	0.6

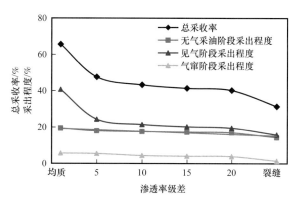

图 4-3-13　CO₂ 驱油总采收率与阶段采出程度随渗透率级差关系曲线

3. CO₂ 气窜调控对策

针对黄 3 区块 CO₂ 驱油不同阶段和气窜类型，以"保混相、控气窜、降递减"为目标，制订了不同气驱油阶段调控总体对策（表 4-3-11），并结合试验动态，明确了不同气窜井的控窜思路和对策（表 4-3-12）。

表 4-3-11 不同气驱油阶段调控总体对策

注气开发阶段	调控目标	调控对策
未气窜	扩大波及、提高驱油效率、延缓气窜	注采参数个性化优化
个别井气窜	封堵气窜，增加侧向受效	气窜井组针对性调堵
大面积气窜	调驱结合，控气增油，进一步提升高气油比情况下原油采收率	转变注气方式、井网调整、CO_2+ 封窜技术

表 4-3-12 气窜类型的划分与生产特征

气窜类型	气窜级别	定性判断	定量判断	典型气窜井	调控对策
裂缝型气窜	严重气窜	井组整体尚未见气或见效，受水驱优势通道影响，一口生产井沿裂缝方向优先见气，气油比急剧上升导致采油井无法生产	气窜时间：注气 3 个月内；$CO_2\%$：高于 80%	塬 29-104 井、塬 31-105 井（水）、塬 29-102 井	凝胶封堵或气窜井转注调整井网，部分井考虑封井
高渗透型气窜	较重气窜	井组整体已初步见效，一口生产井受高渗透条带的影响，气油比快速上升，产量快速下降	气窜时间：注气 3 个月至 2 年；$CO_2\%$：60%～80%	塬 27-102 井	凝胶调剖 + 泡沫调驱
见效型气窜	正常气窜	井组整体已全面见效，多口生产井气油比上升，产量快速下降	气窜时间：注气 2 年后；$CO_2\%$：30%～60%	尚未出现	WAG 调控 + 泡沫调驱

4. CO_2 驱油防治气窜的耐酸耐盐堵剂研发及工艺优化

针对黄 3 区块这类特低、超低渗透油藏气窜特征，开展封窜剂研发。

1) 耐酸耐盐 PLS-1 凝胶

开展水解度、分子量和交联配比设计，合成了具有低水解和高磺化的聚合物、抗酸耐盐有机交联剂，同时加入硅溶胶增强抗酸剂和热稳定性，研发 PLS-1 凝胶。

该凝胶具有以下特点：（1）在低水解度的聚合物分子酰胺基上引入磺酸基，提高凝胶的耐酸抗盐性。（2）加入纳米硅，使聚合物与纳米硅颗粒间形成的大量硅氧键、氢键，改变凝胶体系的微观构造，增强了两者之间的相互作用力，因此增加了凝胶的热稳定性。

通过室内评价，PLS-1 凝胶在温度 85℃、压力 25.04MPa、pH 值为 3 条件下，其稳定性在 180 天以上，平均封堵效率达到 97.27%～98.32%（纯裂缝基质）（图 4-3-14 至图 4-3-17）。

2) pH 控制溶胀型预制凝胶颗粒（PPG）

预制凝胶颗粒是一类具有超强吸水性能（最高可达数十倍）且吸水后仍具有良好强度的网络聚合物，颗粒尺寸大小可以在数百微米至几个毫米之间随意调节，在矿场实践中能够被广泛应用。

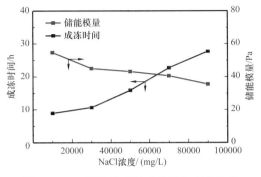

图 4-3-14　凝胶强度随矿化度的变化曲线

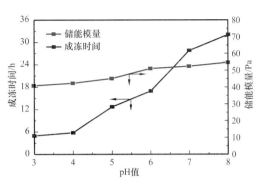

图 4-3-15　凝胶强度随 pH 值的变化曲线

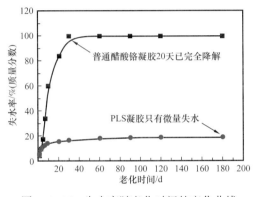

图 4-3-16　失水率随老化时间的变化曲线

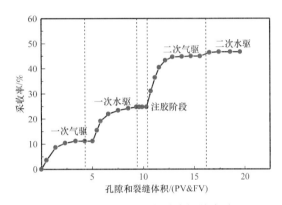

图 4-3-17　封堵性能动态评价实验

（1）温度对预制凝胶颗粒溶胀性质的影响。如图 4-3-18 所示，在 60～90℃之间 4 个温度下且处于模拟盐水介质中时，凝胶颗粒仍然表现出快速溶胀现象，经过 4h 后基本达到平衡，相应的平衡溶胀度（ESD1）随着温度升高仅略有增加。当置于后续的酸性缓冲溶液（pH 值为 3.0）介质中时，在 4 个温度下均呈现明显的第二级溶胀过程。

（2）介质 pH 值对预制凝胶颗粒溶胀性质的影响。当凝胶颗粒 PPG-3 在 90℃下于模拟盐水中达到溶胀平衡后，将其分别置于不同 pH 值的缓冲溶液中，由图 4-3-19 可以看

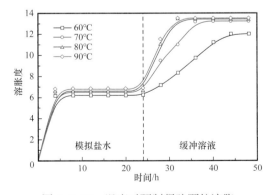

图 4-3-18　温度对预制凝胶颗粒溶胀
性质的影响

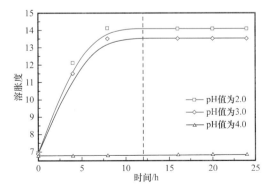

图 4-3-19　介质 pH 值对预制凝胶颗粒溶胀
性质的影响

出，在 pH 值为 2.0 和 3.0 的两种介质中，凝胶颗粒均发生明显的第二级溶胀且在 8h 以后达到溶胀平衡，随着酸性增强其平衡溶胀度（ESD2）仅略有增加。在 pH 值为 4.0 的介质中几乎没有观察到进一步的溶胀，始终维持在模拟盐水中的平衡溶胀度（ESD1）。

3）耐酸纳米凝胶

耐酸纳米凝胶具有滞留性好、封堵率高的特点，并通过工艺上的在线注入，大大降低了以往常规调剖起下管柱所需作业费用。对比 80℃条件下耐酸纳米凝胶颗粒性能评价，可知耐酸纳米凝胶颗粒在弱酸性条件下，4 天后粒径变化不大，从粒径角度考虑具有较好的耐酸性能（图 4-3-20）。

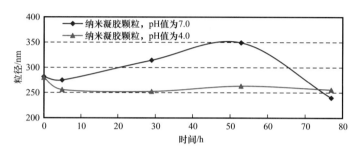

图 4-3-20　纳米凝胶颗粒在不同 pH 条件下粒径变化情况

4）耐酸耐盐 EC-1 泡沫体系

筛选了耐酸耐盐起泡剂，同时在泡沫表面吸附纳米硅颗粒增加稳定性，研发了 EC-1 的 CO_2 驱用泡沫体系，室内评价表明其耐酸耐盐性能良好。其随矿化度的增大，起泡体积逐渐变大，半衰期逐渐变小；pH 值 4～6 时起泡和稳泡性能最好（图 4-3-21 和图 4-3-22）。

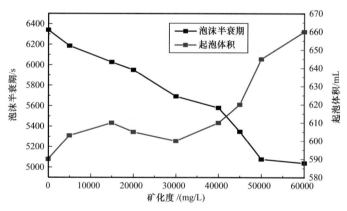

图 4-3-21　泡沫半衰期随矿化度的变化曲线

5）两级封窜工艺

针对特低渗透非均质微裂缝发育油藏，解决 CO_2 窜逸可分两步：第一步，用凝胶封堵裂缝防气体窜逸；第二步，用泡沫改善基质非均质性。

研究表明（图 4-3-23 和图 4-3-24）当渗透率级差达到 20 以后，特别是存在裂缝时，泡沫体系无法满足封窜要求，颗粒凝胶可以对裂缝进行有效的封堵。

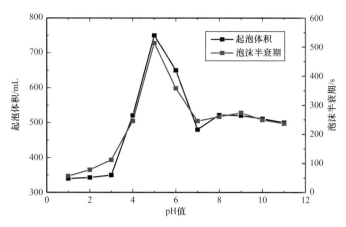

图 4-3-22　泡沫半衰期随 pH 值的变化曲线

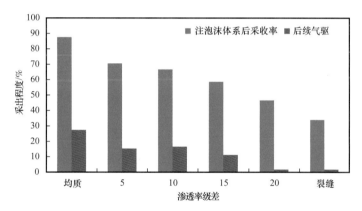

图 4-3-23　泡沫防窜体系适应性界限（15MPa）

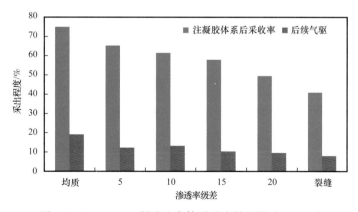

图 4-3-24　PLS-1 凝胶防窜体系适应性界限（15MPa）

5. CO_2 驱油气窜治理矿场试验

1）调剖体系应用

黄 3 区块 CO_2 驱油防气窜调剖试验坚持"以防为主，防治结合"技术思路，2014 年以来累计应用 5 口井，主要堵剂体系有冻胶 + 体膨颗粒、PLS-1 耐酸凝胶和耐酸纳米凝胶颗粒（表 4-3-13）。

表 4-3-13　黄 3 区块 CO_2 驱油防气窜调剖试验体系应用情况

序号	井号	调剖体系	用量 /m^3	工艺特点
1	塬 29-103 井	冻胶 + 体膨颗粒	1661	以防为主、体系不耐酸、需起下管柱
2	塬 27-103 井	冻胶 + 体膨颗粒	1614	以防为主、体系不耐酸、需起下管柱
3	塬 29-101 井	冻胶 + 体膨颗粒	881	以防为主、体系不耐酸、需起下管柱
4	塬 31-101 井	PLS-1 耐酸凝胶	1462	以防为主、体系耐酸、需起下管柱
5	塬 29-101 井	耐酸纳米凝胶颗粒	2000	气窜治理、体系耐酸、在线注入

2）试验效果评价

前期试验区由于注水开发已形成优势通道，注气时存在气窜风险。为防控气窜，前后累计开展了 5 井组防气窜调剖现场试验（5 注 23 采）。按照气窜标准分析统计，目前有 6 口井发生气窜，未发生大面积气窜。

（1）冻胶 + 体膨颗粒效果。塬 29-103 井、塬 27-103 井和塬 29-101 井施工从 2014 年 11 月 20 日开始，到 12 月 29 日结束，调剖后压力平均上升 6MPa，起到封堵高渗透层作用（图 4-3-25）。浓度监测：井组共对应 18 口油井，注气初期未见 CO_2 气体，注气 18 个月塬 27-102 井、塬 27-104 井、塬 29-100 井和塬 29-102 井分别见气，CO_2 浓度为 50000mg/L；注气 37 个月后坊 109-91 井和塬 30-104 井分别见气，CO_2 浓度为 142000mg/L 和 188000mg/L，表明耐酸性能差、失效。生产动态特征：含水由 53.6% 下降到 40.5%（图 4-3-26）。

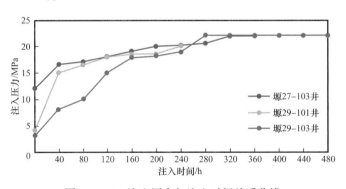

图 4-3-25　注入压力与注入时间关系曲线

（2）PLS-1 耐酸凝胶效果。塬 31-101 井施工从 2018 年 4 月 28 日开始，到 6 月 7 日结束，调剖后压力上升 5MPa，该体系起压快，对特低渗透油藏应用具有局限性（图 4-3-27）。浓度监测：井组共对应 8 口油井，试验后未见 CO_2 气体上升。组分分析：井组内甲烷、乙烷、丙烷组分变化不大，丁烷、戊烷组分逐渐升高，分析认为 CO_2 与原油接触过程中随着压力的增高，CO_2 对重组分抽提能力也会越大。生产动态特征：含水由 74.4% 下降到 70.3%，日产油由 7.16t 上升到 7.32t（图 4-3-28）。

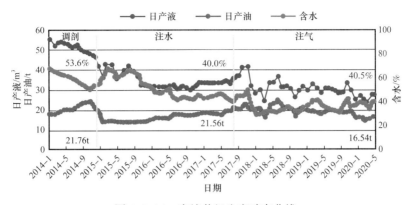

图 4-3-26 实施井组生产动态曲线

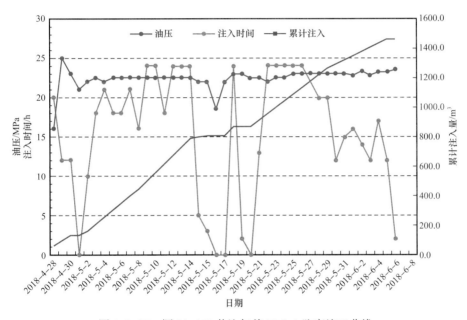

图 4-3-27 塬 31-101 井注气前 PLS-1 防窜施工曲线

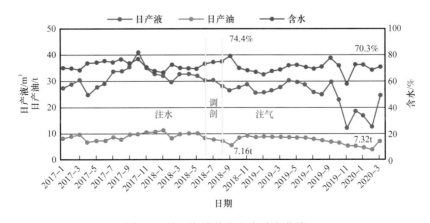

图 4-3-28 实施井组生产动态曲线

（3）耐酸纳米凝胶颗粒效果。塬 29-101 井施工从 2019 年 8 月 21 日开始，到 2020 年 1 月 12 日结束，调剖后压力上升 1.2MPa，前后压降曲线明显变缓（图 4-3-29）。浓度监测：井组共对应 8 口油井，通过治理，5 口井未见气体，见效率 62.5%，其中塬 30-102 井调剖前后功图变化显示，从见气到调剖后未见气，效果明显（图 4-3-30）。生产动态特征：含水由 42.6% 下降到 40.6%，日产油由 5.88t 上升到 7.63t（图 4-3-31）。

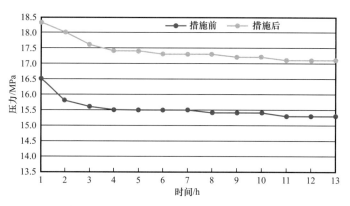

图 4-3-29　塬 29-101 井施工前后压降曲线

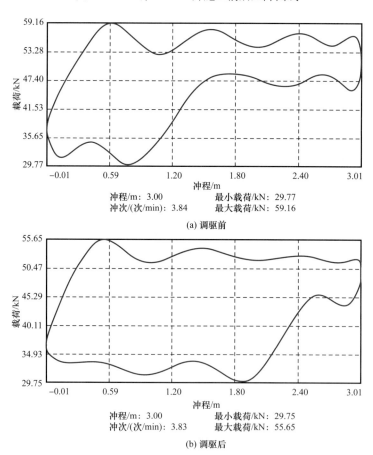

冲程/m: 3.00　　　　　最小载荷/kN: 29.77
冲次/(次/min): 3.84　　最大载荷/kN: 59.16

(a) 调驱前

冲程/m: 3.00　　　　　最小载荷/kN: 29.75
冲次/(次/min): 3.83　　最大载荷/kN: 55.65

(b) 调驱后

图 4-3-30　塬 30-102 井功图变化情况

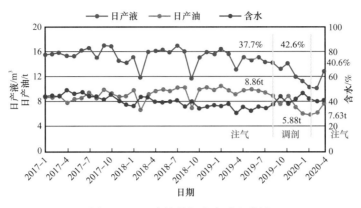

图 4-3-31　实施井组生产动态曲线

第四节　试验区地质特征描述与埋存能力评估

开展了黄 3 试验区域地质特征、裂缝发育特征描述，分析了储盖层空间展布及其相互匹配关系，建立区域三维地质模型。利用室内物理模拟技术开展 CO_2 埋存机理研究，测定了不同条件下 CO_2 在油、水中的溶解度，评价了 CO_2 驱油孔隙尺度流体分布状态；初步认识了不同因素对 CO_2 埋存率的影响。结合实验数据，利用数值模拟技术综合评价了试验区 CO_2 的埋存潜力。

一、试验区地质特征描述

1.试验区域地质特征

姬塬油田黄 3 区块属于典型的超低渗透油藏，位于宁夏回族自治区盐池县与陕西省定边县交界处，属黄土丘陵山地，海拔 1500～1800m，地质构造上属伊陕斜坡西缘，面积约 170km²。该区长 8 油藏于 2009 年投入开发，2010 年开始规模建产，在建产过程中，发现了长 6 和长 9 油藏，同期开始评价、建产。该区长 8_1 油层属三角洲前缘水下分流河道、河口坝沉积体。长 8_1 油藏埋深 2680m，油层厚度 15.7m，视孔隙度 8.3%，视渗透率 0.27mD，原始地层压力 19.7MPa，饱和压力 10.2MPa，油藏类型为岩性油藏，地面原油密度 0.837g/cm³，原油黏度 4.70mPa·s，地层原油密度 0.727g/cm³，地层原油黏度 0.80mPa·s，原始气油比 95.9m³/t。地层水水型 $CaCl_2$，总矿化度 38000～85000mg/L。

1）地层划分及小层精细对比

根据前人研究所得到的鄂尔多斯盆地延长组划分表，试验区共发育自下而上 10 个标志层，依次是 K_0—K_9。目的层段主要发育有 K_0、K_1、K_5 以及 K_9 四个，其中 K_1 标志层具有高时差、低电阻、高伽马、低密度等曲线特征，且曲线幅度十分明显，易于区别。同时，长 7 底部发育的"张家滩页岩"曲线特征非常显著，岩层厚度稳定，电性特征为高伽马、低密度、高电阻和高声波，且标志层普遍分布，因此可作为划分长 7 与长 8 地层的一个十分重要的标志。

长8与长9的界线：长9沉积末期的灰白色中细砂岩的河道砂沉积，其自然电位（钟形＋箱形）及自然伽马（箱形），用以确定长9砂岩段。

采用上述划分原则和对比方法，完成了黄3区块长8油层组525口井的地层划分和对比工作。对比结果显示（图4-4-1），长8油层组在整个黄3区块都有分布，地层厚度在76～97m，平均厚度为83.45m。岩性以灰色、浅灰色细砂岩、粉砂岩，及深灰色泥岩、泥质粉砂岩为主。自上而下可细分为长8_1^1、长8_1^2、长8_2^1和长8_2^2等4个小层。

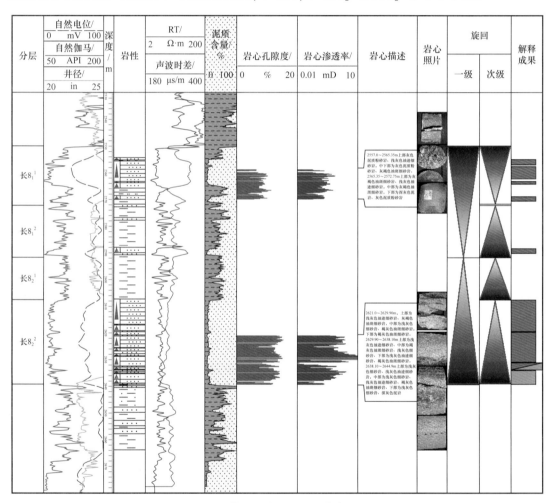

图4-4-1　黄3区块地层沉积综合柱状图

2）构造特征

从单层顶面构造图来看，黄3区块长8油层组构造形态有很好的继承性（图4-4-2），总体表现为东高西低的特点。整体向西南倾斜，东南部为最高点。全区分布了5条正断层，断距52～75m，由于断层的影响，构造起伏变化较大。试验区与东南、南两个方向的断层直线距离分别是1km和1.8km，断层对试验区CO_2驱油与埋存不产生直接影响。

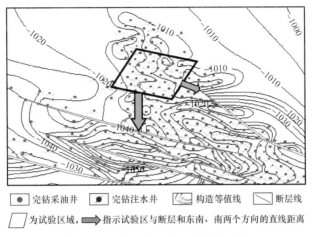

图 4-4-2　黄 3 区块长 8₁ 顶面构造图

3）区域沉积特征

黄 3 区块长 8 储层是物源来自西北偏北的一套三角洲前缘沉积，主要发育三角洲水下分流河道、支流间湾、水下决口扇、水下天然堤等微相。长 8 油层组先后沉积了 4 套储集砂体。整体来看，河道主要发育在长 8_1^1 小层，河道连续性好；长 8_1^2 与长 8_2^2 小层河道较为发育，长 8_2^2 整体为一套厚的含油水层；长 8_2^1 河道不发育，呈孤立透镜体。

4）储层非均质性

（1）平面非均质性。储层平面非均质分布受沉积相控制，长 8_1^1 小层物性较好的区域分布范围广；长 8_1^2 小层物性较好的区域呈条带状分布；长 8_2^1 小层物性较好的区域分布零星；长 8_2^2 小层物性较好的区域呈条带状分布；

（2）纵向非均质性。黄 3 区块长 8 各个小层变异系数、突进系数、级差都较大，皆为严重非均质层。但小层间非均质性差异程度相对较小。长 8_1^1 小层非均质性较强，且从上到下呈逐渐减小的趋势。

2. 裂缝发育特征

（1）裂缝倾角：野外露头与岩心统计结果显示，姬塬油田黄 3 区块发育的天然构造裂缝以垂直缝和高角度缝为主，构造裂缝倾角多分布在 75°～90° 之间。

（2）裂缝类型：以宏观构造裂缝延伸距离长，裂缝面平直，常见组系分布，主要为剪裂缝。微观裂缝类型多样，包括层间缝、穿粒缝、粒内缝等，沉积或成岩作用形成，以张裂缝为主。

（3）裂缝充填物：根据岩心观察描述，黄 3 区块长 8 小层发育的裂缝充填物为泥质、方解石或砂质，裂缝切割的粉砂岩、细砂岩中普遍含油。

（4）裂缝走向及参数：成像测井和构造应力测试结果显示，长 8 储层主要发育高角度裂缝，最大水平主应力方向为北东东—南西西（80°～260°）方向。裂缝密度一般 1～2 条 /m，部分井段可达 5～7 条 /m。

（5）动态裂缝走向与井排方向关系：邻区井下微地震测试结果显示，压裂缝方位为

NE61.7°。从试验区油井见水情况来看，动态裂缝发育方向大致为 NE80°，与注水井排方向 NE70°有一定夹角（10°左右），整体上注水井排方向与动态裂缝分布方向基本一致。

3. 储盖层空间展布及其配置关系

试验区自上而下钻遇的地层有第四系，新近系，古近系，白垩系，侏罗系安定组、直罗组、延安组和富县组，三叠系延长组。该区延长组划分为长 1—长 10 共 10 个油层组，上部发育泥岩等多套层系。目标层深度大于 2500m，上部发育多套厚度大于 10m 的泥岩，泥岩连续分布。

盖层的封闭性评价主要是研究盖层的岩相、发育规模、厚度和沉积环境。试验区长 7_3 层泥岩分布范围广、沉积体系稳定、横纵向沉积环境差异性小，盖层厚度决定盖层原始空间展布面积和断裂、裂缝破坏后盖层空间分布的连续性，因而关于盖层的宏观封闭性评价主要集中评价盖层的厚度。

长 7 段之上的泥岩为区域封闭盖层；长 7 段泥岩直接覆盖于封存 CO_2 的长 8 段储层之上，为直接封闭盖层；长 8 油层内部发育 5～10m 厚的泥岩层（含致密粉细砂岩），称为内部封闭盖层。从盖层平面分布特征来看，长 7 层泥岩厚度大、断层 / 裂缝不发育、纵向连续性好、满足区域性封闭要求，长 7 为良好的直接封闭盖层。黄 3 区块长 7 沉积环境为半深湖、深湖相沉积，对黄 3 区块 359 口井进行长 7 厚度分析，发育厚度 95～115m 的灰黑、黑色泥岩，碳质泥岩及页岩，封闭性好。

4. 试验区精细地质建模

针对试验区油藏水下分流河道沉积特征及开发现状，在对沉积微相和属性参数建模方法适用性深入研究基础上，采用如下的建模策略，建立了黄 3 区块油藏精细地质模型。

（1）确定性建模和随机建模相结合策略；

（2）三步法建模策略；

（3）多信息协同建模策略。

建模的区域为黄 3 区块，面积 46.5km²，区内共钻完井 359 口。网格划分的原则是非主力层粗分，主力产层细分，纵向上将长 7_3、长 8_1^1、长 8_1^2 和长 8_2 油藏依次划分为 5 个、20 个、20 个和 20 个模拟层，共 65 个模拟层。油藏网格系统为 476×424×65，总网格数为 1312 万个。

裂缝的识别和裂缝密度模型是建立离散裂缝模型的关键。主要利用试验区已知井获得裂缝的分布密度、方位、长度及开度等多方面的统计信息和经验认识，以地震裂缝预测属性体为约束，应用地质统计的方法随机生成由成千上万个裂缝片组成的裂缝系统。

二、试验区 CO_2 埋存能力评估

油藏中注 CO_2 在提高原油采收率的同时可进行 CO_2 地质埋存（图 4-4-3）。当 CO_2 被注入油气储层中，CO_2 将不断与原油和地层水接触，一部分 CO_2 溶解到原油和地层水中；当原油和地层水中 CO_2 达到饱和状态后再被注入的 CO_2 将以自由气的形式存在，用来驱替原油和地层水向生产井中流动；CO_2 与地层水反应生产碳酸，并与储层岩石发生反应，

一部分岩石中的矿物组分被溶解到水中，当水中的矿物溶解度达到饱和后会再次生成沉淀，而另一部分岩石矿物还与碳酸直接发生反应形成另外一种矿物，从而使 CO_2 以固态的形式存在于油气储层中（表4-4-1）。因此，CO_2 被注入油气储层中后主要以三种状态存在，即溶解态、游离态和固态。

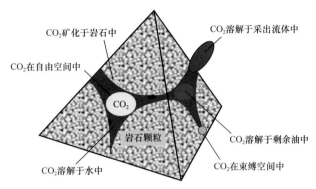

图 4-4-3   油藏储层中 CO_2 埋存形式

表 4-4-1   油藏中 CO_2 埋存机理及主控因素

埋存形式	封存机理	主控因素
构造埋存	部分 CO_2 进入微小孔道被永久埋存	毛细管压力
溶解埋存	CO_2 部分溶解于盐水和原油，膨胀其体积，同时增加埋存量	原油和盐水溶解度、温度、压力
游离埋存	CO_2 在油水中过饱和后，部分 CO_2 游离存在；盖层是埋存的关键	温度、压力、岩石压缩系数、盖层封闭性
矿物埋存	CO_2—地层水—岩石相互作用，最终以矿物的形式固结	矿物组成、反应时间、CO_2 含量、温度、压力

1. CO_2 在地层水和原油中溶解度测定

1）CO_2 在地层水中溶解度测量

（1）配置矿化度为 0g/L、40g/L 和 80g/L 的水样；

（2）利用高温高压反应釜将 CO_2 地层水体系在测定温度和压力下保持恒温恒压，均匀混合，待达到溶解平衡后抽取液体样品，测量其溶解系数；

（3）根据已知地层温度和压力，测量 CO_2 地层水体系在不同压力（5MPa、10MPa、15MPa、20MPa、25MPa、30MPa、35MPa、40MPa、45MPa、50MPa）和不同温度（70℃、84℃、100℃）下溶解系数，共得 90 组数据。

地层温度为 84℃测试结果如图 4-4-4 所示。

2）CO_2 在原油中溶解度测量

（1）根据溶解气油比以及气体组分配置地层条件下的原油；

（2）利用高温高压反应釜将 CO_2 地层原油体系在测定温度和压力下保持恒温恒压，

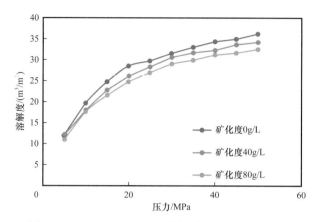

图 4-4-4　84℃下 CO_2 在不同矿化度水中的溶解度

混合均匀，待达到溶解平衡后抽取流体样品，测量 CO_2 在该温度压力下的溶解系数；

（3）根据已知地层温度和压力，测量 CO_2 地层原油体系在不同压力（10MPa、13MPa、15MPa、20MPa、25MPa、30MPa、35MPa、40MPa、45MPa、50MPa）和不同温度（55℃、70℃、84℃、100℃）下溶解系数，共得 40 组数据。

测定结果如图 4-4-5 所示。

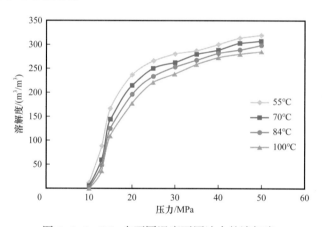

图 4-4-5　CO_2 在不同温度下原油中的溶解度

CO_2 在地层原油中的溶解度随着压力的增大而增大，可分为 3 个阶段：10～15MPa 为加速溶解阶段；15～25MPa 为减速溶解阶段；25MPa 以上为恒速溶解阶段。在地层温度 84℃、压力处于 20MPa 时，CO_2 在地层原油中的溶解度在 $200m^3/m^3$ 左右，同等压力下是 CO_2 在水中溶解度的 7 倍左右。

　　3）油水两相共存时 CO_2 溶解度测量

（1）配置含水饱和度（S_w）为 30%、50% 和 70% 的油水两相溶液；

（2）利用高温高压反应釜将 CO_2、水和原油三相体系在测定温度和压力下保持恒温恒压，混合均匀，测量 CO_2 在该温度压力下的溶解系数；

（3）根据已知地层温度压力，测量 CO_2、水和原油三相（S_w 为 30%、50% 和 70%）在不同压力（10MPa、13MPa、15MPa、20MPa、25MPa、30MPa、35MPa、40MPa、45MPa、

50MPa）和不同温度（70℃、84℃）下溶解系数，共得 60 组数据。

在地层温度 84℃下，CO_2 在油水两相中溶解度测试结果如图 4-4-6 所示，随着 S_w 的增大，CO_2 溶解度迅速降低。

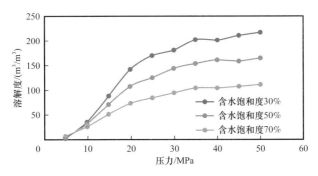

图 4-4-6　84℃下 CO_2 在不同含水饱和度油水两相中的溶解度

2. 孔隙尺度流体分布状态

基于微纳米 CT 在线扫描技术，开展岩心 CO_2—水驱的孔隙尺度流体表征实验，研究油、气、水的孔隙尺度岩心中的分布规律，评价 CO_2 埋存的微观机理。

1）实验方法

选取有代表性的岩样 3 组，采用改进的 MicroXCT-400 型扫描设备，开展设定压力、温度下的 CT 扫描实验，并完成测试结果图像处理、参数反演计算，包括孔喉、孔渗参数、流体饱和度分布等。

2）实验步骤

（1）将岩样放入特制的岩心夹持器（采用非金属材料、X 射线能够穿透、承受一定压力）；

（2）在设定温度和压力条件下，开展 CO_2 岩心驱替实验；

（3）在测试过程中选取特定的时刻点（设定温度压力条件下），将岩心夹持器转至 CT 扫描实验装置，开展 CT 扫描实验；

（4）CT 测试若干个时间点的测点数据（原始条件、饱和油、水驱、CO_2 驱替完成、后续水驱完成），分析地层液相饱和度变化，反演计算 CO_2 在岩心中的分布情况及埋存率；

（5）重复上述步骤，开展不同渗透率岩心及不同压力下的实验测定及分析。

3）岩样及驱替液制备

对于 MicroXCT-400 型扫描设备，为了提高图像质量，需要尽可能地将 X 射线源和探头靠近岩心夹持器，这就需要保证岩样尺寸足够小。从大尺寸岩心（标准）样本中钻取一小部分，打磨成 CT 特制岩心夹持器适用岩样大小（长 6mm、直径 5mm 的圆柱体），制作 3 块岩样，并对 3 块岩样实施不同操作。

选取的驱替"显影剂"是能够溶于油的碘代正丁烷。碘原子质量大，X 射线穿过时的衰减系数也比较大，在重构图像中可以增大油水灰度值的差异，在油水微观分布成像研究时适用于作为对比相，获取多相流体分布图像。

4）实验仪器

实验装置主要分为3个主要部分：岩心夹持器、驱替装置和CT扫描设备。实验装置如图4-4-7所示。主要部件包括X射线源、样品台和X射线探测镜头以及相应的数据存储、处理工作站和显示器等（图4-4-8）。该仪器的额定功率为10W，最大工作电压140kV，配备有4倍、10倍和20倍的X射线探测镜头，可以构建不同材质的结构图像。同时它采用独特的光学成像技术和X射线源，理论上可以获得小于1μm的空间分辨率。

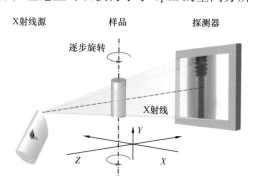

图4-4-7　岩心CO_2—水驱的孔隙尺度　　　　图4-4-8　CT扫描仪主要部件示意图
流体表征实验装置图

5）实验结果

以塬53-89井为例说明驱替过程及扫描测试结果。岩心渗透率为0.97mD，实验步骤为饱和原油→水驱1→CO_2驱→水驱2，水气交替组合的方式可以驱替出更多的原油，在微观尺度观察到波及孔隙空间更大（图4-4-9）。

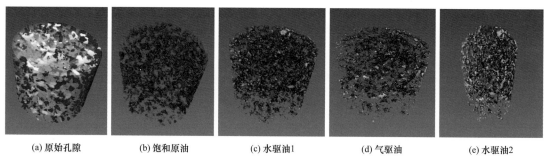

(a) 原始孔隙　　　(b) 饱和原油　　　(c) 水驱油1　　　(d) 气驱油　　　(e) 水驱油2

图4-4-9　岩心孔隙尺度流体分布演变图（0.97mD）
（蓝色为岩样孔隙，绿色为注入水，黄色为注入的CO_2，红色为剩余油）

根据实验结果，初步可知：

（1）水气交替组合驱替后剩余油的形态依旧以薄膜状、连片状为主要特征；

（2）薄膜状油主要是气驱波及孔隙中的气水夹层和角隅的油；

（3）连片状油主要是气驱和水驱后未波及小孔隙中的油。

由图4-4-10可以看出，驱替后，直径10μm以上孔隙中的原油占比减少，而10μm以下孔隙中原油占比增加。较大孔径中的原油占比减少，说明大中孔中油被波及和采出，被动用孔隙的剩余油以油膜或角隅油形式存在，且水气交替注入能进一步降低大孔中的剩余油；10μm 以下孔隙中原油几乎未被波及或动用。

实验岩心 CO_2 驱替后，通过微米 CT 实验得到的油、气、水三维空间体积占比，计算得到 CO_2 自由态下的埋存率在 40%～50%。

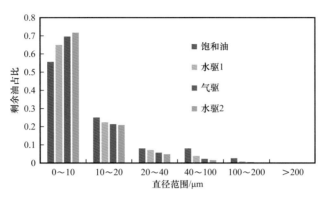

图 4-4-10　驱替岩心剩余油占比分布图

3. 不同影响因素对 CO_2 埋存率影响

通过储层岩心 CO_2 驱油与埋存率实验，初步认识到不同因素对 CO_2 埋存率的影响。

1）渗透率对埋存率的影响

气体突破前，CO_2 完全滞留；突破后滞留率快速下降，最终 CO_2 滞留率约 50%。高渗透率岩心容易过早突破导致滞留率降低，渗透率较低有利于滞留。

2）混相与非混相对埋存率的影响

混相驱较非混相驱驱替更均匀，气体不容易突破，对应滞留率较高。

3）不同驱替方式对埋存率的影响

连续注气驱油相对注水后转注气驱油滞留率较高。

4. 试验区 CO_2 埋存潜力评价

在室内实验研究基础上，利用工区井组模型，选择最优工作制度，利用数值模拟技术评价了黄 3 试验区 CO_2 的埋存潜力。评价期驱油阶段为 30 年，埋存阶段为 20 年。

埋存期结束时，CO_2 埋存在油藏中主要有 3 种分布形态，分别是游离气态、油中溶解态、水中溶解态。三者分布比例关系接近于 6∶2∶1，游离气态 CO_2 主要分布在储层高部位。

根据机理模型的研究评价出黄 3 区块油藏 CO_2 驱油及埋存潜力见表 4-4-2。试验区埋存总量为 $120.95 \times 10^4 t$，埋存率为 65.8%，埋存后采收率为 26.8%，在此基础上按埋存率估算黄 3 区块长 8 油藏 CO_2 潜力埋存总量为 $1134.68 \times 10^4 t$。

表 4-4-2　黄 3 区块油藏 CO_2 驱油与埋存潜力

区块或油藏	埋存总量/ $10^4 t$	埋存率/ %	采收率/ %	游离态 CO_2/ $10^4 t$	油中溶解 CO_2/ $10^4 t$	水中溶解 CO_2/ $10^4 t$
试验区	120.95	65.8	26.8	82.157	25.866	12.933
黄 3 区块长 8 油藏	1134.68	65.8	26.8	770.676	242.595	121.411

第五节　长庆油田黄 3 试验区 CO_2 驱油与埋存技术应用与实践

发展 CO_2 驱油与埋存技术，除了在理论和技术方面开展攻关研究外，还迫切需要通过先导试验应用技术成果，验证其有效性，经过论证选择姬塬油田黄 3 区块长 8 油藏开展 CO_2 驱油与埋存现场试验。

一、CO_2 驱油试验区概况

试验区域黄 3 区块位于陕西省定边县与宁夏回族自治区盐池县交界处，行政位置隶属定边县冯地坑乡。先导试验选取姬塬油田黄 3 区块长 8 油藏北部 9 井组 37 采开展试验（中心井 4 口），动用面积 3.5km²，地质储量 186.8×10⁴t，油藏埋深 2750m，平均油层厚度 13.0m、孔隙度 8.3%、渗透率 0.27mD。油区地表为黄土高原丘陵沟壑地形，塬峁起伏高差大，地面海拔 1300～1907m。

二、CO_2 驱油试验进展及效果

长庆油田 CO_2 驱油现场试验于 2017 年 7 月开始试注，2018 年 11 月实现"9 注 37 采"整体注入，单井日注 15t，截至 2021 年 6 月，累计注入液态 CO_2 13.1×10⁴t，完成总设计量的 24.5%（0.061PV）。试验区单井产能由 0.84t/d 上升至 1.04t/d（图 4-5-1），采油速度由 0.56% 提升至 0.67%，综合含水由 52.3% 下降至 47.2%，含水上升率从 7.8% 降低至 -5.0%，地层压力由 15.7MPa 上升至 18.8MPa，年递减率从 3.6% 下降至 -15.1%。37 口油井中 27 口油井初步见效，见效率 73.0%，累计增油 14585t。

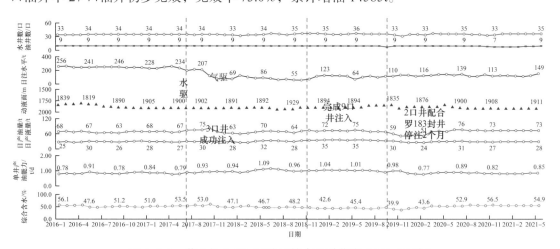

图 4-5-1　黄 3 长 8 CO_2 试验区综合开采曲线（9 注 37 采）

按现有井网评价，黄 3 先导试验区内埋存的 CO_2 量按游离态、油中溶解及水中溶解计算，50 年埋存总量 120.95×10⁴t，埋存率为 0.658，黄 3 区块整体 CO_2 埋存潜力为 1134.68×10⁴t。节能减排，应对气候变化作用突出。根据油田公司 CO_2 混相驱潜力评价结果，长庆油田可达到混相—近混相条件的区块 116 个，覆盖原油产量近 800×10⁴t，覆盖原油

地质储量 $15.76 \times 10^8 t$，按照平均提高原油采收率 11% 测算，增加原油可采储量达 $1.73 \times 10^8 t$，按埋存率 65.8% 计算（注 30 年），可实现 CO_2 埋存 $6.3 \times 10^8 t$，驱油及埋存潜力巨大。

三、CO_2 驱油采油工艺实践

针对注气后，井筒介质改变，需加强井筒的防腐防垢和气密封性能，重点开展了井筒管柱、封隔器、井口等配套。采油井完成 37 口，分两批完成 KY65/35 和 KY65/21 井口配套，完成套管气泄压流程配套，为防止井口超压，配套了泄压安全阀。注入井配套承压 35MPa 的 CC 级注气井口，套管头采用 35MPa 卡瓦式标准套管头，油管选用 P110油管（BGT-2 气密封螺纹），PHL 和 Y445 气密封封隔器。为做好经常性防腐防垢，自主研发了镀层防腐油管 + 一体化缓蚀阻垢技术，现场适应性较好。

四、CO_2 驱油地面工艺实践

1. CO_2 注入一体化集成装置

液态 CO_2 由储罐进入喂液泵，通过喂液泵增压至注入泵，注入泵升压后经过流量计，然后通过配气阀组到注入井（图 4-5-2）。

图 4-5-2　CO_2 注入一体化装置图

2. 单管不加热密闭集输流程

长庆油田 CO_2 驱油试验区位于姬塬油田，原油以不加热集输工艺为基础，站前出油管线全程混输，形成不加热混输一级布站工艺，通过室内外试验初步确定可行。

通过开展现场条件下 CO_2 处理后的原油性质、集输工况下溶 CO_2 原油性质分析和不加热集输适应性评估，试验初期仍采用单管不加热密闭集输工艺（图 4-5-3）。

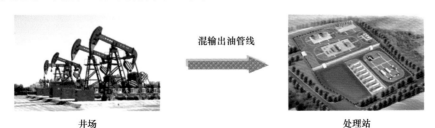

混输出油管线

井场　　　　　　　　　　　　　　　　处理站

图 4-5-3　单管不加热密闭流程示意图

3. 黄3综合试验站场工艺流程

新建黄3综合试验站具有原油计量、加热、脱水、外输、采出水处理及回注、CO_2分离、存储及注入功能，同时包括伴生气分离、CO_2捕集和其他科研试验功能。

站内工艺流程：站外增压点、井场混输含水原油，经集油、加药、（计量）后进冷凝炉加热，（减压后）之后气液分离、（再加热）三相分离，处理后净化油经外输泵输至姬五联，储罐作为脱水、储备、事故存油设备（图4-5-4）。

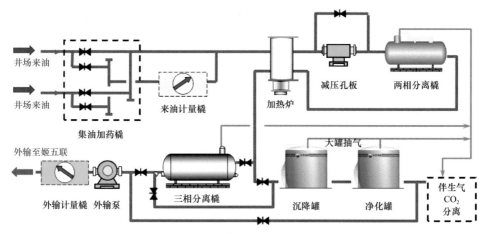

图4-5-4 黄3综合试验站工艺流程示意图

4. 计量工艺

目前，长庆油田全面推广了功图计量装置，该工艺优点是无计量周期的限制，取消了站内单井计量设施，简化站内集输流程，降低管理费用，同时对优化布站及优化集油流程具有基础性的作用。但黄3区块由水驱改为CO_2驱油后，采出流体是油气水混合物，原有的计量工艺无法满足计量油、气、水产量的现场要求，配套采用了多相计量装置（图4-5-5）。

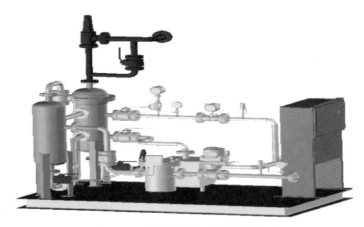

图4-5-5 单井多相计量装置示意图

5. 套管气定压回收工艺

目前，黄 3 区块在安全泄放系统中引入了套管气定压回收工艺。该回收工艺是以尽可能不影响油井产量为前提，通过设定合理套压定值，将套管气与原油混合输送，达到有效回收套管气目的；当井口压力大于设定压力时，套管气管路安全阀起跳，将超压流体泄放至井场污油池，以保证地面工艺设施的安全，回收工艺流程如图 4-5-6 所示。

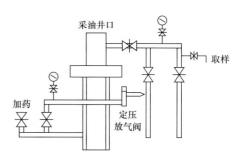

图 4-5-6　套管气定压回收工艺流程图

6. 高气油比采出流体气液分离

CO_2 驱油试验区采出流体含有大量 CO_2 伴生气，当油气水混合流体进入分离器时会产生较大的波动，一般气液两相分离器无法应对高气油比的工况，分离效果较差。可以考虑采用塔式气液分离器和柱式旋流气液分离器（图 4-5-7 至图 4-5-9）。

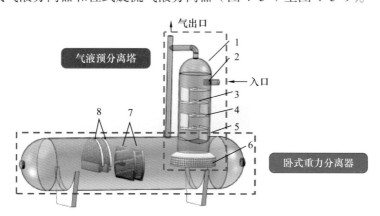

图 4-5-7　塔式气液分离器示意图
1—气液预分离塔；2—叶片式气液分布器；3—升气孔；4—塔板；5—降液管；
6—布液构件；7—整流构件；8—聚结构件

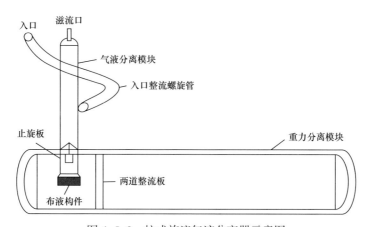

图 4-5-8　柱式旋流气液分离器示意图

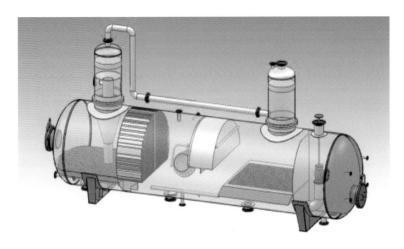

图 4-5-9　三相分离一体化集成装置三维模型示意图

7. 脱水工艺技术

综合试验站站内工艺流程是从两相分离器出来的溶气原油一部分经过三相分离器脱气、脱水后外输，另一部分经过大罐沉降进行脱气、脱水，然后进入净化罐后用输油泵外输到下游联合站。该脱水工艺流程可进行优化。

优化后的脱水工艺流程如下：混输流体加热后进分离缓冲罐一室，缓冲后进入三相分离器进行油、气、水分离；分离出的净化油进入分离缓冲罐二室，再加压后外输；分离出的伴生气进入伴生气分液器进行二次分离后，一部分作为加热炉燃料，富余伴生气供保障点或外输；脱离出的水进入污水处理系统。优化后脱水工艺流程如图 4-5-10 所示。

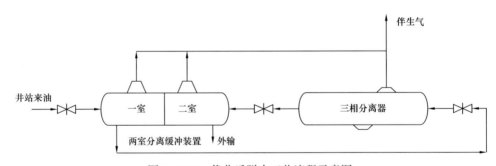

图 4-5-10　优化后脱水工艺流程示意图

8. 采出水处理工艺和一体化装备技术

采出水处理采用"气浮＋过滤"工艺，工艺流程和一体化装置三维模型示意如图 4-5-11 和图 4-5-12 所示。

流程描述：采出水先进入 pH 调节池，投加少量碱，调节其 pH 值至适宜的范围；pH 调节池配置曝气装置，一方面进行搅拌混合，另一方面通过曝气降低采出水中 CO_2 气体的含量。经 pH 调节后的水进入隔油分离池，去除浮油，同时加入少量絮凝剂去除砂石或其他已沉淀悬浮物。隔油分离池出水由泵输送至 IDAF 气浮装置，其主要功能是进一步除油和悬浮物。气浮出水进入中间水箱，再由过滤器输送泵泵入双介质过滤器，进一步除悬浮物和除油，同时确保悬浮物粒径不大于 3μm。进过滤器前投加非氧化性杀菌剂，实现杀菌消毒，达到回注水质中对 SRB 菌和 TGB 菌的控制指标。过滤器出水投加除氧剂和缓蚀阻垢剂以控制回注水中溶解氧量和腐蚀率，然后进入净化水箱，最终就地回注。

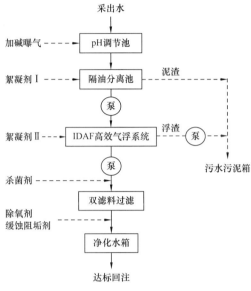

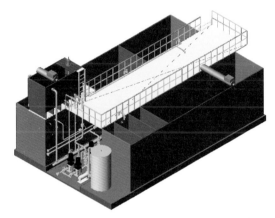

图 4-5-11　"气浮 + 过滤"处理工艺简图　　　图 4-5-12　采出水处理一体化装置三维模型示意图

9. 抽气一体化集成装置

大罐来气首先进入抽气缓冲罐缓冲、分离，进入抽气压缩机增压，经抽气空冷器冷却后，分两路，一路出橇去伴生气分液器，另一路作为抽气缓冲罐补气气源。抽气缓冲罐分离出的凝液，利用凝液泵增压后送至污油回收装置（图 4-5-13）。

图 4-5-13　抽气一体化集成装置图

10. 变压吸附和真空抽吸一体化集成装置

含 CO_2 伴生气进入变压吸附装置（图 4-5-14），首先经缓冲罐分离掉其中的液滴，后直接进分离器除去气体中的油雾，出来的气体直接进入吸附塔中止处于吸附工况的塔内，在多种吸附剂组成的复合吸附床的依次选择吸附下，可将含 CO_2 的伴生气中的烃类气与 CO_2 分离，得到烃类气经压力调节阀稳压后送去燃气管网，分离出的 CO_2 进入下一道工序。

图 4-5-14　变压吸附一体化集成装置图

11. 压缩一体化集成装置

变压吸附装置来气（CO_2 含量高于 95%）经过入口过滤器、入口分离器后进入压缩机，分二级增压（图 4-5-15），增压后的气体经过油气分离器和空冷器后进入分子筛脱水装置。

图 4-5-15　压缩一体化集成装置图

12. 分子筛脱水一体化集成装置

来自压缩装置的气体，进入分子筛脱水装置进行脱水（图 4-5-16），水露点控制到 -8℃后进入提纯一体化集成装置。

分子筛采用双塔流程，一塔吸附，另一塔再生，连续运行。吸附流程：增压后气体经过前置过滤器，去除液滴和固体杂质后，进入分子筛脱水塔吸附脱水，脱水后的干气经过后置过滤器后进入下游装置。再生流程：再生气最初取自脱水后干气，后续取自提纯塔塔顶不凝气，经过电加热到 $180\sim220℃$ 后自下而上进入再生塔底部，将分子筛吸附的水解析出来，与再生气一起进入冷却器冷却到 $40℃$ 后进入分离器分离出游离水，再生饱和湿气进入分子筛装置入口。

图 4-5-16　分子筛脱水一体化集成装置图

13. 制冷一体化集成装置

制冷一体化集成装置（图 4-5-17）主要利用丙烷压缩机将丙烷增压后，经过冷凝、节流膨胀后温度降低，进入提纯装置的冷箱换热后继续进入丙烷压缩机增压，以达到循环制冷的目的。

图 4-5-17　制冷一体化集成装置图

14. 提纯一体化集成装置

来自分子筛脱水装置的气体，进入再沸器作为热源，换热后进入冷箱冷却至 $-25℃$ 液化后进入提纯塔（图 4-5-18），塔底液体 CO_2（CO_2 含量高于 99%）进入已建的 CO_2 储罐，塔顶不凝气经过冷箱回收冷量后进入放空系统。

图 4-5-18　提纯一体化集成装置

五、CO$_2$ 驱油数字化监测技术

1. CO$_2$ 驱油数字化监测平台

依托长庆油田 SCADA 系统，研发了 CO$_2$ 驱油注采工艺监测系统（图 4-5-19），可分为驱油试验区与吞吐试验区。驱油试验区主要分为：注入动态、采出动态、单井信息、措施记录、数据查询和数据维护等 6 大模块。吞吐试验区主要分为：生产概览、生产动态、单井信息、措施记录、报表管理和数据维护等 6 大模块。注气井和采油井实现了油压与套压的实时监控，油井功图计产；站点实现了系统运行温度、压力、排量、罐位和 CO$_2$ 浓度等关键参数的在线监控。

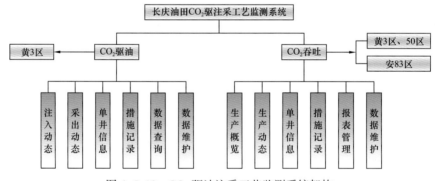

图 4-5-19　CO$_2$ 驱油注采工艺监测系统架构

2. CO$_2$ 驱油数字化监测装置

站内每具储罐采集数据有压差液位、气压、温度、罐前后 CO$_2$ 气体监测。注入区二号泵和三号泵，采集数据为泵前后压力，泵出口温度；十井式阀组采集数据有注入流量、管压、温度。站内有 7 个高清摄像机监控。所辖 17 座井场均已按照数字化标准建设完成，能够实现功图采集、计产、分析；抽油机三相电参采集、远程控制；井场回压采集；标清视频监控等功能。

六、CO_2 驱油现场生产管理与数字化配套

1. CO_2 驱油高效的生产管理体系

为做好试验区生产动态跟踪和效果评价，制订了详细的生产资料录取管理规定，采油井必须录取工作制度、生产时间、油（套）压、产量、含水量、含盐量、动液面（示功图）等资料。注气井必须录取注气时间、泵压、管压、油（套）压、注气量等资料。为监测采油井口 CO_2 浓度变化，每旬用手持式 CO_2 浓度测试仪进行井口 CO_2 浓度测试，并建立台账。

油井检泵作业目前和常规油井作业检泵基本一致，高气油比井作业前采用活性水进行压井。注气井作业，借鉴目前国内吉林油田、中原油田和华东油气分公司实施情况，注入井注气后井筒维护时，采取注水 2～3 个月后，进行放空后常规作业，并做好相关的井控施工要求。根据现场井况，确定压井液用量和密度。在注气生产过程中，先后出现沙 107 井和罗 183 井等 4 口井气窜，当气窜特别严重时，对应油井无开发潜力时，采取封井处理，对应油井还具有一定开采潜力，则采用配套 21MPa 高压井口，提升井口安全性能。

2. CO_2 驱油有效的安全管理体系

与常规采油现场对比，CO_2 驱油现场存在高压刺漏、低温冻伤、窒息等风险，现场操作和作业人员应按 GB/T 11651 及 SY 6565 有关规定发放防护手套、护目镜等劳保用品，并根据 CO_2 驱油区域特点需求，施工作业人员应按相关规定佩带劳保用品上岗作业。

对于离居民区近的井应采取特殊措施，以保护公众不受 CO_2 意外泄漏事件的危害。可以将整个井场用栅栏封闭起来，并通过计算机辅助报警系统实施一天 24h 监测。也可以利用大气扩散模型来验证当 CO_2 以最大预期速率泄漏时是否会给当地带来危险。

为做好试验区油井 CO_2 组分在线监测，研制了四合一套管气组分监测装置，采用红外光谱气体在线监测技术，组分在线监测仪由组分显示屏和气体检测腔室组成。在流量监测流程中取少量气体，引入 CO_2 组分仪，进行组分监测。由于组分仪要长期可靠运行，需要少量、干燥清洁气体在常压下运行，设计调节阀 K1 和 K2 进行套管气流量调节，K1 为主调节，K2 为微调，气体经干燥瓶引入，出口放空，确保常压。CO_2 组分监测装置由干燥瓶、组分仪两部分组成，如图 4-5-20 和图 4-5-21 所示。

气体组分检测仪参数：

（1）检测气体：CO_2、H_2S、CO、EX（可燃气体）；

（2）量程：定制为现场测量数据的 5～10 倍；

（3）检测精度：$\leqslant \pm 3\%$ F.S；

（4）响应时间：T90$\leqslant$20s；

（5）恢复时间：$\leqslant$30s；

（6）输出信号：RS485（RTU）；

（7）报警方式：现场声光报警，报警点可设置；

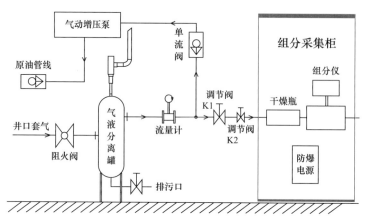

图 4-5-20　CO₂ 组分监测装置流程图

图 4-5-21　气体组分检测仪图

（8）工作环境：-30～80℃；

（9）工作电压：24V；

（10）防爆形式：本安型 Ex ia Ⅱ CT6 Ga；

（11）防护等级：IP65。

组分检测操作要求：

（1）用 $\phi6$ 不锈钢管在流量监测流程中取少量气体；

（2）调节阀 K1 和 K2 进行流量调节，K1 为主调节，K2 为微调；

（3）气体引入干燥瓶，过滤气体中的液体及杂质，保证组分仪正常工作；

（4）出口放空，确保常压。微小流量，0.4～0.8L/min，不会影响环境。

设计参数：根据计算的参数和承压要求，设计旋进漩涡流量计，它由流量传感器和流量计算机组成。流量传感器由表体部件、漩涡发生器部件、漩涡检出（压电晶体）传感器、压力传感器、气体矫正器部件、温度传感器组成。流量积算仪由温度和压力检测模拟通道、流量传感器通道以及微处理器单元组成，并配有外输出信号接口，输出各种信号。

流量计中的微处理器按照气态方程进行温压补偿，并自动进行压缩因子修正，气态方程如下：

$$Q_N = \frac{p_a + p}{p_N} \frac{T_N}{T} \frac{Z_N}{Z} Q_V \tag{4-5-1}$$

式中　Q_N——标准状态下的体积流量，m³/h；

　　　Q_V——工况下的体积流量，m³/h；

　　　p_a——当地大气压力，kPa；

　　　p——流量计取压孔测量的表压，kPa；

p_N——标准状态下的大气压力，为 101.325kPa；

T_N——标准状态下的绝对温度，为 293.15K；

T——被测流体的绝对温度，K；

Z_N——气体在标准状态下的压缩系数；

Z——气体在工况下的压缩系数。

3. CO_2 驱油资料录取规范和效果分析方法

全面严格的资料录取及正确的测试工作是 CO_2 试验正常运行和效果分析的保证及依据，试验全过程中除特殊资料录取外，日常的资料录取必须做到全面、准确、真实。并建立日报、周报和月报。工艺实施效果评价相关资料录取主要要求如下：

（1）工艺实施效果评价相关资料录取要求。做好注入前对井筒井况的检测与资料录取分析。对注入压力及对应一线和二线油井动态数据需每日录取一次。所有注入井注入前必须测吸水剖面和吸水指示曲线，注入后每半年再测一次进行对比；实时监测记录井口注入压力和注入量。

（2）采出井资料录取要求。产油量、产水量和综合含水监测每天进行一次，动液面和示功图每 10 天测试一次，动液面测试仪需用氮气枪。产出液 pH 值每 5 天检测一次，产出液中原油组分和地层水离子每 30 天检测一次，当产出气中检测出 CO_2 或 pH 值异常时，每 10 天检测一次。

（3）环境 CO_2 监测要求。利用便携式监测仪，每 5 天对油井进行一次监测。当发现 CO_2 产出时，每天监测一次。

（4）油井产出气监测要求。注气前对油井产出气组分进行一次分析，注气后每 30 天对产出气组分进行一次检测，发现 CO_2 产出时，每 10 天进行一次取样，分析产出气组分变化。

4. CO_2 驱油低温仪器仪表及数字化配套规范

CO_2 驱油试验过程中，常用的仪表有压力变送器、温度变送器、流量计、kPa 液位计，在工艺条件正常情况下，与常规采油作业相比，这些仪表均属于特殊类低温仪表，需定期开展仪表效验和维护。

仪表的日常维护保养是设备正常使用的基础工作，必须做到制度化和规范化。按定期检查计划，定期点检，仪表还应进行精度检查，以确定仪表计量的准确性。

（1）压力变送器。压力变送器选型参数确认主要包括产品精度、量程范围、供电、输出、介质温度范围、显示、螺纹接口以及其他特殊需求。对于低温介质测量，升温盘管以及相关手阀需备注清楚。

（2）温度变送器。温度变送器选型参数确认主要包括产品精度、量程范围、供电、输出、测量管道压力范围、显示、螺纹接口、探杆长度、冷端长度、盲管选配以及其他特殊需求。对于介质测量，配套盲管便于现场后期维护、校验以及安全操作。

（3）流量计。低温型流量计一般选择差压（多参量）流量计，其产品特性：集差压传感器、静压传感器、温度传感器、流量积算仪于一体，可配合差压式节流检测装置（V锥、喷嘴、孔板、均速管阿牛巴等）构成一体化差压流量计。针对所测量介质（如天然气、蒸汽、水等）的数学模型进行运算，直接显示所测介质的体积或质量的瞬时流量和累计流量。具有静压补偿和温度补偿技术，精度高，稳定性好；节流装置结构易于复制，简单、牢固，性能稳定可靠，使用期限长；标准型节流装置无需实流校准，即可投用；节流件需要由全不锈钢材质组成，不同材质工作温度范围在 $-50\sim550℃$。

第五章 低渗透砂砾岩油藏 CO_2 驱油与埋存技术

针对新疆油田低渗透砂砾岩油藏 CO_2 驱油与埋存先导试验存在的关键技术问题，以室内实验为手段，开展低渗透砂砾岩油藏 CO_2 驱油与埋存机理、CO_2 驱油封窜调控、注采井缓蚀防垢防腐及管柱工艺方面的研究，形成了适合新疆油田低渗透砂砾岩油藏 CO_2 驱油与埋存技术体系，涵盖了室内评价、油藏工程、注采工艺、动态监测及效果评价等各个环节，成果应用于新疆油田八区 530 井区，效果显著。

第一节 低渗透砂砾岩油藏 CO_2 驱油机理

低渗透砂砾岩油藏 CO_2 驱油机理，包括 CO_2 驱油微观渗流特征、驱替前后孔隙结构变化、驱油效率的影响因素等。

一、低渗透砂砾岩油藏 CO_2 驱油微观渗流特征

CO_2 驱油微观渗流特征研究，一般采用现场岩心制作物理模型，有时用岩心薄片模型开展实验来模拟油田驱替过程，实验全过程采用摄像记录观察油、水、气等流体在孔隙中的运移情况，分析 CO_2 的流动过程及微观驱油渗流特征。

1. 二维平面可视化模型实验

为了更好地模拟砾岩油藏真实油藏条件，从现场取露头进行加工、制作成长度为 250mm、宽度为 250mm、厚度为 10mm 物理模型，模拟五点井网四分之一单元，模型左端为进口端，模拟注入井，右端为出口端，模拟采油井。实验首先将可视化模型置于高温高压环境中，依次饱和水、饱和油，然后开展水驱油、气驱油、水气交替和泡沫驱油实验，全过程摄像记录。

水驱油结束后，对模型进行连续注 CO_2 驱油实验，注气速度 0.3mL/min，实验温度 67℃，记录气驱油实验数据并观察实验过程。实验表明：CO_2 进入模型后分别从三个方向驱替原油，实验过程中可明显发现被动用的面积越来越大。气驱最后阶段，气窜现象严重，出口端基本没油再产出，气驱后驱油效果较水驱有较大提升，波及面积明显扩大，原油采出程度增加（图 5-1-1）。

2. 反射式显微放大驱油实验

实验采用反射式显微放大测试方式，观测真实岩心薄片模型中水驱油微观分布和渗流特征，用计算机自动采集水驱油过程的动态图像。引入日本尼康 LV150N 高倍金相显

微镜，通过不同景深数值图像重构处理技术，可对薄片岩心模型不同景深观测面上的岩石颗粒、孔隙结构以及油水分布进行放大观测（图5-1-2，表5-1-1），景深微调精度可达2μm，放大倍数在500～1000倍间，并能对不同景深观测面上的数值图像进行叠加，形成拟三维薄片岩心模型的图像，得到拟三维的剩余油水分布图像（图5-1-3）。

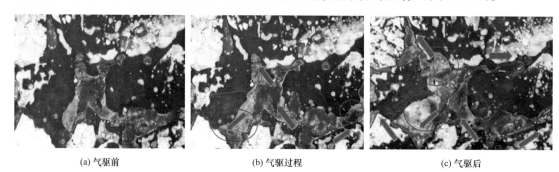

| (a) 气驱前 | (b) 气驱过程 | (c) 气驱后 |

图 5-1-1　CO$_2$ 驱油实验过程

表 5-1-1　两块岩心基础数据

序号	井号	井段 / m	岩心样品编号	孔隙度 / %	渗透率 / mD	体积密度 / g/cm³
1	5731 井	2375.35～2383.05	3-23/31-3	16	14.78	2.16
2	5731 井	2375.35～2383.05	3-22/31-3	13	1.54	2.28

图 5-1-2　薄片模型 50 倍下剩余油水分布二维图像（3-23/31-3 号岩心）

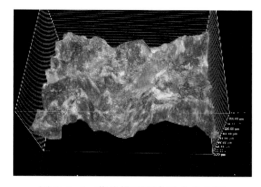

图 5-1-3　薄片模型剩余油水分布的三维图像显示（3-23/31-3 号岩心）

　　实验结果如图5-1-4所示（3-23/31-3号岩心原始含水饱和度状态），岩心薄片由多种岩石基质构成，粒间孔及溶蚀孔发育，有较大孔隙度。模拟油进入岩心后，迅速在岩心薄片表面均匀蔓延开，基本填充了整个岩心的孔隙（图5-1-5）。CO$_2$进入岩心初期，饱和油区域的油部分被驱出，驱替完成时仅有少量剩余油分布在粒内孔中（图5-1-6中红色部分），驱替效率很高，可达93.31%。

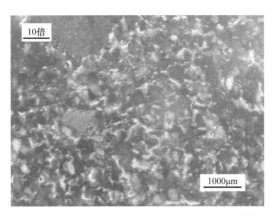

图 5-1-4　饱和地层水完成状态（3-23/31-3 号岩心）

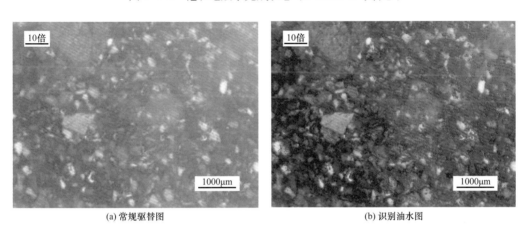

(a) 常规驱替图　　　　　　　　　　　　(b) 识别油水图

图 5-1-5　饱和模拟油完成状态

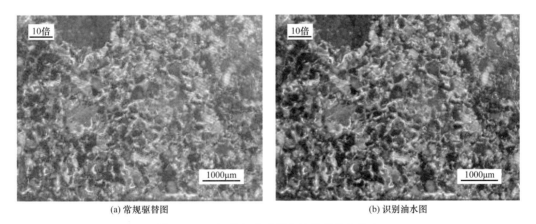

(a) 常规驱替图　　　　　　　　　　　　(b) 识别油水图

图 5-1-6　气驱完成后剩余油微观分布状态

二、低渗透砂砾岩油藏 CO_2 驱替前后孔隙结构分析

由于 CO_2 驱替过程中形成的酸性流体对孔隙喉道具有一定的溶蚀作用，因此驱替前后毛细管曲线形态、扫描电镜图像、核磁 T_2 谱形态及测试参数有一些变化。

1. 压汞实验

压汞测试共选取 3 块岩心，研究 CO_2 驱替前后微观孔隙结构变化特征，岩心基础物性见表 5-1-2。

表 5-1-2 压汞测试岩心基础物性表

序号	井号	井段 /m	岩心样品编号	长度 /cm	直径 /cm	孔隙度 /%	渗透率 /mD
1	57195 井	2507.00~2521.10	5-2	1.902	2.56	11.6	1.765
2	57195 井	2530.70~2537.00	10-3	1.848	2.52	12.2	1.518
3	5731 井	2375.35~2383.05	3-23/31-4	1.102	2.46	12.3	3.75

由实验数据（表 5-1-3）知，5-2 号岩心驱替前阀压（排驱压力）约为 0.44518MPa，饱和度中值压力约为 9.99MPa，两者均较大，说明该岩心致密程度较高，渗透性较差。

表 5-1-3 57195 井 5-2 号岩心 CO_2 驱替前压汞特征参数

参数	数据	参数	数据
Pc10 压力 /MPa	0.44518	Pc10 孔喉半径 /μm	1.6519
中值压力 /MPa	9.99	中值半径 /μm	0.0736
最大进汞饱和度 /%	94.2824	未饱和汞饱和度 /%	5.7176
残留汞饱和度 /%	63.7446	退出效率 /%	32.3897
均值系数	11.6442	分选系数	3.4072
歪度系数	0.4933	变异系数	0.2926

注：Pc10—进汞饱和度 10%。

经过 CO_2 驱替后，对比驱替前后特征参数（图 5-1-7）可知：5-2 号岩心驱替后排驱压力、中值压力和最小湿相饱和度 S_{min} 相比驱替前变小，中值半径变大，均说明该岩心驱替后渗透性变好了；均值系数略微变小，即总的孔隙喉道的平均值变大，越偏于粗歪度毛细管压力曲线形态，对储集、渗透性能有利；歪度系数更接近 0，说明孔隙喉道大小分布更接近对称；分选系数和变异系数变化不明显，均属于分选中等。其余 2 组岩心样品的实验对比结果与上述特征基本类似。

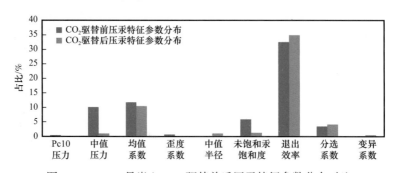

图 5-1-7 5-2 号岩心 CO_2 驱替前后压汞特征参数分布对比

2. 电镜扫描实验

取 3 块样品进行 CO_2 驱替前后孔隙结构电镜扫描实验，岩心基本参数见表 5-1-4。

表 5-1-4　电镜扫描实验岩心基本参数

岩心样品编号	孔隙度 /%	渗透率 /mD
3-23/31-1	15.9	14.78
5-1	16.5	2.67
10-4	16.3	1.52

由 3-23/31-1 号岩心 CO_2 驱替前扫描电镜分析结果（图 5-1-8）可知，岩石孔隙半径主要分布在 20～50μm 之间，喉道半径主要分布在 1～10μm 之间。岩石黏土矿物含量较高，黏土矿物的片状、玫瑰花状、丝状特征明显。黏土矿物以如下几种方式影响岩石的孔隙度和渗透率：（1）大部分黏土矿物分布在颗粒表面，位于粒间孔隙边缘的黏土形成孔隙衬边，对孔隙度和渗透率影响不大；（2）片状黏土矿物堵塞部分孔隙空间，降低孔隙度；（3）部分黏土矿物分布于喉道壁面，在向喉道中间生长的过程中形成搭桥式产状（即黏土桥），使得渗透率有一定降低。

(a) 500μm　　(b) 300μm　　(c) 100μm（一）

(d) 50μm（一）　　(e) 50μm（二）　　(f) 100μm（二）

(g) 50μm（三）　　(h) 100μm（三）　　(i) 100μm（四）

图 5-1-8　3-23/31-1 号岩心 CO_2 驱替前不同选点不同放大倍数岩心扫描电镜分析图

由 3-23/31-1 号岩心 CO_2 驱替后扫描电镜分析结果（图 5-1-9）可知，孔隙和喉道表面有冲洗过的痕迹，无法观察到黏土矿物的片状、玫瑰花状、丝状特征。黏土矿物呈现出松散团块状特征，并聚集在孔隙的某一侧（另一侧相对干净，可能指示驱替流体的方向）和喉道中。

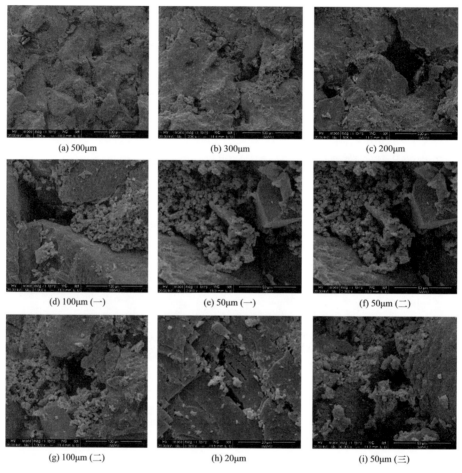

图 5-1-9　3-23/31-1 号岩心 CO_2 驱替后不同选点不同放大倍数岩心扫描电镜分析图

3. CO_2 驱替前后孔隙结构核磁共振实验

核磁共振技术中的弛豫时间 T_2 谱，在油层物理上含义为岩心中不同大小的孔隙占总孔隙的比例。核磁共振空间成像技术检测的是岩石孔隙内的流体性质、流体量，以及流体与岩石多孔介质固体表面之间的相互作用，因此可获得有关岩心内流体饱和度分布、流体特征、岩心结构特征以及流体与岩石界面相互作用等信息。

如图 5-1-10 所示，NMR1 岩心（井号 401 井，深度 2461.31m，砂质小砾岩，长度 55.68mm，直径 37.12mm，孔隙度 16.52%，渗透率 32.9mD）实验结果：驱替初期阶段以 CO_2 溶解为主，原油饱和度变化不明显，见气后原油饱和度明显降低（图中深红色区域面积减小），气窜后原油饱和度变化很小。

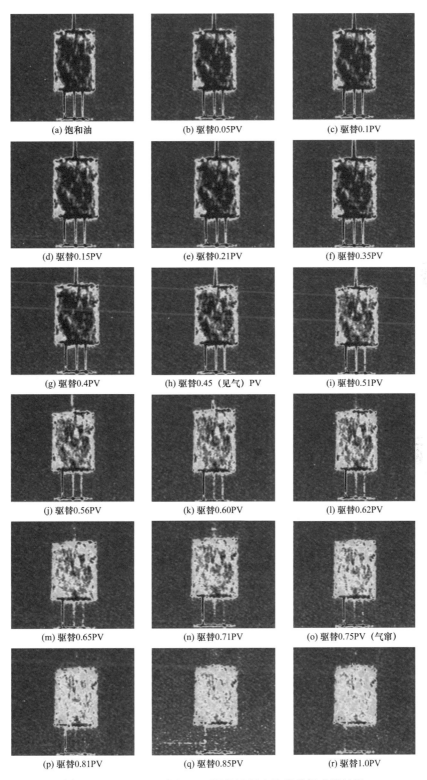

図 5-1-10　NMR1 岩心 CO_2 驱替过程中核磁共振成像结果

CO_2 驱替过程中 T_2 谱变化如图 5-1-11 所示，首先采用普通水饱和岩心测得 T_2 谱曲线代表孔隙空间信号，后依次采用重水、原油饱和岩心后测得 T_2 谱曲线代表原始原油在孔隙空间分布，驱替不同孔隙体积倍数（PV）时 T_2 谱代表不同驱替时刻原油分布。通过建立 T_2 和毛细管半径转化关系，得到 CO_2 驱替过程中原油分布变化规律如图 5-1-12 所示，CO_2 驱油动用孔隙下限为 0.3μm。

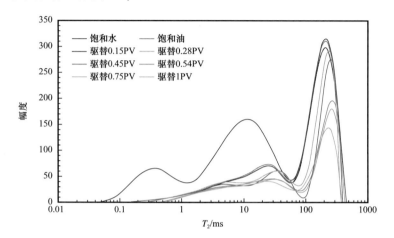

图 5-1-11　NMR1 岩心 CO_2 驱替过程中 T_2 谱变化

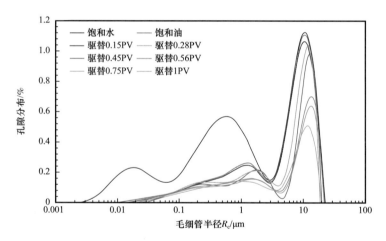

图 5-1-12　NMR1 岩心 CO_2 驱替过程中原油分布变化规律

三、低渗透砂砾岩油藏 CO_2 驱油效率评价

影响 CO_2 驱油效率因素较多，包括不同 CO_2 注入速度、压力、水气交替时机及周期、驱替剂黏度及驱替方式等。实验室采用天然岩心进行相关物理模拟实验，根据实验结果来评价驱油效率。

1. 不同 CO_2 注入速度对波及体积的影响

选取 1 号~3 号天然岩心，在油藏温度 67℃、不同地层压力下，改变注入速度进行物理模拟实验，测定不同 CO_2 注入速度下的原油采收率，分析不同压力和 CO_2 注入速度对波及体积和原油采收率的影响。

1）20MPa 下的驱替实验结果

在地层压力为 20MPa 下，1 号天然岩心（渗透率 25.08mD）水驱后，不同速度气驱实验结果如表 5-1-5 和图 5-1-13 所示。

表 5-1-5　20MPa 下不同注入速度水驱转气驱实验

注气速度 / mL/min	原始含油饱和度 / %	水驱采出程度 / %	气驱后采收率 / %	提高采收率 / %	气驱稳定压差 / MPa
0.1	43.23	48.56	56.23	7.67	0.18
0.3	39.49	47.28	59.53	12.25	0.21
0.5	41.05	46.03	57.90	11.87	0.38
0.8	44.16	44.87	51.48	6.61	0.47

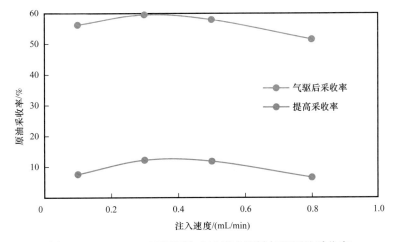

图 5-1-13　20MPa 下不同注入速度水驱转气驱原油采收率

由图 5-1-13 可知，地层压力为 20MPa 时，随着注气速度增加，气驱提高原油采收率呈现先增加后降低的趋势。当注入速度较低时，驱替压力较低，毛细管力表现为阻力，消耗了一部分能量，减缓了油气运移（贾敏效应），原油采收率较低；当驱替速度很高时，气窜十分严重，原油采收率反而降低。当驱替速度为 0.3mL/min 时，原油采收率为59.53%，较水驱提高 12.25%。

对注气速度为 0.3mL/min 的动态实验数据进行分析（图 5-1-14），水驱时注入水约在0.53PV 后突破，突破后含水率迅速上升。水驱至 1.1PV 时含水率达到 99.32%，此时转气驱，注气 1.2PV 后，采收率基本不再变化，最终采收率为 59.53%。

2）不同压力下 CO_2 驱油对原油组分的影响

在 20MPa、24MPa 和 28MPa 不同压力驱替实验过程中的气驱阶段结束时，在出口端采集油样用色谱仪测试油样组分并进行分析，测试结果如图 5-1-15 和图 5-1-16 所示。

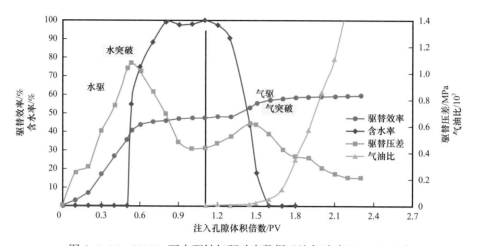

图 5-1-14　20MPa 下水驱转气驱动态数据（注气速度 0.3mL/min）

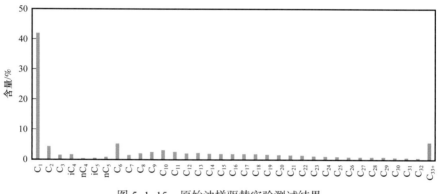

图 5-1-15　原始油样驱替实验测试结果

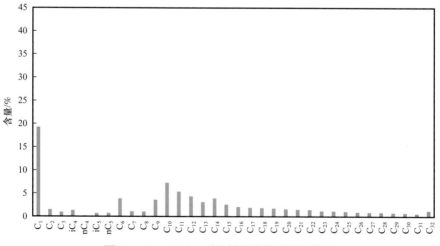

图 5-1-16　28MPa 时油样驱替实验测试结果

对比不同驱替压力下出口端油样组分可知：从 20MPa、24MPa 和 28MPa 出口端采出油样的原油组分都有一定规律的变化，即 C_1—C_7 轻质组分减少，重质组分增加，其中 C_1

含量减少较明显。随着驱替压力的增大，C_1—C_7 含量减少幅度越大，原始油样 C_1—C_7 含量为 57.32%，在 20MPa、24MPa 和 28MPa 气驱阶段结束时，出口端采出油样的 C_1—C_7 含量分别为 43.98%、38.99% 和 29.76%。

2. 不同水气交替时机、周期对波及体积的影响

选取 4 号～6 号天然岩心，在油藏温度 67℃，地层压力 20MPa、24MPa 和 28MPa 下，改变水气交替时机和周期（0.3PV 水 +0.3PV 气体、0.6PV 水 +0.6PV 气体、0.9PV 水 +0.9PV 气体、1.2PV 水 +1.2PV 气体）进行物理模拟实验，测定不同水气交替时机和周期下的原油采收率。

对比以上 3 组实验可发现，当注入总段塞一定时，随着周期次数的增加，段塞尺寸的减少，CO_2 气驱后原油采收率提高，当段塞尺寸为 0.3PV 水 +0.3PV 气时，注入周期次数为 4 次，原油采收率在地层压力为 20MPa、24MPa 和 28MPa 的模拟实验中分别达到 64.56%、76.69% 和 79.45%，随着地层压力的增大原油采收率增加。由此说明，在注入量相同的情况下，采用周期次数较多的小段塞注入，提高原油采收率程度高；新疆油田八区 530 克下组油藏地层原油达到混相的最小混相压力为 24.1MPa（CO_2 细管驱替实验温度 65.4℃），CO_2 混相驱油采收率相对于非混相驱油有较大的提高。

3. CO_2 泡沫黏度对波及体积的影响

选用 7 号天然岩心（渗透率 12.26mD），在油藏温度 67℃、地层压力 24.0MPa 下，选用泡沫体系为：SDS 浓度 0.3%+ 黄胞胶 HYJ 浓度 0.03%（基液黏度为 4.2mPa·s），通过加入 HPAM 增黏改变泡沫液黏度（5mPa·s、15mPa·s、30mPa·s、50mPa·s、80mPa·s），进行物理模拟实验，测定不同 CO_2 泡沫黏度下的采收率，见表 5-1-6。

表 5-1-6　CO_2 泡沫驱黏度对波及体积的影响

组号	HPAM 浓度 / mg/L	泡沫液 黏度 / mPa·s	含油 饱和度 / %	水驱采出 程度 / %	气驱后 采出程度 / %	泡沫驱后 累计采收率 / %	泡沫驱提高 采出程度 / %	泡沫驱 稳定压差 / MPa
1	0	4.2	46.11	47.44	70.14	75.84	5.7	1.36
2	600	12.6	45.96	48.05	70.98	77.91	6.93	2.41
3	1200	27.2	46.32	47.96	71.76	83.56	11.80	2.62
4	2000	42.7	45.87	47.32	73.55	85.61	12.06	3.77
5	2500	71.2	48.25	46.96	72.89	86.01	13.12	4.83

实验结果显示，CO_2 泡沫驱油采收率随泡沫黏度的增大呈明显的增高趋势，这是由于泡沫黏度越大，CO_2 泡沫液在地层中流动时所受黏滞阻力越强，对 CO_2 的流度控制能力越强，更能有效抑制气窜，从而提高波及体积。在不影响注入能力的情况下，较高的泡沫液黏度有利于提高波及体积。在泡沫液黏度为 71.2mPa·s 时，泡沫驱后累计采收率为

86.01%，较气驱提高 13.12%。当黏度高于 30mPa·s 后，增加体系黏度，采收率增幅不大，从成本和调控效果考虑，建议泡沫体系的黏度为 30mPa·s 左右。

4. 混相压力下的波及体积影响评价实验

选用 8 号～10 号岩心，在油藏温度 67℃下，进行水驱油实验，然后改变压力（20MPa、24MPa、28MPa）进行物理模拟实验，测定不同压力下 CO_2 驱油采收率，见表 5-1-7。

表 5-1-7　不同地层压力下的气驱油采收率

岩心编号	岩心渗透率/mD	压力/MPa	WAG 段塞及轮次	含油饱和度/%	水驱采出程度/%	WAG+气驱采收率/%	提高采收率/%
8 号	6.89	20	0.3PV 水 +0.3PV 气体（5 轮）	48.25	47.13	57.33	10.2
9 号	13.33	24	0.3PV 水 +0.3PV 气体（5 轮）	46.79	47.99	70.49	22.5
10 号	8.62	28	0.3PV 水 +0.3PV 气体（5 轮）	49.06	47.64	74.16	26.52

注：水驱速度与注气速度相同，均为 0.3mL/min。

由实验结果可知，随着地层压力的增加，WAG+ 气驱原油采收率提高，在地层压力 28MPa 时达到最大为 74.16%，提高原油采收率 26.52%。且 24MPa 地层压力系统下原油采收率相对 20MPa 有较大提升，提高 13.16%，而 28MPa 比 24MPa 最终原油采收率仅提高 3.67%。这是由于最小混相压力为 24MPa，相对于 20MPa 的非混相驱，在地层压力为 24MPa 时，CO_2 和原油达到混相，原油黏度明显降低且体积膨胀幅度较大，提高原油采收率效果明显。而当达到混相压力后随着压力的继续增大，原油黏度降低、原油体积膨胀的幅度小，原油采收率增加幅度有限，因此，CO_2 驱油时，随着压力升高并达到混相压力，驱替效果好。

5. 连续驱替实验评价

为更加有效地模拟现场驱油实验，依次进行水驱、气驱、水气交替驱和泡沫驱油物理模拟实验。选用 11 号岩心，实验温度为 67℃、压力 24MPa。由实验结果可知（表 5-1-8），采用不同方式进行驱替实验，原油采收率在一定程度上得到提高，最终原油采收率为 89.15%。

表 5-1-8　不同阶段提高原油采收率测定结果

岩心编号	岩心渗透率/mD	压力/MPa	含油饱和度/%	水驱阶段采收率/%	气驱阶段采收率/%	水气交替阶段采收率/%	泡沫驱阶段采收率/%	总采收率/%
11 号	0.14	24	42.36	44.61	23.98	12.44	8.12	89.15

第二节　低渗透砂砾岩油藏 CO_2 驱油封窜技术

低渗透油藏 CO_2 驱油气窜防治技术主要有水气交替、泡沫封堵和凝胶封堵等。其中，相比水气交替，泡沫、凝胶残余阻力系数高，更适应强非均质储层。对低渗透砂砾岩油藏 CO_2 驱油（pH值小于4）常会出现如下问题，常规泡沫发泡率低、稳定性弱；凝胶注入困难，无法满足生产需求。因此，急需研发满足于低渗透砂砾岩油藏易于注入、可深部运移、高效封窜、稳定性好等要求的封窜技术。

一、低渗透砂砾岩油藏 CO_2 驱油封窜体系

1. CO_2 响应增稠封窜体系

1）合成及技术原理

具有 CO_2 响应增稠特性的表面活性剂，在无 CO_2 存在的条件下，表面活性剂溶液为低黏度水溶液；在遇 CO_2 存在的环境下，溶液形成表面活性剂胶束，体系黏度大幅增加，达到抑制或封堵气窜目的。

2） CO_2 响应增稠原理

CO_2 响应增稠是通过调整表面活性剂的堆积参数 cpp 来实现，表面活性剂的堆积参数 cpp 计算公式为：

$$cpp = V/(A_0 l_c) \tag{5-2-1}$$

式中　A_0——亲水头基的有效接触面积；

　　　l_c——表面活性剂链的有效长度；

　　　V——平均每个表面活性剂分子所占体积。

当体系中没有 CO_2 时，体系中的表面活性剂自组装成囊泡结构（cpp<1/3）；体系通入 CO_2 后，体系电荷数增加，使得亲水头基的有效接触面积 A_0 降低，使得 cpp 增加（1/3<cpp<1/2），使表面活性剂聚集体由囊泡转变为蠕虫状胶束，导致体系黏度增加；反之，可以实现可逆转变，设计原理如图5-2-1所示。

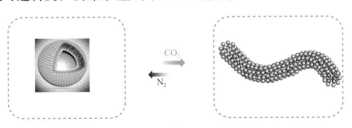

图 5-2-1　CO_2 响应增稠流体表面活性剂设计原理示意图

2. 耐酸 CO_2 泡沫封窜体系（NSPM-FC）

为了解决低 pH 值环境条件下泡沫封窜体系的起泡性能及泡沫稳定性，通过多种两亲

离子表面活性剂和起泡剂及特殊修饰的纳米粒子稳泡材料优选，结合 CO_2、N_2 和空气等气源泡沫形成体系配方及样品，筛选优化耐酸起泡剂 / 稳泡剂形成耐酸 CO_2 泡沫封窜体系（NSPM-FC）。

3. CO_2 响应凝胶封窜体系

疏水改性聚丙烯酰胺（HMAPM）分子设计如图 5-2-2 所示。经过核磁共振对合成的疏水改性聚丙烯酰胺（HMAPM）进行分子结构表征。图 5-2-3 为疏水改性聚丙烯酰胺（HMAPM）核磁谱图，图中的 a 和 b 代表主链上不同位置的 H，c 和 d 分别代表侧链疏水改性的烃基上的端基甲基 H 和链中的 H。通过对谱图中不同的 H 进行指认，证实了所得产品就是疏水改性聚丙烯酰胺（HMAPM）分子。

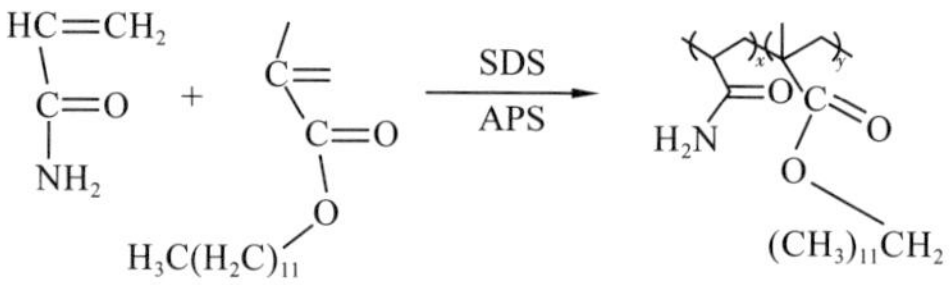

图 5-2-2　疏水改性聚丙烯酰胺（HMAPM）分子设计

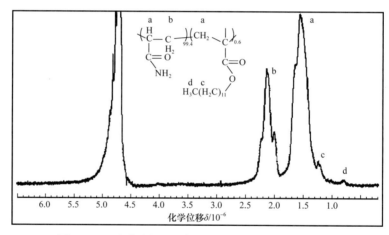

图 5-2-3　疏水改性聚丙烯酰胺（HMAPM）核磁谱图

二、CO_2 驱油封窜体系油藏适应性评价

1. CO_2 响应增稠封窜体系性能

增稠封窜体系主要针对低渗透 CO_2 驱油藏，研发性能要求达到以下要求：耐温 ≤90℃；耐盐浓度≤1.5%（15000mg/L）；溶解时间≤120min；溶液黏度≤10mPa·s；增稠黏度（CO_2 响应后）为 200～1000mPa·s；体系组成为单组分（非复配）。

1）封窜剂浓度对增稠胶束黏度影响

封窜剂具有良好的 CO_2 响应增稠性能，配制浓度 0.25%～5% 的封窜剂溶液，通入 CO_2 后体系黏度有明显增加，浓度为 0.25% 的封窜剂通入 CO_2 后体系黏度增加 40 倍，浓度大于 2.5% 后增稠效果趋于稳定（图 5-2-4），黏度≥3000mPa·s，形态近似凝胶。建议封窜剂浓度用 0.8%～1.5%，溶液初始黏度≤10mPa·s，增稠黏度 200～1000mPa·s。

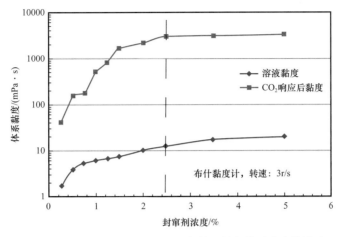

图 5-2-4　封窜剂浓度对 CO_2 响应增稠封窜体系黏度的影响

2）增稠封窜体系的抗剪切性

增稠封窜体系具有黏度随剪切速率的增加而降低特征，因此在注入过程中遇剪切会变稀，有利于现场施工时深部注入；停止剪切静置一段时间后，体系黏度可基本恢复（图 5-2-5），有利于增稠流体在地层深部低剪切环境下封窜作用。

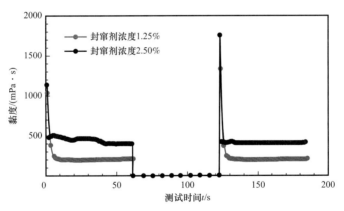

图 5-2-5　封窜剂体系的剪切恢复性能

3）增稠封窜体系的触变性

低浓度增稠流体几乎无剪切滞后环，上下行线重合（图 5-2-6）；高浓度增稠流体剪切滞留环较大，上下行线间存在较大空间。增稠胶束具有一定的触变性，低剪切速率下触变性现象较弱。

4）增稠封窜体系的黏弹性

高浓度 CO_2 响应增稠流体外观有凝胶形态，黏弹性测试结果显示具有凝胶特性（弹性模量 $G' \geqslant$ 黏性模量 G''），有别于高黏聚合物水溶液（黏性模量 $G'' \geqslant$ 弹性模量 G'）（图 5-2-7），增稠流体黏弹性表现为胶束凝胶特性。

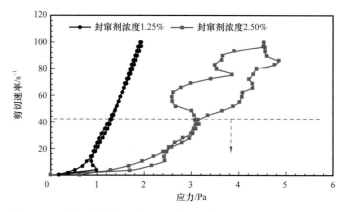

图 5-2-6 剪切速率从 $0s^{-1}$—$100s^{-1}$—$0s^{-1}$ 上下行滞后环测试曲线

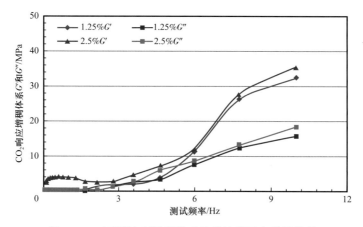

图 5-2-7 不同浓度增稠体系的弹性模量和黏性模量

5) 增稠封窜体系的抗盐性

矿化度的影响与加盐顺序和盐浓度有关。矿化度水直接配制流体，CO_2 响应增稠体系黏度随矿化度增加而降低（图 5-2-8）；自来水配制后加矿化度盐水混合，体系黏度随矿化度增加而增加（图 5-2-9）。在油田实际应用中，配制好的 CO_2 响应增稠体系注入地层后遇到地层水，地层水中的盐有利 CO_2 响应增稠性能。

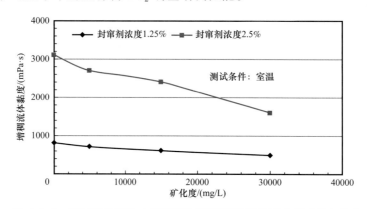

图 5-2-8 不同矿化度盐水直接配制增稠流体的黏度曲线（先加盐）

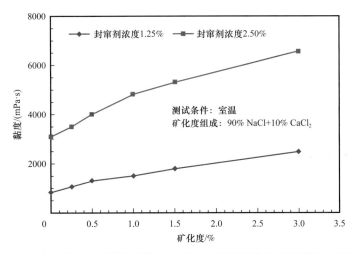

图 5-2-9　自来水先配制增稠流体再加盐水后增稠流体的黏度曲线（后加盐）

6）增稠体系的耐温性

增稠体系的耐温性测试如图 5-2-10 所示，温度的影响主要体现在高温条件下，中低温时影响很小。温度≥60℃以后，增稠流体黏度急速降低，分析认为高温致体系 CO_2 快速逃逸致黏度损失。

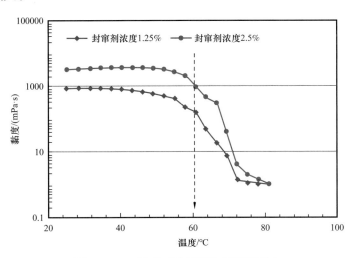

图 5-2-10　温度对增稠流体黏度的影响

采用酸等效 pH 值测试方法，90℃下带温测试矿化度（模拟盐水）对体系增稠性能的影响。如图 5-2-11 显示了增稠封窜体系具有良好的耐温抗盐性，90℃下保持流体 pH 值稳定（CO_2 不逸出条件下），体系黏度基本保持盐水环境体系增黏效果。

2. 耐酸 CO_2 泡沫封窜体系性能

通过调研现有泡沫研发及应用方面的研究成果，以及大庆油田和吉林油田 CO_2 驱油形成封窜泡沫调堵体系及泡排剂相关资料，建立了耐酸泡沫封窜体系评价指标：泡沫体积、发泡率、泡沫半衰期、最终消泡时间、封堵率。

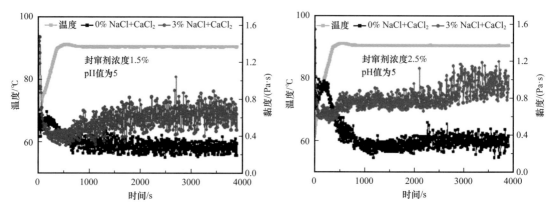

图 5-2-11 等效 pH 值（酸）测试温度对增稠流体黏度的影响

1）起泡方式对发泡率的影响

体系发泡率与起泡方式密切相关，搅拌振荡越充分发泡量越多。用 Waring 搅拌器和 Rose-Miles 泡沫仪无法形成封闭体系，不能做 CO_2 气氛条件下的泡沫性能评价；振荡起泡方式简单方便且能形成封闭体系，是常规评价实验中使用方法（图 5-2-12）。

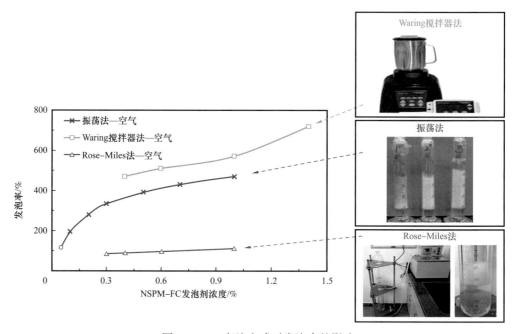

图 5-2-12 起泡方式对发泡率的影响

2）泡沫封窜体系溶液黏度及发泡液量优化

NSPM-FC 泡沫封窜体系，溶液黏度与浓度正相关，浓度 1% 以下水溶液黏度小于 30mPa·s（图 5-2-13），有利于注入。发泡率与体系液量存在最佳泡液比关系，在 50～100mL 试管中，当液量大于 10mL 后，发泡率增势变缓（图 5-2-14），因此确定初始液量 10mL。

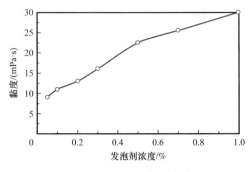

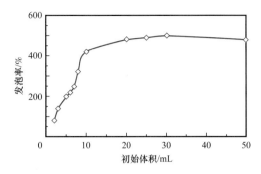

图 5-2-13 泡沫封窜体系溶液黏度   图 5-2-14 泡沫封窜体系发泡液量优化

3）不同气源体系浓度对发泡率的影响

对比 CO_2、N_2 和空气 3 种气源在不同发泡剂浓度下的发泡率，各曲线形状相似（图 5-2-15），CO_2 气发泡率最低，NSPM–FC 总体都具有良好的发泡率。综合浓度—发泡率曲线，浓度小于 0.3% 时，发泡率随着浓度的增加快速增加，浓度大于 0.3% 之后，增势变缓趋于平稳，建议 NSPM–FC 使用浓度为 0.3%～0.6%。

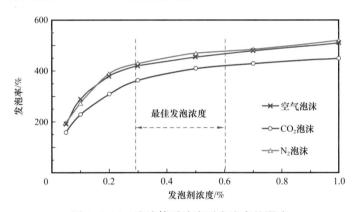

图 5-2-15 泡沫体系浓度对发泡率的影响

4）温度和矿化度对体系发泡性能的影响

实验结果表明在温度不高于 90℃时，发泡率随体系温度升高增大（泡沫体积增大），泡沫形状稳定完整，显示了泡沫在测试温度范围内良好的耐温性能。20000mg/L 以下矿化度盐水对体系发泡率基本无影响（图 5-2-16）。目前，长效耐温实验和含盐量高于 20000mg/L 的矿化度的抗盐实验正在进行中。

5）体系重复发泡性能

体系具有良好的再发泡能力，发泡行为可多次重复。自来水形成的 CO_2 泡沫及 20000mg/L 矿化度以下的盐水形成的 CO_2 泡沫，在完全消泡后 0.5～2 个月的再发泡率与初始发泡率几乎无差别。

6）同类耐酸发泡剂性能对比

将现场应用的耐酸泡沫体系（KAF–1、CYS–E）与 NSPM–FC 耐酸泡沫体系对比，NSPM–FC 体系形成的 CO_2 泡沫具有更好的发泡率（图 5-2-17）和更长的半衰期（图 5-2-18），以及良好的稳定性。NSPM–FC 浓度 0.3% 的 CO_2 泡沫完全衰减时间在 4 天以上。

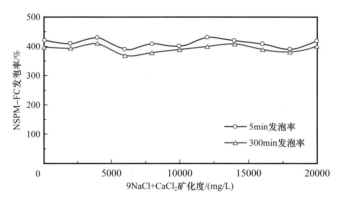

图 5-2-16　矿化度对发泡性能的影响

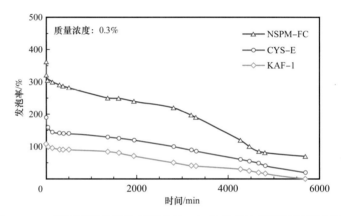

图 5-2-17　不同耐酸泡沫体系形成的 CO_2 泡沫发泡率随时间衰减曲线

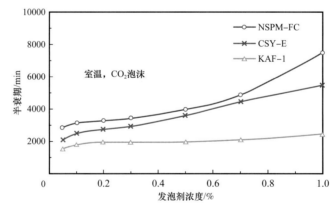

图 5-2-18　发泡剂浓度对半衰期的影响

7）泡沫微观结构观察

在微观物模实验装置中，观察泡沫的微观结构。初始泡沫尺度在厘米至毫米量级，随着观察时间的延长，泡沫逐渐聚并、增大至毫米至厘米尺度，泡沫逐渐变大至消泡（图 5-2-19）。

采用泡沫扫描仪测试泡沫的发泡和消泡的动态性能，测试结果表明：发泡剂浓度越大，泡沫的起始发泡量越大、半衰期越长。浓度越大，泡沫越绵密、泡沫量越多、泡沫消泡时间长。整个动态测试的过程中，泡沫形状完整，结构稳定。

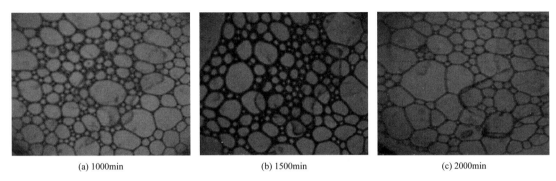

(a) 1000min   (b) 1500min   (c) 2000min

图 5-2-19 不同时间泡沫微观结构观察

8）高温高压模拟实验

发泡体积反应泡沫的发泡性能，发泡体积越大，发泡能力越好。析液半衰期体现泡沫的稳泡性能，析液半衰期越长，稳泡性能越好。在高温高压泡沫评价装置上测试不同温度、压力、气源和浓度等条件下，泡沫的发泡体积和析液半衰期的变化情况（图 5-2-20和图 5-2-21）。温度范围为室温至 120℃，压力范围为常压至 10MPa。

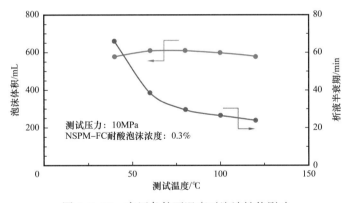

图 5-2-20 高压条件下温度对泡沫性能影响

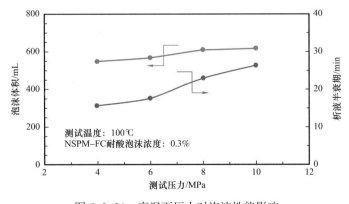

图 5-2-21 高温下压力对泡沫性能影响

NSPM-FC 耐酸泡沫高温高压模拟实验表明，温度对发泡性能影响不大，对稳泡性能影响比较明显，压力升高有利于泡沫的发泡和稳泡性能。

三、CO_2 驱油封窜体系工艺参数

1. CO_2 响应增稠封窜体系工艺参数优化

增稠流体性能全面评价后，对增稠表面活性剂进行了中试放大实验，中试获得的放大样品各项性能与实验小样无明显差别。放大样品 CO_2 响应增稠效果良好，目测与小样无差别。初步岩心模拟实验，水相增稠封窜效果良好。在渗透率 2380mD 的高渗透岩心中，体系溶液 CO_2 响应后对水相具有极好的增稠作用，同时对 CO_2 气及水流具有较好封堵作用。

岩心模拟封堵实验条件：填砂管 2.5cm×50cm，岩心渗透率 2380mD，孔隙度 37%，增稠流体浓度 1.25%，实验温度 20℃，注入速度 2mL/min。

如图 5-2-22 所示，增稠封窜体系岩心模拟封堵实验，注入分段塞进行，分别注入水、CO_2 气体、剂 + 水、CO_2 气体、水。在不同的段塞注入阶段，同时用 3 个压力表检测前端压力、中间压力和末端压力。注入封窜剂前，注 CO_2 气体，前段、中间和末端的压力相近；注入增稠封堵剂后，注 CO_2 气体和注水之后三段压力明显产生梯度，产生压差。增稠流体及 CO_2 泡沫物理模拟封窜效果良好，增稠流体体系在 2380mD 渗透率条件下，水相增稠形成的残余阻力系数 F_{rr} 高达 157；CO_2 泡沫体系气液混注具有更好的起泡及封堵效果，在 1987mD 渗透率条件下，残余阻力系数为 89.90。

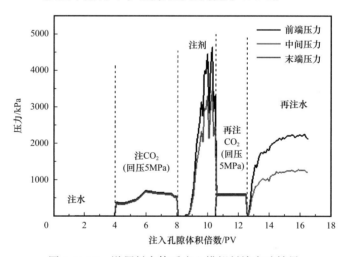

图 5-2-22　增稠封窜体系岩心模拟封堵实验结果

将渗透率高低不同的两块岩心并联进行注增稠体系实验，初期 CO_2 驱油高渗透区原油采收率为 35%，低渗透区为 0。第一轮次注增稠体系后气驱原油采收率，高渗透区提高 52.4%，低渗透区提高 11.2%；第二轮次注增稠体系后气驱原油采收率，高渗透区提高 2.9%，达 90.3%，低渗透区提高 10.2%，达 21.4%（图 5-2-23）。由此可看出，高渗透区原油采收率持续提高，堵而不死，低渗透区气体波及体积不断扩大，提高了原油采收率。

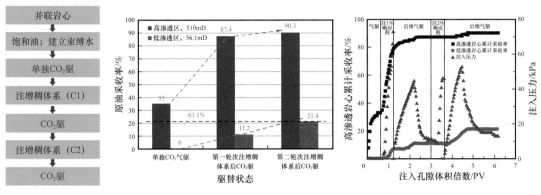

图 5-2-23　多孔介质动态评价（并联岩心驱替）

2. 耐酸 CO₂ 泡沫封窜体系工艺参数优化

利用多功能岩心非线性流动系统进行泡沫封窜体系岩心模拟封堵性能测试。结果表明（表 5-2-1），NSPM-FC 泡沫体系在 2000mD 左右的多孔介质中可获得良好的水相封堵性能（图 5-2-24）。

表 5-2-1　泡沫封窜性能岩心模拟实验结果

渗透率 /mD	4035	1987	2280
孔隙度 /%	42.3	37.7	39.1
孔隙体积 /cm³	103.64	92.37	95.80
泡沫类型	CO₂	CO₂	CO₂
注入方式	气液混注	气液混注	气液分注
残余阻力系数 F_{rr}	1.94	89.9	26.88

注：（1）填砂管岩心 2.5cm×50cm，NSPM-FC 浓度 0.3%，温度 60℃。

（2）溶液 / 气体注入速度 6mL/min，注气回压 5MPa。

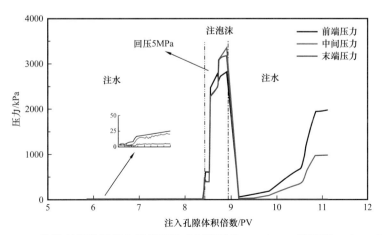

图 5-2-24　泡沫封窜性能岩心模拟实验（气液混注，1987mD 填砂管，1/2PV 段塞）

NSPM-FC 浓度为 0.3%，CO_2 泡沫体系混注 / 分注封堵效果对比：CO_2 泡沫体系混注比分注封堵效果好。NSPM-FC 浓度为 0.3%CO_2 泡沫体系不同渗透率混注封堵效果对比如图 5-2-25 和图 5-2-26 所示。

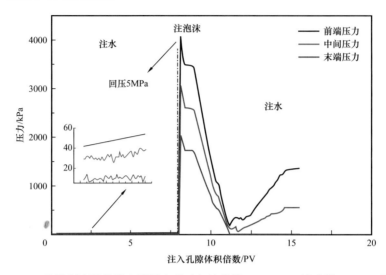

图 5-2-25　泡沫封窜性能岩心模拟实验（气液分注，2280mD 填砂管，1/2PV 段塞）

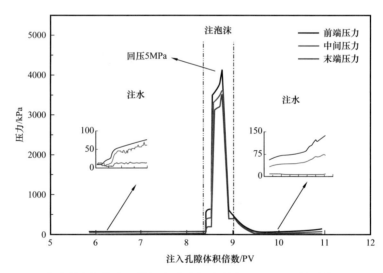

图 5-2-26　泡沫封窜性能岩心模拟实验（气液混注，4035mD 填砂管，1/2PV 段塞）

第三节　低渗透砂砾岩油藏 CO_2 驱油与埋存工程技术

油气田开发中 CO_2 腐蚀问题由来已久，通过研究低渗透砂砾岩油藏 CO_2 驱油与埋存过程中 CO_2 腐蚀影响因素及腐蚀机理，形成了注采井缓蚀防垢防腐技术，为低渗透砂砾岩油藏 CO_2 驱油规模化应用和推广提供了工程技术保障。

一、注采井缓蚀防垢化学剂复合防治技术

1. CO_2 驱油注采井腐蚀特征

选取材质 N80 钢、P110 和 3Cr 在多项变化条件下进行腐蚀特征实验，各参数范围：温度 30℃、40℃、50℃、60℃、70℃，CO_2 分压 0.5MPa、1MPa、2MPa，流速 0m/s、0.5m/s、含水率 80%、60%。腐蚀苛刻条件为总压 10MPa、CO_2 分压 5MPa、流速 1m/s、含水率 100%。实验结果如下：

1）温度对腐蚀行为的影响

图 5-3-1 是 N80 钢在 CO_2 分压为 5MPa、流速为 1m/s、含水率 100% 条件下不同温度下的腐蚀速率，从图中可以看出，温度对 CO_2 腐蚀有明显影响。当温度低于 60℃时，N80 钢腐蚀速率随温度升高而升高，当温度高于 60℃后腐蚀速率反而下降，在 60℃时出现最大值。

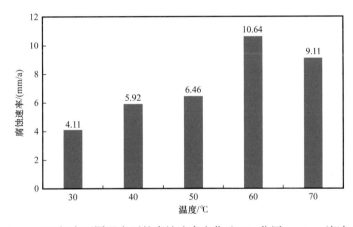

图 5-3-1　N80 钢在不同温度下的腐蚀速率变化（CO_2 分压 5MPa，流速 1m/s）

2）CO_2 分压对腐蚀的影响

温度对腐蚀行为的影响结果表明，60℃时腐蚀速率最大，因此探究 CO_2 分压对腐蚀行为的影响时均在这一温度下进行。图 5-3-2 所示为 N80 钢在八区 530 试验区地层水介质中 CO_2 分压对腐蚀的影响，从图可看出，随着 CO_2 分压的升高，腐蚀速率逐渐增加，且 CO_2 分压与腐蚀速率近似呈线性关系。CO_2 分压升高后，增加了 CO_2 在水溶液中的溶解度，溶液中的还原性离子浓度增加，腐蚀性介质的 pH 值也随之降低。pH 值降低一方面可以加速 N80 钢的腐蚀速率；另一方面还会促进腐蚀产物膜的溶解，保护膜溶解后，使新鲜的试样表面裸露于腐蚀性介质中，促进了腐蚀。

3）流体流速对腐蚀行为的影响

根据腐蚀试验参数条件（总压 10MPa、CO_2 分压 5MPa、温度 60℃、含水率 100%），进行 N80 管材在八区 530 试验区地层水介质条件下不同流体流速（0m/s、0.5m/s、1m/s）的腐蚀动态模拟试验。如图 5-3-3 所示，N80 钢在不同流体流速条件下的腐蚀速率变化，流速与腐蚀速率的关系表明，随着流速的增大，腐蚀速率也明显增大。

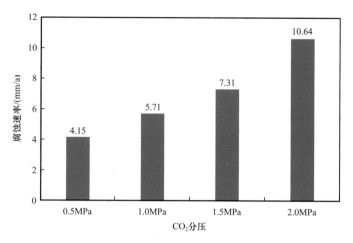

图 5-3-2　N80 钢在不同 CO_2 分压下的腐蚀速率变化（温度 60℃，流体流速 1m/s）

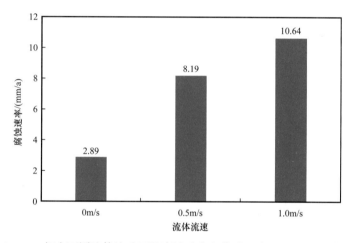

图 5-3-3　N80 钢在不同流体流速下的腐蚀速率变化（温度 60℃，CO_2 分压 5MPa）

　　流体流速对腐蚀速率的影响主要表现在两个方面：一是流动会加速离子传质，从而使腐蚀速率增大；二是流动会破坏腐蚀产物膜的完整性，改变腐蚀产物膜的致密度，导致腐蚀速率增大。

　　4）含水率对腐蚀行为的影响

　　如图 5-3-4 所示为 N80 钢在温度 60℃、CO_2 分压 5MPa、流体流速 1m/s 时不同含水率下的腐蚀速率变化。随着含水率降低，N80 钢腐蚀速率也随之降低，腐蚀速率变化与含水率呈现线性关系。

　　5）不同材料对腐蚀行为的影响

　　选取温度 60℃、CO_2 分压 5MPa、流体流速 1m/s 的条件进行 P110 和 3Cr 两种管材在八区 530 试验区地层水介质条件下的腐蚀动态模拟实验。如图 5-3-5 所示，P110 钢腐蚀最为严重，N80 钢的腐蚀速率仅次于 P110 钢，而 3Cr 钢的腐蚀速率远小于 N80 钢和 P110 钢。这主要是由于在腐蚀过程中，3Cr 表面上的腐蚀产物膜覆盖较为完整，对基体具有较好的保护作用。

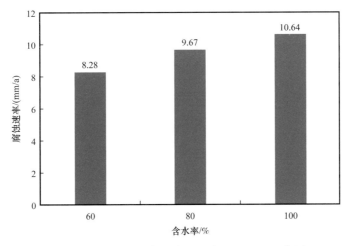

图 5-3-4　N80 钢在不同含水率下的腐蚀速率变化（温度 60℃、CO_2 分压 5MPa、流体流速 1m/s）

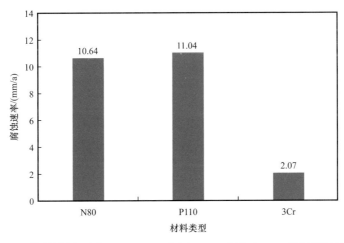

图 5-3-5　不同材料在温度 60℃、CO_2 分压 5MPa 和流速 1m/s 下的腐蚀速率变化

6）结垢腐蚀协同影响

开展 3Cr 腐蚀挂片纯腐蚀与结垢腐蚀实验。结果表明，在不同温度、CO_2 分压及流体流速条件下，结垢腐蚀速率比纯腐蚀速率高，并且变化趋势与纯腐蚀趋势相似（图 5-3-6）。

2. 井筒结垢趋势

1）地层水结垢趋势分析

根据目标区块的地层水与注入水水质（表 5-3-1），并确定井筒最高温度 70℃、压力 10MPa、流速 1m/s，预测井筒结垢特征。

OLI 软件预测结果（图 5-3-7 至图 5-3-9）显示，目标区块地层水与注入水结垢轻微，主要为 $CaCO_3$ 垢；CO_2 对 $CaCO_3$ 在井筒中析出具有抑制作用，当气体中 CO_2 含量为 30% 时，井筒中没有 $CaCO_3$ 析出。

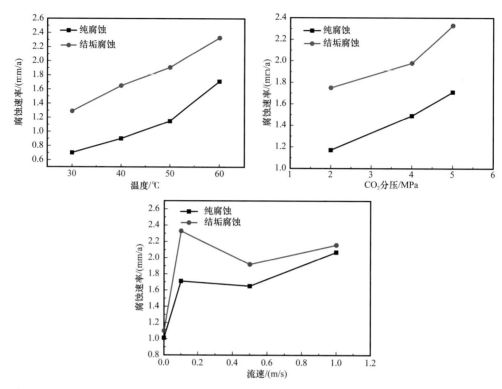

图 5-3-6 纯腐蚀和结垢腐蚀作用下 3Cr 钢腐蚀速率随温度、压力、流体流速的变化规律

表 5-3-1 目标区块地层水与注入水水质

项目		密度 / g/cm³	离子组成 / (mg/L)							矿化度 / mg/L	水型	pH 值
			CO_3^{2-}	HCO_3^-	Cl^-	SO_4^{2-}	Ca^{2+}	Mg^{2+}	K^+ 和 Na^+			
地层水	区块 1	1.011	28.08	774.8	5405	882.7	1551	13.79	2434.14	10706.7	$CaCl_2$	7.5
	区块 2	1.012		593.52	7184.36	624.93	1438.16	17.68	3549.97	13090.9	$CaCl_2$	
	区块 3	1.009	18.63	795.84	5921.5	432.64	1268	51.67	2955.29	10935.0	$CaCl_2$	
注入水			237.8	1804.4	5719.8	125.9	121.9	18.3	4459	11585	$CaCl_2$	6.7

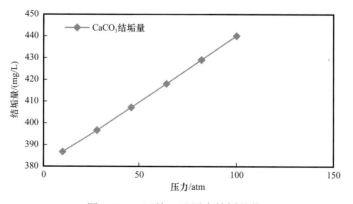

图 5-3-7 区块 1 地层水结垢趋势

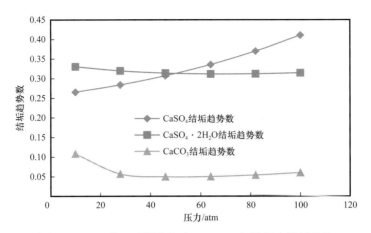

图 5-3-8　区块 2 地层水与含 $CO_2$30% 气体混合结垢趋势

结垢趋势数为结垢离子活度积与溶度积的比值，表示该矿物结垢可能性，比值大于 1 表示矿物在溶液中过饱和；

比值等于 1，表示达到饱和，比值小于 1，表示未饱和

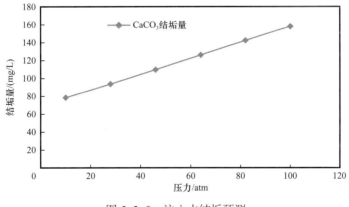

图 5-3-9　注入水结垢预测

2）CO_2—水—岩石反应及对结垢的影响

实验结果显示：原始的岩石组成有石英（SiO_2），钾长石（$KAlSi_3O_8$），斜长石（$NaAlSi_3O_8$、$CaAl_2Si_2O_8$ 混合物），方解石（$CaCO_3$），白云石［$CaMg（CO_3）_2$］，重晶石（$BaSO_4$），浊沸石（$CaAl_2Si_4O_{12} \cdot 4H_2O$），硬石膏（$CaSO_4$）和黏土矿物（含 Al、Si、Mg、Na、K 等元素）。将反应后的溶液过滤后烘干，利用 X 射线衍射仪对成分进行检测，表 5-3-2 为反应前后矿物变化结果。从实验结果可以发现，矿物组成变化比较大的有斜长石、方解石、白云石、重晶石和黏土矿物等。

在 100℃、压力为 10MPa 下地化反应实验结果（图 5-3-10）表明，钙离子浓度先下降后上升，镁离子浓度基本保持不变；在 70℃、压力为 10MPa 下地化反应实验结果（图 5-3-11）表明，钙离子浓度持续上升，镁离子浓度略微上升；在 70℃、压力为 15MPa 下地化反应实验结果（图 5-3-12）表明，钙离子浓度仍然是先下降后上升，镁离子浓度变化不大。为此，提出酸岩反应方程，见表 5-3-3。

表 5-3-2　地化反应前后矿物组成变化　　　　　　　　　　单位：%

序号	实验条件	石英	钾长石	斜长石	方解石	白云石	重晶石	浊沸石	硬石膏	黏土矿物总量
1	原始条件	37	7	26	1	—	6	2	—	21
2	60℃，10MPa	38	6	25	—	—	6	3	—	22
3	60℃，15MPa	33	6	20	—	1	8	1	1	30
4	80℃，10MPa	34	6	23	—	—	8	2	1	26

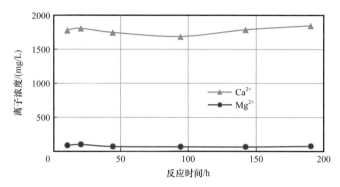

图 5-3-10　钙镁离子浓度变化（地层水，100℃，10MPa）

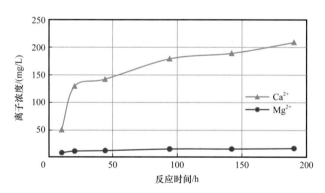

图 5-3-11　钙镁离子浓度变化（低钙，70℃，10MPa）

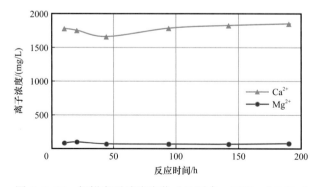

图 5-3-12　钙镁离子浓度变化（地层水，70℃，10MPa）

表 5-3-3　砂岩矿物溶解 / 沉淀反应

矿物	反应方程式
钾长石	$K-feldspar+4H^+ \rightleftharpoons 2H_2O+K^++Al^{3+}+3SiO_2（aq）$
斜长石	$Albite+4H^+ \rightleftharpoons 2H_2O+Na^++Al^{3+}+3SiO_2（aq）$
铁白云石	$Ankerite+2H^+ \rightleftharpoons 2HCO_3^-+Ca^{2+}+0.3Mg^{2+}+0.7Fe^{2+}$
伊利石	$Illite+8H^+ \rightleftharpoons 5H_2O+0.6K^++0.25Mg^{2+}+2.3Al^{3+}+3.5SiO_2（aq）$
高岭石	$Kaolinite+6H^+ \rightleftharpoons 5H_2O+2Al^{3+}+2SiO_2（aq）$
绿泥石	$Chlorite+8H^+ \rightleftharpoons 3SiO_2（aq）+2.5Fe^{2+}+2.5Mg^{2+}+8H_2O+2AlO_2^-$

3. CO_2 驱注采井缓蚀阻垢一体化化学剂

1）设计思路

由于目标产物要求具有一剂多能功效，既具有缓蚀功能，又具有阻垢功能，这就要求分子结构中既含有缓蚀效果基团（如芳环、咪唑啉环等），又含有阻垢效果基团（如—COOH、—OH、—SO₃Na 等），综合考虑，缓蚀阻垢剂分子结构中应包含苯环、羧基、羰基、含 N、O 等元素，从而具有优异的缓蚀和阻垢功能。

2）合成原理

基于曼尼希碱的合成原理及原料分子结构特点，缓蚀阻垢剂合成分成两步：第一步，聚曼尼希碱缓蚀阻垢中间体的合成；第二步，氨羧聚曼尼希碱的合成，得到目标产物。

3）合成条件

根据正交实验结果，可以得到氨羧聚曼尼希碱合成条件为：反应温度为 85℃、反应时间为 4h、pH 值为 12。

氨羧聚曼尼希碱（命名为 KTY）样品。

4）产物结构表征

分别采用 IR、GC-MS、¹HNMR 等手段对聚曼尼希碱中间体（KTM）和氨羧聚曼尼希碱（KTY）进行了结构表征，可以确定所合成的产物是氨羧聚曼尼希碱（KTY）。

5）性能评价

实验温度 50～90℃，CO_2 分压为 1MPa 和 2MPa，试片材质为 N80 钢，KTY 浓度为 200mg/L，实验结果如表 5-3-4 及图 5-3-13 所示。

实验结果表明，在 CO_2 分压为 1MPa、温度从 50℃上升到 90℃条件下，没有添加 KTY 的空白实验腐蚀速率从 0.4512mm/a 升高到 0.8912mm/a，而添加 KTY 后的试样腐蚀速率大幅下降，腐蚀速率在 0.0073～0.0245mm/a 之间，缓蚀率均高于 97%；在 CO_2 分压为 2MPa、温度为 50～90℃条件下，没有添加 KTY 的空白实验腐蚀速率从 0.9254mm/a 升高到 1.4506mm/a，而添加 KTY 后的试样腐蚀速率大幅下降，腐蚀速率在 0.0095～0.03416mm/a 之间，缓蚀率仍高于 97%。这表明，在高温高压模拟条件下，氨羧聚曼尼希碱（KTY）缓蚀性能较好。

表 5-3-4　KTY 在不同温度和 CO_2 分压条件下缓蚀率

条件		1MPa	2MPa
腐蚀速率 / mm/a	50℃	0.4512	0.9254
	70℃	0.6743	1.2333
	90℃	0.8912	1.4506
加 KTY 后的腐蚀速率 / mm/a	50℃	0.0073	0.0095
	70℃	0.0128	0.0169
	90℃	0.0245	0.03416
缓蚀率 / %	50℃	98.38	98.97
	70℃	98.09	98.63
	90℃	97.25	97.64

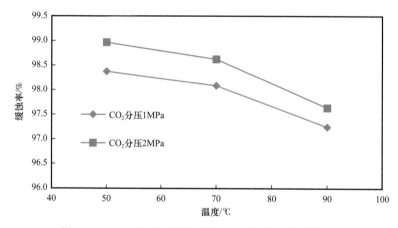

图 5-3-13　KTY 在不同温度和 CO_2 分压条件下缓蚀率

在阻垢性能方面，在实验温度为 70℃、恒温时间为 25h 的条件下，测试了 KTY 添加量对 $CaCO_3$ 垢产生的影响，实验结果如图 5-3-14 所示。结果显示，随着 KTY 添加量的增加，对 $CaCO_3$ 垢的阻垢率也不断增加，当 KTY 的添加量为 100mg/L，其阻垢率可达 95% 以上。

4. CO_2 驱油涂镀层防腐防垢新技术

1）涂层评价

三层复合涂层和钛纳米涂层在温度 60℃、CO_2 分压 5MPa 的条件下进行高温高压浸泡实验，实验时间 240h。浸泡前后宏观照片对比两种涂层未发现开裂破损等损坏；采用分析天平对两种涂层试样浸泡前后质量对比发现，两种涂层浸泡前后几乎没有质量变化。

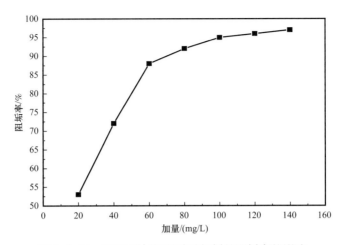

图 5-3-14 KTY 添加量对碳酸钙垢的阻垢率的影响

2）镀层高温高压腐蚀动态模拟实验

选取温度 60℃、CO_2 分压 5MPa、流速 1m/s 的条件下进行 3 种不同破损状态镀层（完好样品、轻微破损、严重破损）在八区 530 试验区地层水介质条件下的腐蚀动态模拟实验。图 5-3-15 为试样不同破损状态在腐蚀苛刻条件下腐蚀速率变化图。

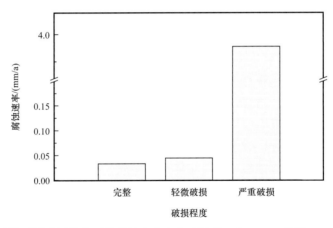

图 5-3-15 试样不同破损状态下的腐蚀速率变化（温度 60℃、CO_2 分压 5MPa、流速 1m/s）

由图 5-3-15 可知，完整试样和轻微破损试样腐蚀速率相当，低于 0.05mm/a，严重破损试样腐蚀速率明显升高，逼近 4.0mm/a。完整试样和轻微破损试样表面镀层状态基本相同，镀层对基体能完全覆盖，隔绝腐蚀介质与基体接触；严重破损试样，基体已完全暴露到实验介质溶液中，而钨合金镀层比铁基具有更好的耐蚀性能，使基体优先腐蚀。

3）涂镀层机械性能测试

通过对厚度、附着力、拉伸性能评价，符合标准要求，但碳纳米涂层和三层复合涂层耐化学介质测试结果不满足标准要求。

4）阻垢性能测试结果

N80 基体（800# 砂纸打磨）、镀层、三层复合涂层、钛纳米涂层，4 种试样浸泡在温度 90℃的 Ca（OH）$_2$ 溶液中，并向溶液中持续通入 CO$_2$ 气体，沉积时间为 6h。沉积增重百分比（以 N80 基体为基数）如图 5-3-16 所示。

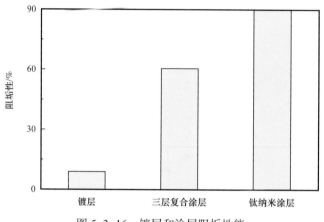

图 5-3-16　镀层和涂层阻垢性能

从图 5-3-16 中可以看出，镀层、三层复合涂层和钛纳米涂层 3 种材料阻垢能力依次升高；镀层的阻垢能力最小，仅为 N80 基体的 8.92%；而两种涂层阻垢性都已超过基体的 60%，钛纳米涂层的阻垢性为基体的 90.13%。

5. 注采井防腐阻垢一体化防治方案

1）普通碳钢油管 +KTY 缓蚀阻垢剂

针对目标区块砂砾岩油藏 CO$_2$ 驱油地质与油藏条件，在碳钢、低合金钢及涂镀层防腐阻垢评价结果的基础上，结合目标区块腐蚀结垢规律认识以及缓蚀阻垢一体化化学剂研制，对油田注采井防腐阻垢应用工艺进行了优化设计。注入井采用封隔器完井管柱及三层复合内涂层油管，并用 KTY 缓蚀阻垢剂段塞定期预膜，环空加注保护液；采油井采用"普通碳钢油管 +KTY 缓蚀阻垢剂"主体技术路线。

2）缓蚀阻垢剂加注技术

采油井缓蚀阻垢剂加注技术包括加注浓度、加注量及加注方式等。

首先，根据缓蚀阻垢剂性能室内实验结果，建议在油田应用中初期 KTY 的加注浓度为 200mg/L。室内实验条件与油气田现场工况存在一定的差别，因此，技术人员要根据现场的管材腐蚀情况及缓蚀阻垢剂对不同工况环境的适用情况，在实际使用过程中对 KTY 药剂加注浓度进行调整优化。

其次，加注量的确定，需要根据不同的加药方式进行计算确定。

对于加注工艺，由于采油井在 CO$_2$ 驱替前沿突破到井筒附近后，CO$_2$ 含量将大幅增加，腐蚀性强，因此，需要采用连续加注方式，以便取得良好的防腐效果。

同时，加注装置，采用柱塞式自动连续加药装置，从而实现智能化、数值化、橇装化、便携化、安全化。

3）缓蚀阻垢剂效果评价与监检测工艺

为确保注采井获得有效的防护，需要对缓蚀阻垢剂的实际应用效果进行多种方式的评价与监测，包括井下与地面腐蚀挂片监测、电化学电阻探针监测、电感探针检测，井口取样分析缓蚀阻垢剂残余浓度、产出流体含水率检测、Fe^{2+} 等特征离子检测等。

其中，KTY 缓蚀阻垢剂分子结构中含有 C—N 键，根据缓蚀阻垢剂残余浓度检测结果，发现该剂的最大紫外吸收光谱特征吸收峰对应波长在 415.0nm 处，并且该剂在溶液中的浓度与该峰的强度呈现出正的比例趋势，因此，可以依据这一特征对 KTY 的残余浓度进行检测。

二、CO_2 驱油管柱工艺

1. CO_2 驱油管柱金属材质腐蚀实验

1）实验评价指标及条件

金属材质腐蚀评价指标见表 5-3-5。

表 5-3-5　金属材质腐蚀评价指标

实验项目	程度	评价指标 /（mm/a）
均匀腐蚀	低	<0.025
	适度	0.025～0.12
	高	0.13～0.25
	严重	>0.25

实验模拟现场温度和压力条件，试样位置为水相；温度：70℃；周期：15 天；总压：24MPa，CO_2 分压：15MPa。现场产出水的介质成分为：NaCl（28028.2mg/L），$NaHCO_3$（4181.8mg/L），$CaCl_2$（1053.3mg/L），$MgCl_2 \cdot 6H_2O$（701.7mg/L），KCl（24.3mg/L），Na_2SO_4（6.1mg/L）。

2）实验数据汇总及评判

参照标准 NACE RP 0775—2005 对均匀腐蚀的规定，N80、P110 和 5Cr 的平均腐蚀速率均大于 0.25mm/a，属于严重腐蚀，不合格；13Cr 的腐蚀速率小于 0.025mm/a，属于低度腐蚀，合格。表 5-3-6 为 4 种金属材料在实验过程中的腐蚀速率。

表 5-3-6　4 种金属材料的均匀腐蚀速率数据及评判结果

材料	表面积 / cm^2	质量 /g		失重质量 / g	腐蚀速率 / mm/a	平均腐蚀速率 / mm/a	评判结果
		腐蚀前	腐蚀后				
N80	13.2963	11.0814	10.5094	0.5720	1.3340	1.3257	严重腐蚀 / 不合格
	13.1104	10.5777	10.0210	0.5567	1.3173		
P110	13.2331	11.0055	9.8562	1.1493	2.7029	2.8860	严重腐蚀 / 不合格
	13.2628	11.0674	9.7598	1.3076	3.0690		

材料	表面积 / cm^2	质量 /g		失重质量 / g	腐蚀速率 / mm/a	平均腐蚀速率 / mm/a	评判结果
		腐蚀前	腐蚀后				
5Cr	13.3153	11.1593	10.2442	0.9151	2.1504	2.0859	严重腐蚀 / 不合格
	13.1959	11.0424	10.1901	0.8523	2.0213		
13Cr	13.2366	10.8781	10.8761	0.0020	0.0050	0.0054	低度腐蚀 / 合格
	13.2411	10.8822	10.8800	0.0023	0.0057		

2. CO_2 驱油管柱工具的室内实验

CO_2 驱油管柱工具包括 Y441 封隔器、X 型坐落接头、XN 型坐落接头、单向阀、单流阀起下工具及泵出式球座 6 种工具。为实现气密封功能，所有工具的连接螺纹类型均根据现场要求选择宝钢 BGT3 气密封螺纹类型，工具结构参考国外成熟工具结构，按照国内制图标准设计，确保了图纸的国产化。经过样机试加工和尺寸检验、组装检验等工序，确认了图纸设计的正确，实现了 CO_2 驱油管柱工具加工的国产化。

针对 Y441 封隔器进行了坐封、解封、耐温、液密封耐压实验；针对 X 型坐落接头、XN 型坐落接头、阀板式单向阀、单流阀起下工具进行了耐温、液密封耐压实验，实验结果均达到或超过耐压 35MPa、耐温 90℃ 的设计指标。

第四节　新疆地区 CO_2 驱油与埋存绿色环保模式

通过开展新疆地区的碳源区域分布以及产能调查，从盆地—油田—凹陷—区块等多个尺度构建了 CO_2 碳汇埋存潜力评估方法，结合新疆地区的碳源和碳汇的源汇匹配研究成果，提出了新疆地区 CO_2 驱油与埋存实现的发展途径。

一、新疆地区碳源量的分布及发展趋势

新疆维吾尔自治区地处我国西北边陲，地域辽阔，是国家能源战略布局中大型油气生产加工和储备基地、大型煤炭煤电煤化工基地、新能源基地、能源资源陆上大通道（三基地一通道），其能源资源在全国能源资源中一直占有举足轻重的地位，作为西部边远地区的能源大省，新疆能源有其自身独特的特点。主要要表现在：（1）储量大，新疆石油、煤炭、天然气储量按全国第二次油气资源评价，三者的储量分别约占全国陆上石油资源量的 30%、陆上煤炭资源量的 40%、陆上天然气资源量的 34%。（2）分布相对集中，新疆的石油资源主要分布在准噶尔盆地、塔里木盆地以及吐哈盆地。煤炭资源主要分布在准噶尔盆地、天山山系、昆仑山山系、阿尔泰山系和塔里木盆地，"北富南贫"格局，北疆煤炭资源量占全疆的 90% 以上。（3）二氧化碳排放量持续增长，新疆能源生产总量从 1978 年的 1410.75×10^4 tce，至 2020 年达 29373.51×10^4 tce，增长 20.83 倍。能源

消费总量由 1978 年的 979.27×10^4tce 增加到 2020 年的 18981.8×10^4tce，增长了 19.38 倍（新疆维吾尔自治区近年能源生产总量如图 5-4-1 所示）。从能源消费主体结构看，煤炭在一段时期内仍是新疆能源消费的主体。

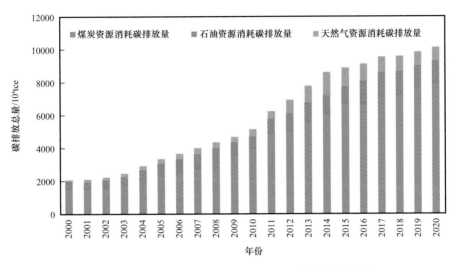

图 5-4-1　新疆维吾尔自治区 2000—2020 年碳排放总量
数据来源：《新疆统计年鉴 2021》中的能源消费数据计算

　　在国家政策和大量资金的推动下，新疆维吾尔自治区煤炭开发和煤电煤化工基地建设不断提速，自治区人民政府也提出将加快建设准东、伊犁、吐哈和库拜四大煤电、煤化工、煤焦化基地以及乌鲁木齐和三道岭等的 13 个重点矿区，打造千万吨级矿井和亿吨级大型矿区的规划，将成为全国重要的能源基地和能源安全大通道。随着一大批煤电煤化工项目建成投产，煤电煤化工产业必将对新疆地区经济增长发挥强有力的拉动和支撑作用，同时，新疆地区的 CO_2 排放量也将持续增长，减排压力巨大，实施 CO_2 的捕集与封存技术十分必要。

二、新疆地区碳汇的分布及源汇匹配性

　　新疆地区拥有巨大的煤炭储量，火力发电、炼油、煤化工、水泥、钢铁等行业遍布全疆，均为高 CO_2 源。同时，新疆地区幅员辽阔，地区内拥有全国最多的储油盆地：（1）塔里木盆地，位于天山山系与昆仑山系之间，轮廓呈菱形，是全封闭性内陆盆地，属内陆干旱盆地，盆地面积有 56×10^4km^2；（2）准噶尔盆地，是中国第二大盆地，位于天山山系与阿尔泰山系之间，大致呈三角形，面积约 13×10^4km^2；（3）吐哈盆地，面积约 5.35×10^4km^2。总体而言，新疆地区 CO_2 地质封存地点人口较少，封存风险较小，CO_2 封存潜力巨大已成共识（张贤，2020）。

　　师庆三（师庆三，2021）采用统一的计算公式，从油藏、气藏、咸水层和煤层 4 种 CO_2 存储类型方面对新疆地区三大盆地的理论储存潜力容量进行了估算，结果表明：塔里木盆地 CO_2 理论存储潜力为 3254.77×10^8t（占比 66%）、准噶尔盆地为 1166.42×10^8t（占比 24%）、吐哈盆地为 454.54×10^8t（占比 10%），三大盆地总值为 4875.73×10^8t，具有巨大

的碳汇储存前景。

结合新疆地区煤炭资源"北富南贫"格局，北疆地区煤炭资源量占全疆的 90% 以上，准噶尔盆地和吐哈盆地已经形成了以煤炭资源为核心的多个国家级、自治区级和地区级的煤化工产业园区。从空间匹配性分析，北疆地区是目前最好的碳源—碳汇工程实施区域。塔里木盆地储量最大，但目前匹配性不好，如果在 CO_2 集输上技术与成本有突破的情况下，该地区具有巨大潜力；从类型上看，深部咸水层具有最大的潜力，但其经济价值不高，目前不具有开发优势，如果能从深部咸水层中提取高价值矿物资源，才具有 CO_2 储存的应用前景；利用 CO_2 驱油技术进行 CO_2 的储存，同时，开采油气藏是目前技术上相对成熟且具有经济价值的方法。深部不可采煤层的 CO_2 驱动 CH_4 在理论上具有优势，在技术上还需进行更多的投入。

新疆地区油气藏资源分布相对集中，地区人口稀少，丰富的煤炭资源，使得该地区二氧化碳的源、汇匹配及其安全性在全国都具有先天的优势。但是，利用 CO_2 进行驱油、采气只是 CO_2 地质储存 CCUS 中的一个环节，还需要从 CCUS 整体上研发利用技术，降低成本，经济上实现可能性。新疆地区的 CCUS 发展虽然具有优势，但是，二氧化碳捕集、利用与封存整体化、规模化实施还需要国家的相关政策支持，前期需要在新疆地区进行科技投入，试验示范，探索与成熟相关技术，此后，需要投融资政策、环境管理、安全管理等各方面的系统协调推进。

三、多尺度地质埋存评价体系构建

1. 盆地尺度油气田 CO_2 驱油与埋存地质适宜性评价

依据中国地质调查局水文地质环境地质调查中心的《中国二氧化碳地质储存潜力评价与示范工程》的评价方法，对准噶尔盆地 CO_2 驱油与埋存地质适应性进行评价。

2. 油气田尺度 CO_2 驱油与埋存地质适宜性评价

根据中国地质调查局水文地质环境地质调查中心的《中国二氧化碳地质储存潜力评价与示范工程》评价方法，对准东地区的油藏指标（油藏储量、油藏深度、原油密度、盖层情况、储层特征及断裂情况）、气源指标（气源距离、气源规模）及交通状况等指标进行赋值 9、7、5、3 和 1，对应的评价集为 {适宜，较适宜，一般适宜，较不适宜和不适宜}，得出每个评价指标的评价分值，然后根据每个指标的重要性确定权重值。最后再应用加权平均法计算出 CO_2 驱油与埋存适宜性以及综合评分值（刘熠，2015）。

加权平均计算法：

$$P = \sum_{i=1}^{n} P_i A_i \qquad (i=1,2,3,\cdots,n) \qquad (5-4-1)$$

式中　P——评价单元的综合评分值；

　　　n——评价因子的总数；

　　　P_i——第 i 个评价指标的给定指数；

A_i——第 i 个评价指标的权重。

通过计算，准东主力油田 CO_2 驱油与埋存适宜性油藏指标、气源及环境指标方面综合评价值分别为：火烧山油田 4.875、北三台油田 5.458、沙北油田 5.725、沙南油田 4.458、彩南油田 6.3。准东主力油田中，火烧山油田裂缝复杂发育，沙南油田断裂发育，均不适合 CO_2 驱油与埋存。北三台油田、沙北油田以及彩南油田相对适宜，且彩南油田评估分数最高，实施效果最好。

3. 井区尺度 CO_2 驱油与埋存地质适宜性评价

通过油田尺度评价得到彩南油田实施 CO_2 驱油与埋存效果最好。彩南油田滴水泉八道湾组油藏估算地质储量 $1900 \times 10^4 t$，可采储量 $460 \times 10^4 t$。地层原油黏度 $14 \sim 108 mPa \cdot s$，原油密度 $0.88 \sim 0.91 mg/cm^3$。选择彩南油田的主力产油区块滴 12、滴 2 和滴 20 构建了井区尺度 CO_2 驱油与埋存地质适宜性评价体系。3 个区块均位于准噶尔盆地东部滴南凸起，其北为滴水泉凹陷，南为东道海子凹陷和五彩湾凹陷。

滴 12、滴 2 和滴 20 井区三大区块开采初期，迫于生产压力，多数井超设计产能生产，注采强度大，造成油藏稳产期短。产能建设结束后，三大区块很快进入递减阶段，为扭转被动局面，进行了综合治理。目前，滴 12 和滴 2 井区的水驱储量控制与水驱储量动用程度较高，油田急需转变开采方式。

滴 12 井区是受断层控制的带边水的岩性油藏，油藏高度为 180m，含油面积 $5.57 km^2$，地质储量 $329.33 \times 10^4 t$，目前处于中高含水、中采出程度，分注无法改善剖面矛盾，储层非均质性强，注水后窜流严重。

滴 2 井区是受断层控制的带边水的岩性油藏，油藏高度为 135m，含油面积 $2.24 km^2$，地质储量 $92.77 \times 10^4 t$，目前处于中高含水、中采出程度。滴 2 井区原油黏度高，水驱开发效果差。因部分井强采强注，导致高渗流通道水窜、含水快速上升。

彩南油田滴 12、滴 2 和滴 20 井区中，滴 20 井区处于开发初期，暂不考虑应用 CO_2 驱油与埋存技术，通过对比确认滴 2 井区开采程度高，有通过应用 CO_2 驱油与埋存技术进一步提升产量的潜在需求；滴 2 井区距离公路或便道更近，既可以进行罐车运输，也可以采用管道运输；滴 2 井区适合率先应用 CO_2 驱油与埋存技术。

四、新疆油田 CO_2 捕集、驱油与埋存系统效益优化

影响 CO_2 捕集、驱油与埋存成本的因素包括投资、规模效应、装置利用率、能源成本、运输距离、CO_2 长期埋存和监测等。新疆油田 CO_2 输送管道路线相对较短，CO_2 排放源集中区域与埋存地的距离近、气候干燥、大片的无人区等特点对于整体 CO_2 捕集、驱油与埋存实施相当有利。不同时区，CO_2 捕集、驱油与埋存实施成本构成会有较大差别。

捕集成本在整个 CO_2 捕集、驱油与埋存项目成本中所占比例很大，是今后缩减 CO_2 捕集、驱油与埋存费用的主攻方向。CO_2 浓度高的排放源捕集成本较低。经济合作和发展组织（DECD）的一份研究报告认为，燃烧前捕集最具有成本效益，其次是富氧燃烧和燃烧后捕集。

把 CO_2 从捕集地运输到埋存地是 CO_2 捕集、驱油与埋存链条中的重要环节。目前多以液态运输，少数以超临界状态运输，主要的运输方式包括罐车、管道和船舶。结合当地的实际情况，采用管道运输比较适合。

埋存成本同 CO_2 注入量和储层的性质密切相关，同样的注入量，因储层性质不同，其所需要的注入井数量就不同，则需要支付的固定投资和日常维护费用也不同。

新疆油田在 CO_2 捕集、驱油与埋存技术实施方面具有较大的潜力，碳源、碳汇和运输等条件都适宜该地区实施 CO_2 捕集、驱油与埋存技术。

第五节　新疆油田低渗透砂砾岩油藏 CO_2 驱油与埋存技术应用与实践

新疆油田八区 530 井区克下组油藏距克拉玛依市约 35km，低渗透、强水敏、强速敏、强盐敏的储层特征明显，面临注水井注入压力持续上升、严重欠注、油井压力持续下降、供液不足等突出矛盾，开发效果较差，亟需转变地层能量补充方式提高油藏采收率。根据 CO_2 混相驱油筛选条件，该油藏温度适中、原油地饱压差大，可实现 CO_2 混相驱，且具备距离气源近的优势。因此，确定八区 530 井区克下组油藏进行 CO_2 驱油与埋存先导试验。

通过对井况、固井质量和油井见水见效情况等多个指标进行筛选，最终筛选出可以正常注水的 80513 井和注不进水的 80534 井作为 CO_2 试注井组，于 2017 年 8 月 11 日开始现场试注 CO_2，11 月中旬完成试注，累计注入 3789.8t（表 5-5-1）。为了快速恢复地层压力和延缓气窜，试注期间油井关井。

表 5-5-1　CO_2 试注参数表

试注井组	设计		实际			备注
	试注速度 / t/d	注入量 / t	试注速度 / t/d	注入量 / t	注入体积 / HCPV	
80513	20、40、60	2100	20/40/60/50	2115	0.018	11 月 10 日完成
80534	10、30、50	1680	16/30	1674.8	0.012	11 月 16 日完成
合计	—	3780	—	3789.8	0.03	—

一、试注效果分析

1. 单井吸 CO_2 能力与吸水能力对比分析

80534 井在注水后期注入压力为 23.17MPa，注不进水；当改为注 CO_2 后，注入压力降至 19.5MPa，CO_2 日注气量可以维持在 30t 左右（图 5-5-1）。

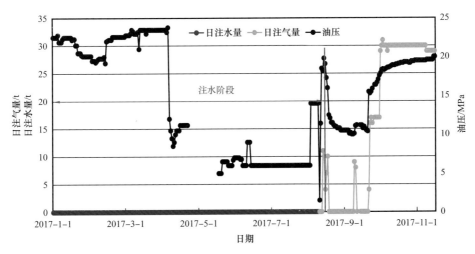

图 5-5-1　80534 井注水与注 CO_2 曲线

通过对比 80513 井在相同注入压力下的注水量和注气量可以看出，在注入压力 20MPa 时，日注水量在 12~20t 之间，日注 CO_2 量在 50~60t 之间，注 CO_2 能力是注水能力的 2.5~3.7 倍（图 5-5-2）。

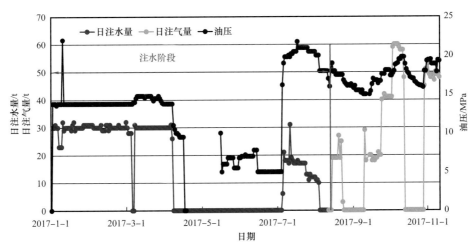

图 5-5-2　80513 井注水与注 CO_2 曲线

2. 注气阶段与水驱阶段剖面动用程度对比分析

80513 井在注水开发初期，整体动用比较均匀，后期吸水层位主要集中在物性较好的 S_7^{4-2} 层和 S_7^{5-1} 层；改注 CO_2 后，初期吸气剖面延续水驱阶段的特征，以 S_7^{4-2} 层和 S_7^{5-1} 层吸气为主，后期受水段塞和超覆作用的影响，以上部物性较差的储层吸气为主（图 5-5-3）。

80492 井在注水开发初期剖面动用不均匀，主要以 S_7^{4-1} 层产液为主。注 CO_2 后，剖面动用较水驱更均匀，动用程度也由水驱阶段的 76.9% 提高至 100%，后期受储层非均质性的影响，差异较大（图 5-5-4）。

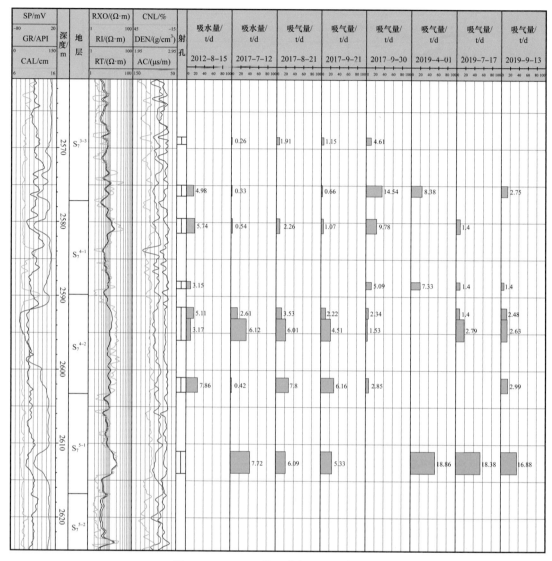

图 5-5-3　80513 井吸水与吸 CO_2 剖面图

3. 注 CO_2 恢复地层压力速度对比分析

80513 井试注前，地层压力为 30.9MPa，累计注入 1452.6t CO_2 时，测地层压力为 40.12MPa，上升 9.2MPa。试注结束后测试地层压力 38.47MPa，有小幅度下降（图 5-5-5）。

采油井在试注前的平均地层压力为 17.67MPa，注 45 天 CO_2 后单井平均地层压力为 25.67MPa，2018 年上半年测试采油井平均地层压力为 23.54MPa，高于试注前平均地层压力（图 5-5-6 和图 5-5-7）；从井口油压来看，10 口采油井中油压快速上升的有 4 口、缓慢上升 2 口、平稳 2 口、波动 2 口，其中 80513 井组以快速上升为主，80534 井组差异大（表 5-5-2，图 5-5-8 和图 5-5-9）。

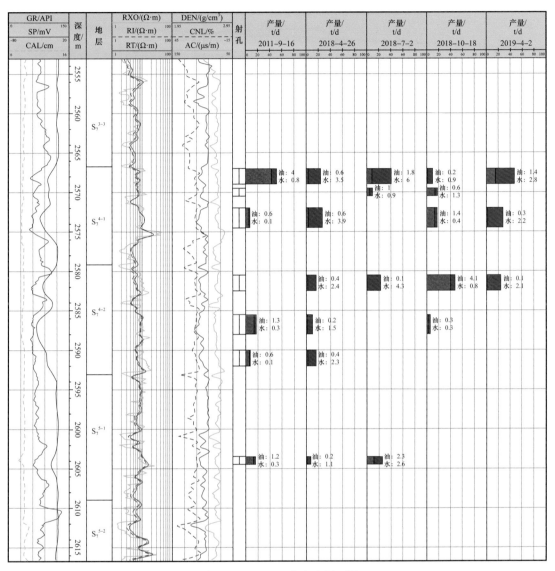

图 5-5-4　80492 井产液剖面图

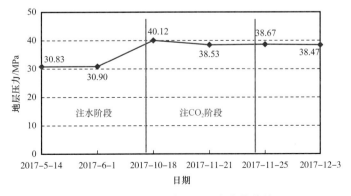

图 5-5-5　80513 井地层压力变化曲线

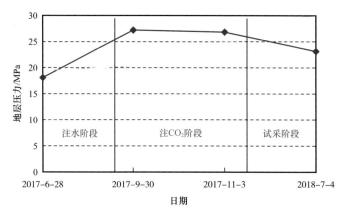

图 5-5-6　80492 井地层压力变化曲线

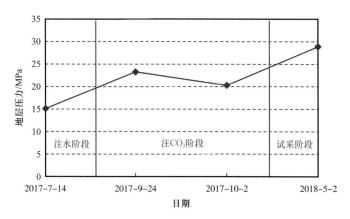

图 5-5-7　80514 井地层压力变化曲线

表 5-5-2　试注井组井口压力变化情况

井组	井号	压力变化特征与类型
80513 井组	80492 井	快速上升
	80512 井	快速上升
	80532 井	快速上升
	80206 井	平稳型
80534 井组	80515 井	缓慢上升
	80535 井	波动型
	80555 井	平稳型
	80556 井	波动型
中心井组	80514 井	快速上升
	80533 井	缓慢上升

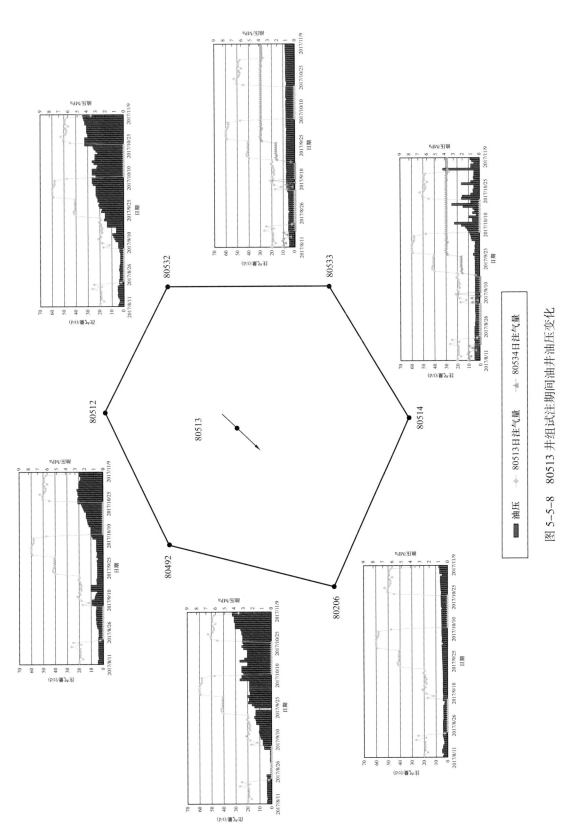

图 5-5-8　80513 井组试注期间油井油压变化

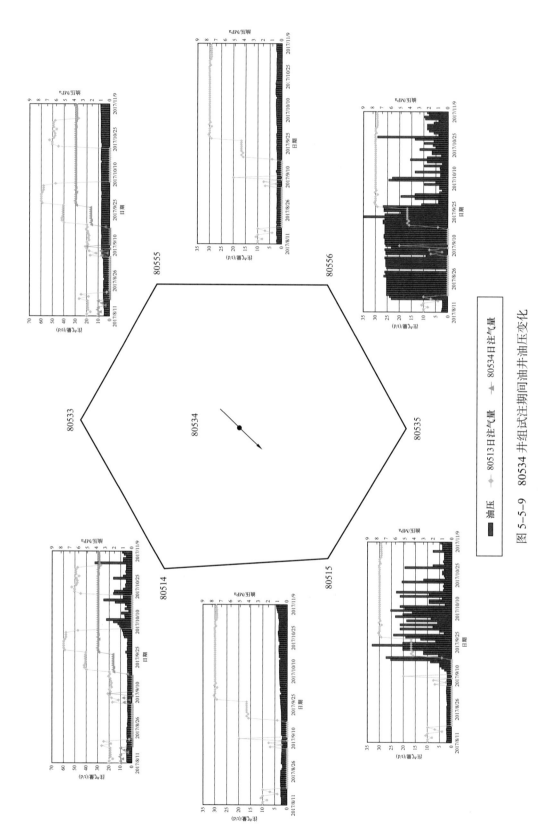

图 5-5-9 80534 井组试注期间油井油压变化

4. 注气后产油量较水驱阶段有明显提高

试注前试注井组 10 口油井中有 4 口井低能调开生产，试注后 9 口油井开井生产，5 口井效果较好，见效率为 50%（表 5-5-3）。

表 5-5-3 80513 井和 80534 井组试注前后生产情况对比表

井号	试注前			试采第一个月			目前				是否有效
	日产液 / t	日产油 / t	含水 / %	日产液 / t	日产油 / t	含水 / %	日产液 / t	日产油 / t	含水 / %	累计产油 / t	
80532 井	油井供液能力低，关井			1.5	0.2	86.7	油井供液能力低，关井			86	否
80514 井	油井供液能力低，关井			油井气窜关井			4.11	1.09	73.48	235	是
80512 井	油井供液能力低，关井			10.3	4.6	55.3	7.29	2.01	72.43	1203	是
80206 井	1.7	0.6	66.7	3.5	0.5	85.2	1.92	0.48	75.00	54	否
80492 井	3.8	0.5	87.8	16.3	3.9	75.9	7.13	2.71	61.99	576	是
80555 井	油井供液能力低，关井			3.7	1.4	62.5	油井供液能力低，关井			234	是
80533 井	2.3	0.84	62.8	2.9	1.0	66.4	油井供液能力低，关井			212	是
80515 井	2	0.88	56.9	2.5	0.9	64.8	油井供液能力低，关井			132	否
80535 井	油井供液能力低，关井			0.4	0.01	97.5	4.67	0	99	4	否
80556 井	油井供液能力低，关井			2.8	0.1	95.2	3.57	0	99	5	否
平均	2.1	0.6	71.4	4.9	1.4	71.4	4.78	1.05	80.15	2741	—

试注井组 2016—2017 年平均月产油 108.8t；注 CO_2 后，2018 年 1—6 月平均月产油 201.4t，是注气前的 1.85 倍，截至 2019 年 1 月，试采阶段累计产油 2741t，累计增油 1326.6t（图 5-5-10）。

二、CO_2 驱油试验方案和碳埋存评估

通过现场试注评价了地层吸气能力和地层压力恢复水平，同时为方案编制提供了地质参数和工程参数。

1. CO_2 驱油试验方案

整个开发过程中，采用笼统注气方式，设计三段式开发：恢复压力阶段、连续混相驱阶段和综合调控阶段。恢复压力阶段设计注气速度为 30t/d，注气压力上限为 20MPa，注气时间约 6 个月，注气量 0.043HCPV（约 8.1×10^4t），预测平均地层压力恢复至 26MPa，该阶段注气时采油井关井。连续混相驱阶段设计注气速度 20t/d，注气量

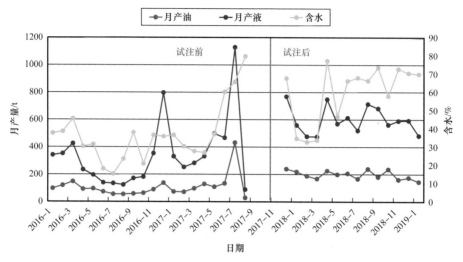

图 5-5-10 80513 井组和 80534 井组月生产动态曲线

约 0.23HCPV（约 44×10⁴t），注气时间约 4 年。综合调控阶段以封堵窜流通道、改善流度比等方式延缓气窜，扩大波及体积。方案采用水气交替（WAG）综合调控措施：气水段塞比设计为 2：1（注 2 个月 CO_2，再转注 1 个月水），第 10 年开始气水段塞比调整为 1：1。当气油比达到上限 1600m³/t 时，采取采油井关井、采油井转注或井网调整、泡沫调控、化学驱封窜、补射 S_7^3 以上油层等方式进行综合调控，注气量约 0.417HCPV（约 71.8×10⁴t），注气时间约 10.5 年。

15 年评价周期预计 CO_2 总注入量为 123.93×10⁴t（0.69HCPV），阶段产油 49.51×10⁴t，预测原油采收率提高 25.75 个百分点。

2. 碳埋存评估

1）埋存的可行性

（1）原始油藏封闭性好。该油藏原始压力系数为 1.27，气油比为 118m³/t，说明油藏条件下盖层、断层是封闭的，在不超过原始压力下油藏具有密封性。

（2）盖层厚度大。从试验区 80513 井的岩性剖面来看（图 5-5-11），白碱滩组发育有超过 100m 的纯泥岩盖层，为主力盖层；除目的层的上部盖层外，吐谷鲁组发育有超过 500m 的泥岩或者粉砂质泥岩，具有很好的封闭性。

2）碳埋存量估算

根据数值模拟预测结果，15 年需要购买 76×10⁴t CO_2，累计埋存量为 64×10⁴t，埋存率 84%（图 5-5-12 和图 5-5-13）。

连续注 CO_2 条件下，产出气中 CO_2 含量上升快，预计生产第 4 年伴生气中 CO_2 含量可到 80% 以上，第 5 年 CO_2 产出量在 3×10⁴t 以上（图 5-5-14）。为了 CO_2 零排放，需建设 CO_2 回收与循环注入装置。

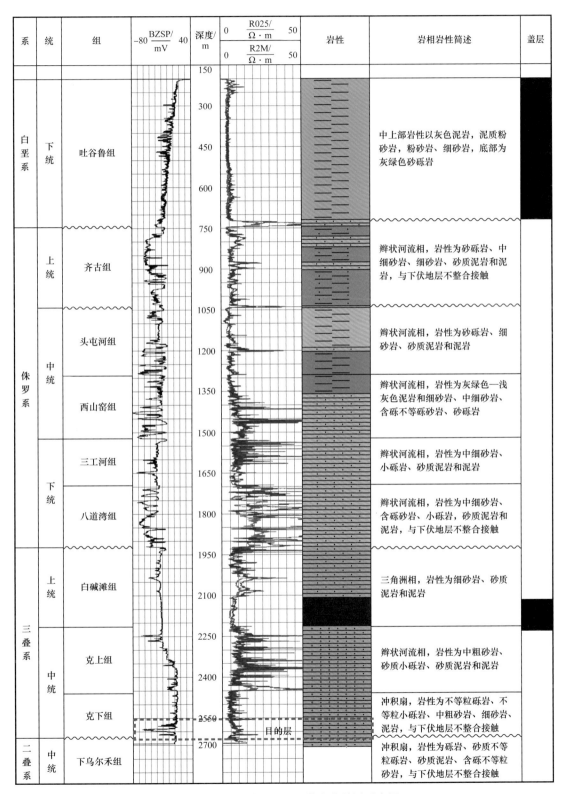

图 5-5-11　试验区 80513 井主力盖层示意图

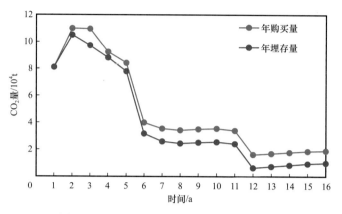

图 5-5-12 CO_2 购买量与埋存量预测结果

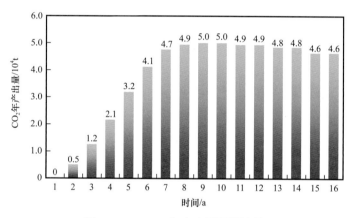

图 5-5-13 CO_2 年产出量预测结果

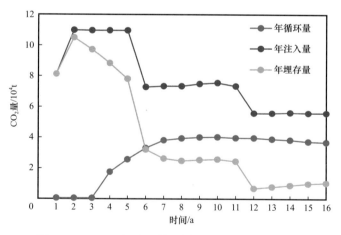

图 5-5-14 CO_2 年注入量、循环量和埋存预测结果

第六章 CO_2 驱油与埋存项目筛选及评价

可用于埋存 CO_2 的地质体包括地下含水层、油气藏和煤层等储层。CO_2 驱油过程中实现有效埋存是目前乃至很长一段时间内 CO_2 地质埋存的主要方式，其主要原因在于，油气藏地质体构造、属性等认识较为清楚，构造内油气资源可长期保存不泄漏，并有一定数量的注入井或生产井存在，油气藏实现 CO_2 地质埋存具有可行性且埋存安全。

第一节 CO_2 驱油与埋存潜力分级评价

CO_2 埋存资源是指地质体中可用作埋存 CO_2 的总孔隙体积数量，包括已证实的和未证实的地质体。鉴于油气资源评价和 CO_2 埋存资源评价的相似性，类比 SPE 等石油资源管理系统方法（Petroleum Resources Management System，PRMS）定义和分类系统，建立 CO_2 埋存资源管理系统（Storage Resources Management System，SRMS），为 CO_2 埋存量估算、开发方案评估和资源分类提供系列标准方法。CO_2 埋存资源评估的主要任务是评价已知的和即将被发现的用于 CO_2 埋存的地质体体积。资源评估对象主要集中于那些具有商业化规模且具有市场化前景的 CO_2 埋存资源体积。

一、CO_2 埋存资源分级管理系统

CO_2 埋存资源评价过程包括地质体的确定、可埋存量的测算、总体埋存资源量的计算以及基于埋存项目成熟状态或商业机遇对埋存资源的分级、分类。"项目"是资源分类中考虑的初级元素，它是连接地质埋存体和埋存决策过程的纽带。埋存项目开发方案评价结果是作出是否投资决策的依据，并与其可埋存资源量的落实程度有密切关系。图 6-1-1 是 CO_2 埋存资源分类系统总体框架。系统以项目商业成熟度对埋存资源进行分级（纵轴），分为已埋存资源、商业埋存资源、潜在商业埋存资源、远景埋存资源等级次；以项目不确定性对埋存资源进行分类（横轴），分为证实、概算、可能三个类别。

总埋存资源量是指可埋存在地质体中的 CO_2 量，包括地质体已发现的和未发现的埋存资源量。已发现的埋存资源是已知地质体未埋存前的资源估算量，相应的可埋存资源被分级为商业埋存资源和潜在商业埋存资源。商业埋存资源指在评估日，未来通过对已知地质体实施开发方案能够埋存的 CO_2 估算数量。必须满足 4 个条件：已发现、可注采、具有商业性和基于实施的开发方案在评价时间内有剩余可埋存量。潜在商业埋存资源指在确定的时间内，通过实施埋存项目在已发现的地质体中可能埋存的 CO_2 量，但由于一种或多种不可预见因素，还不能进行商业化埋存，这些因素包括当前没有可行的销售环境、商业性开发依赖的工程技术缺乏、对储集体的评价尚不清晰等。按埋存资源评估的确定性水平，可以将潜在资源进一步分类按实施项目成熟度可分为次一级的级次。

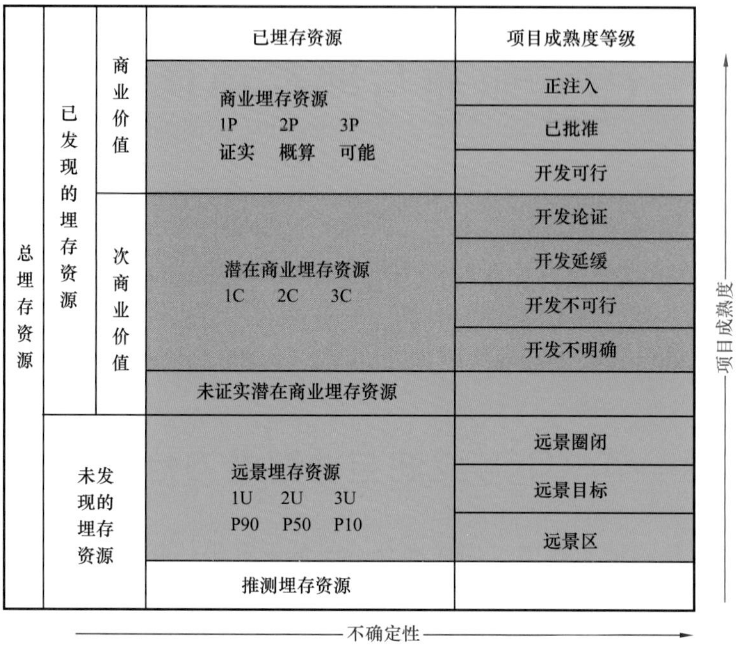

图 6-1-1 基于项目成熟度的 CO_2 埋存资源分级分类

未发现埋存资源是指在评估时，存在于地质体中还未发现的埋存资源量。远景埋存资源是指在一定时间内，预计从未发现储集体中可能获得的 CO_2 可埋存数量。依据发现概率评价这些潜在的埋存资源，并假设已发现的条件下，在适当的开发项目下估算可埋存量。与潜在的资源量的区别界限是发现。按项目成熟度可分为次一级的级次。不可埋存资源量是指在评估时，已发现通过未来开发项目不能埋存的资源或未发现的资源量。不可埋存资源量的一部分可能由于将来经济环境的改变或技术的发展而变为可埋存，而剩余部分由于地下流体和储层岩石物理 / 化学相互作用的限制而永远不能埋存。

二、CO_2 驱油与埋存潜力计算方法

基于油、气、水在储层中分流理论，建立了 CO_2 驱油提高采收率与埋存潜力评价模型。模型假设条件：

（1）注入气与原油一次接触混相；

（2）驱替为等温过程；

（3）Koval 系数描述黏性指进；

（4）注入方式为水气交替时，水和 CO_2 以一定的 WAG 比例同时注入；

（5）没有自由气存在；

（6）油藏没有大的裂缝，注入 CO_2 没有泄漏。

根据质量守恒方程可以得到：

$$\frac{\partial C_i}{\partial t_D} + \frac{\partial F_i}{\partial X_D} = 0 \qquad (6-1-1)$$

其中

$$t_D = \int_0^t q\,\mathrm{d}t / \mathrm{d}V_p$$

$$X_D = X/L$$

式中　C_i——组分 i 的总浓度，i=1 为水组分，i=2 为原油组分，i=3 为注入 CO$_2$ 组分，kg/m^3；

　　　t_D——无量纲时间；

　　　F_i——组分 i 在油相和水相中的加权浓度，kg/m^3；

　　　X_D——无量纲距离；

　　　q——流量，m^3/s；

　　　V_p——油藏模型体积，m^3；

　　　L——油藏模型长度，m。

$$C_i = C_{i1}S_1 + C_{i2}S_2 \tag{6-1-2}$$

$$F_i = C_{i1}f_1 + C_{i2}f_2 \tag{6-1-3}$$

式中　C_{i1}，C_{i2}——水相、油相中组分 i 的浓度；

　　　S_1，S_2——水相、油相饱和度；

　　　f_1，f_2——分流量。

偏微分方程也可以表示为：

$$\frac{\partial C_i}{\partial t_D} + \left(\frac{\partial F_i}{\partial C_i}\right)_{X_D} \frac{\partial C_i}{\partial X_D} = 0 \tag{6-1-4}$$

定义浓度速率，用 $\left(\dfrac{\partial F_i}{\partial C_i}\right)$ 表示，在相容性条件下，同一浓度下所有组分的浓度速率相等，即：

$$V_{ci} = \mathrm{d}F_i / \mathrm{d}C_i \equiv \lambda \qquad (i=1,\ 2,\ 3) \tag{6-1-5}$$

式（6-1-4）的两个特征值速率为：

$$\lambda \pm = 0.5\left\{ F_{22} + F_{33} \pm \left[\left(F_{22} - F_{33}\right)^2 + 4F_{32}F_{23} \right]^{1/2} \right\} \tag{6-1-6}$$

其中，F_{22}、F_{33}、F_{23} 和 F_{33} 表示各相中组分浓度速率：

$$F_{22} = \left(\frac{\partial F_2}{\partial C_2}\right)_{C_2},\ F_{33} = \left(\frac{\partial F_3}{\partial C_3}\right)_{C_3},\ F_{23} = \left(\frac{\partial F_2}{\partial C_3}\right)_{C_2},\ F_{32} = \left(\frac{\partial F_3}{\partial C_2}\right)_{C_3}$$

速率 $\lambda \pm$ 定义了两个相似的组分线（方向）：快线和慢线。快线必须通过起始条件（在油藏中），慢线则通过注入条件。模型首先进行两相闪蒸以及沿着组分线的分流计算。算出快线和慢线后再找到它们的交点（组分线从快线转向慢线的交点），如图 6-1-2 所示。

在模型中，油及注入气的突破和采收率通过修正后的分流理论来计算。修正后的分流理论包括了黏性指进、面积波及系数、纵向非均质性及重力分离等因素的影响，仍用特征线法求解。

计算采油量和采收率需要用到无量纲时间，模型中计算无量纲时间时引用了 Claridge 关于"侵入区域"与"非侵入区"的概念，如图 6-1-3 所示。当面积波及系数计算出来以后，利用"侵入区域"与"非侵入区"的概念来计算无量纲时间。

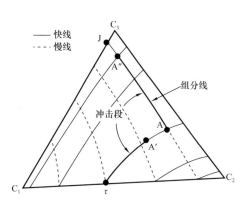

图 6-1-2 组分图   图 6-1-3 五点井网 1/4 面积内接触与侵入图

式（6-1-7）为一维模型侵入区的无量纲时间：

$$T_D = V_{注入（气+水）}/V_{侵入区} \tag{6-1-7}$$

可写为：

$$T_D = (1.0 + R_{WAG})\overline{C_3} \tag{6-1-8}$$

式中 V——体积，m^3；

       $\overline{C_3}$——侵入区域内 CO_2 组分平均浓度，kg/m^3；

       R_{WAG}——注入的水气体积比。

$$R_{WAG} = V_{注入水}/V_{注入气} \tag{6-1-9}$$

如果考虑非侵入区，有：

$$T_{1D} = T_D E_A \tag{6-1-10}$$

式中 T_D——含侵入区域与非侵入区的无量纲时间；

       E_A——面积波及系数。

$$T_{1D} = 365.0\Delta t \cdot Q/V_\phi \tag{6-1-11}$$

$$V_\phi = Ah\phi \tag{6-1-12}$$

式中 Δt——模型计算的时间步长，a；

　　Q——总注入速度，m^3/d；

　　V_ϕ——井网孔隙体积，m^3；

　　A——模型的截面积，m^2；

　　h——模型的厚度，m；

　　ϕ——孔隙度。

在二维模型中，引入第二个无量纲时间 T_{2D}，有：

$$T_{2D}=V_{注入气}/V_{井网中注入气}=V_{注入气}/V_{注入（水+气）}\cdot V_{注入（水+气）}/V_{井网}\cdot V_{井网}/V_{井网中注入气}$$

$$（6-1-13）$$

因此，当注入气突破以后：

$$T_{2D}=T_D/\left[(1.0+R_{WAG})\overline{C_3}\right] \qquad （6-1-14）$$

无量纲时间需要用迭代计算。无量纲时间确定以后，突破后油、水和CO$_2$的产量分别由式（6-1-15）至式（6-1-17）计算：

$$Q_o（I）=（Q/B_o）\cdot\left[（1.0-F_{STL}）F_2（T_{2D}）+F_{STL}\cdot F_{oinit}\right] \qquad （6-1-15）$$

$$Q_w（I）=（Q/B_w）\cdot\left[（1.0-F_{STL}）F_1（T_{2D}）+F_{STL}\cdot（1.0-F_{oinit}\cdot F_3（T_{2D}））\right] \qquad （6-1-16）$$

$$Q_{CO_2}（I）=（Q/B_{CO_2}）\cdot\left[（1.0-F_{STL}）F_3（T_{2D}）+F_{STL}\cdot F_3（T_{2D}）\right] \qquad （6-1-17）$$

其中分流量比例满足：

$$F_1（T_{2D}）=1.0-F_2（T_{2D}）-F_3（T_{2D}） \qquad （6-1-18）$$

$$F_{STL}=\frac{dE_A}{dT_{2D}} \qquad （6-1-19）$$

式中 Q_o，Q_w，Q_{CO_2}——油、水、CO$_2$ 流量，m^3/d；

　　B_o，B_w，B_{CO_2}——油、水、CO$_2$ 体积系数；

　　F_{oinit}——油初始分流量比例；

　　F_1，F_2，F_3——油、水、CO$_2$ 分流量比例；

　　$1.0-F_{STL}$——侵入区的贡献；

　　F_{STL}——非侵入区的贡献。

在突破之前，油、水和CO$_2$ 三相的产量是：

$$Q_o（I）=（Q/B_o）F_{oinit} \qquad （6-1-20）$$

$$Q_w（I）=（Q/B_w）F_{STL}（1.0-F_{oinit}\cdot F_3（T_{2D}）） \qquad （6-1-21）$$

$$Q_{CO_2}（I）=0.0 \qquad （6-1-22）$$

阶段采收率：

$$E_R = Q_{ot}/T_{ooip} \qquad (6-1-23)$$

式中　E_R——阶段采收率；

　　　T_{ooip}——原始地质储量，t；

　　　Q_{ot}——从注气混相驱开始计算所得的采油量，t。

到第 n 个时间步，评价井网内的石油采出程度为：

$$E_R = Q_o{}^n/T_{ooip} \qquad (6-1-24)$$

式中　$Q_o{}^n$——第 n 个时间步内采油量，t。

CO_2 埋存量计算时，CO_2 的量都满足质量守恒方程：

$$Q_{CO_2sum} = Q_{CO_2t} + S_{CO_2} \qquad (6-1-25)$$

$$\Rightarrow S_{CO_2} = Q_{CO_2sum} - Q_{CO_2t}$$

式中　Q_{CO_2sum}——累计注入 CO_2 量，t；

　　　Q_{CO_2t}——累计产 CO_2 量，t；

　　　S_{CO_2}——CO_2 埋存量，t。

在混相驱模型中，只需得到累计注 CO_2 量和累计产 CO_2 量，便可以根据式（6-1-25）计算出 CO_2 的埋存量。

三、CO_2 驱油与埋存项目可承受 CO_2 极限成本确定方法

以 CO_2 驱油与埋存项目总利润净现值为零时可承受的 CO_2 极限成本作为依据，量化开发可行、开发论证、开发延缓、开发不可行和开发不明确等分级潜力大小。考虑原油销售收入、固定资产、CO_2 购入成本、操作成本、税金及其他因素，净现值计算见式（6-1-26），CO_2 驱油与埋存项目可承受 CO_2 极限成本计算见式（6-1-27）。

$$
\begin{aligned}
NPV &= C_{os} + C_{sv} - C_{CO_2} - C_{caper} - C_{opex} - C_{tax} \\
&= \sum_{i=1}^{N}\left[\left(F_{oil}Q_{oil}(t)\alpha\right)\right](1+r)^{-t} + R_f N_w F_{capex}(1+r)^{-N} - \\
&\quad \sum_{i=1}^{N}F_{capex}N_w(t)(1+r)^{-t} - \sum_{i=1}^{N}\left[Q_{CO_2}(t)F_{CO_2}\right](1+r)^{-t} - \sum_{i=1}^{N}F_{opex}Q_{oil}(t)(1+r)^{-t} - \\
&\quad \sum_{i=1}^{N}\left[\left(R_t F_{oil}Q_{oil}(t)\alpha\right)\right](1+r)^{-t} - \sum_{i=1}^{N}\left[\left(R_s Q_{oil}(t)\alpha\right)\right](1+r)^{-t}
\end{aligned} \qquad (6-1-26)
$$

$$NPV\left(F_{limit-CO_2}\right) = 0$$

$$F_{limit-CO_2} = \frac{\left[\left(F_{oil}\alpha - F_{opex} - R_t F_{oil}\alpha - R_s\alpha\right) \times \sum_{i=1}^{N}Q_{oil}(t) - F_{capex}\sum_{i=1}^{N}N_w(t)\right](1+r)^{-t} + R_f N_w F_{capex}(1+r)^{-N}}{\sum_{i=1}^{N}Q_{CO_2}(1+r)^{-t}}$$

$$(6-1-27)$$

约束条件：

$$F_{\text{limit-CO}_2} \geqslant F_{\text{匹配 CO}_2 \text{成本}}$$

式中　C_{os}，C_{sv}，C_{CO_2}，C_{capex}，C_{opex}，C_{tax}——原油销售收入现值、固定资产残值现值、CO_2 购入成本现值、固定投资成本、操作成本现值、税金现值及其他，元；

F_{oil}——油价，元 /t；

F_{CO_2}——CO_2 价格，元 /t；

$Q_{oil}(t)$——t 时间段的产油量，t；

$Q_{\text{CO}_2}(t)$——t 时间段的 CO_2 注入量，t；

α——原油商品率；

F_{capex}——单井固定投资成本，元；

F_{opex}——单井操作成本，元；

$N_w(t)$——t 时间段注气井和采油井总数，口；

R_f——固定资产残值率；

R_t——销售税率；

R_s——资源税和特别收益金，元 /t；

r——折现率；

$F_{\text{limit-CO}_2}$——油田可承受 CO_2 极限成本，元 /t；

i——项目运行时间，a。

按石油行业目前项目经济评价参数取值，计算 CO_2 驱油与埋存项目可承受 CO_2 极限成本。油价 60 美元 /bbl；增值税率 17%，城建税率 7%、教育费附加税率 3%；资源优惠税率为 0.035%；所得税率 25%；贴现率为 12%；特别收益金：起征点为油价 65 美元 /bbl，税率为 20%～40%，实行 5 级超额累进从价定率计征；折旧年限：10 年。收入为原油销售收入和固定资产残值之和。参考多个项目评价情况，规定 CO_2 驱油与埋存项目埋存资源潜力 SRMS 分级量化方法见表 6-1-1，可作为不同经济、技术条件下的分级依据。

表 6-1-1　CO_2 驱油与埋存项目埋存资源潜力 SRMS 分级量化方法

评价类型	量化方法	
	统计	可承受的 CO_2 极限成本
已埋存资源	开发数据统计	—
正注入	开发数据统计	—
已批准	开发数据统计	—
开发可行	—	>300 元 /t
开发论证	—	200～300 元 /t

续表

评价类型	量化方法	
	统计	可承受的 CO_2 极限成本
开发延缓	—	100~200 元 /t
开发不可行	—	0~100 元 /t
开发不明确	—	–100 元 /t
未证实潜在商业埋存资源	—	<–100 元 /t
远景圈闭	潜力评价数据统计	—
远景目标	潜力评价数据统计	—
远景区	潜力评价数据统计	—

四、CO_2 驱油与埋存资源潜力量化分级评价实例

油田 A 有 34 个 CO_2 驱油与埋存潜力区块,计算各个区块可承受的 CO_2 极限成本,获得现财税等条件下潜力分级评价。考虑不同政策、不同油价、不同贴现率等条件对埋存潜力分级的影响。

(1)不同政策条件对油田 A CO_2 埋存潜力分级的影响。

油田 A CO_2 埋存资源潜力分级如图 6-1-4 所示,主要分布在开发不可行和开发不明确两个等级中。在 50 美元 /bbl 油价条件下,可以开展 CO_2 驱油项目的油田地质储量较小,可埋存 CO_2 潜力较低。开发可行的埋存潜力随着免除资源税和实施埋存贴补政策的引入,逐步增大。

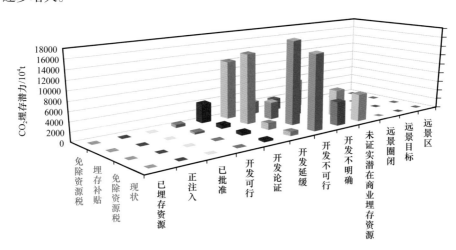

图 6-1-4 油田 A 不同政策条件下的 CO_2 埋存潜力分级

(2)不同油价条件对油田 A CO_2 埋存潜力分级的影响。

CO_2 驱油与埋存项目收益是通过油价体现,将油价作为一个影响因子,从 50~100 美

元 /bbl 的范围内，分析不同油价下油田 A CO₂ 埋存资源潜力分级。油价达到 100 美元 /bbl 时，油田 A 开发可行和开发论证分级内的 CO₂ 埋存资源潜力仍较小（图 6-1-5）。

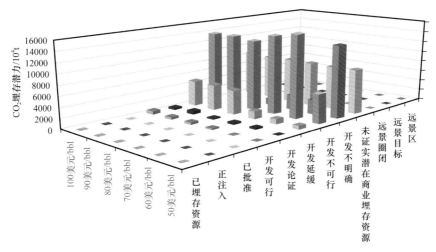

图 6-1-5　油田 A 不同油价下的 CO₂ 埋存潜力分级

（3）不同贴现率条件对油田 A CO₂ 埋存潜力分级的影响。

降低投资回报率可增加 CO₂ 承受成本数值，当贴现收益率由行业收益率 12% 降为 10%，CO₂ 承受成本的增量为 2.65～47.38 元 /t，平均增加 26.9 元 /t；当以社会平均收益 8% 计算时，CO₂ 承受成本的增量为 4.87～99.30 元 /t，平均增加 56.3 元 /t；当以无风险资金成本 5.58% 计算时，CO₂ 承受成本的增量为 6.87～167.55 元 /t，平均增加 95.2 元 /t，如图 6-1-6 所示。并且原承受力越高，降低贴现收益率带来的增量越小。贴现收益率的降低使 A 油田 CO₂ 埋存潜力发生较大的变化，贴现收益率降低到 8% 时，开发论证和开发延缓分级的 CO₂ 埋存潜力接近 $1 \times 10^8 t$。

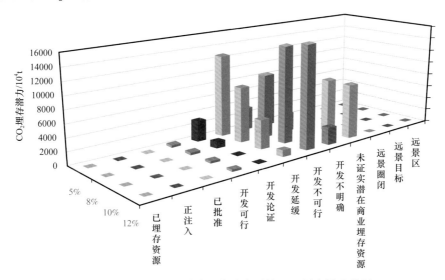

图 6-1-6　油田 A 不同贴现收益率下的 CO₂ 埋存潜力分级

第二节　CO_2捕集、驱油与埋存项目效益评价体系

CO_2捕集、驱油与埋存项目效益评价体系是通过对项目实施所产生的经济效益、环境效益、能源效益和社会效益的统计、分析，从公益性的角度评价项目在国民经济各领域、社会生活各方面的影响和贡献（表6-2-1）。经济效益主要采用内部收益率来衡量，其中成本包括固定投资成本、运营维护成本、税费；能源效益为CO_2驱油提高原油采收率及增油量；环境效益包括水资源效应和CO_2减排效益；社会效益包括项目上交税费及带来的就业等产业关联效应。开展CO_2捕集、驱油与埋存项目评价首先要了解项目的影响领域，然后分析项目所能产生的效益种类和贡献。

表6-2-1　CO_2捕集、驱油与埋存项目效益评价体系

效益	要素	内容
能源效益	油气资源效应	提高采收率，增油量
经济效益	成本	实行CO_2驱油项目所需要的各种成本
	收益	从CO_2驱油项目增油量所得到的收益
环境效益	碳排放	从全工艺流程能耗来计算CO_2的净排放
	水资源消耗	从全工艺流程计算水资源消耗
	CO_2减排效益	计算CCUS项目对CO_2的减排潜力
社会效益	财政收入	税费
	产业关联	CCUS项目的产业关联效应

一、经济效益

CO_2捕集、驱油与埋存产业链主要包括CO_2捕集、运输、驱油、埋存、回注和监测等工艺单元。工厂排放烟气进入分离系统后通过不同的捕集分离工艺，达到CO_2纯度95%以上，干燥冷却后的气体进入增压泵进一步压缩，压缩气体经管线运输后，进入油田的注气系统，根据生产井布局及地层压力进行分配和增压。基于CO_2捕集、运输、驱油埋存、回收利用等单元，建立了经济评价模型，对CO_2捕集、驱油与埋存项目的成本进行探讨。CO_2捕集、驱油与埋存产业链经济路径如图6-2-1和表6-2-2所示。

1. 捕集环节

加装燃煤电厂捕集系统增加了直接投资，分离和压缩消耗的大量能量会导致发电损耗的增加。根据火电燃煤机组所占比重，以660MW×2的国产超临界燃煤电厂为研究对象基准，对比分析加装燃烧后捕集装置的CO_2捕集成本、清除成本等。根据Mathieu（2006）以及Herzog和Meldon等（2009）的研究，其中CO_2捕集成本，清除成本的定义如图6-2-2所示。

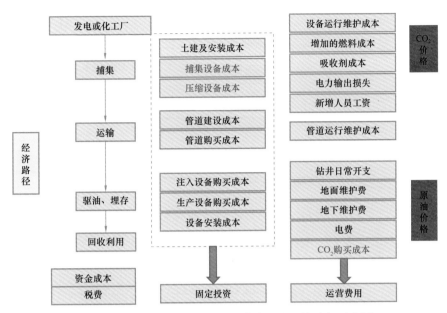

图 6-2-1　CO₂捕集、驱油与埋存产业链经济路径示意图

表 6-2-2　CO₂捕集、驱油与埋存产业链全流程经济路径

流程	经济路径
捕集	（1）投资成本：建筑工程费、材料费、捕集压缩设备投资、地面配套工程费
	（2）可变运行成本：外购燃料及动力（如电、蒸汽、煤等）、工业用水等
	（3）固定运行成本：员工工资福利、行政费用、设备维修费用及管理费用
管道运输	（1）管道建设期的工程投资：土地征用费、管沟土建费、管材费、管道安装费、线路附属工程费用、附属设备费用
	（2）可变运行成本：增压泵的运行费用、防腐费用
	（3）管道的固定运行成本：管道监测维护费用，工人工资、管理费用等
驱油埋存	（1）场地前期勘察评价费用：场地调查、筛选分级、设计规划、数据分析、容量与风险评价等
	（2）钻井投资、地面集输设备费用及注入设备费用
	（3）埋存利用系统可变运行成本：易耗品和动力消耗费用
	（4）注入、地面集输、埋存系统固定运行维护成本：地面和地下设施的监测维护费用、工人工资、管理费用等
伴生气回收回注	（1）伴生气回收回注设备投资成本：建筑工程费、材料费、回收设备投资、地面配套工程费及回注设备费用
	（2）回收系统可变运行成本：易耗品和动力消耗费用
	（3）回收系统固定运行维护成本：工人工资、管理费用、监测维护费用等

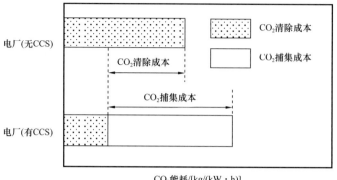

图 6-2-2　捕集成本和清除成本的定义

CO_2 清除成本是减排 CO_2 经济性的重要指标。其意义为，对于参考电站，加装碳捕集装置后的电站使排放到大气中的 CO_2 减少 1t 所增加的成本。CO_2 清除成本公式为：

$$C_{CO_2 \text{avoided}} = \frac{LCOE_{w/ccs} - LCOE_{w/occs}}{(tCO_2/MWh)_{w/occs} - (tCO_2/MWh)_{w/ccs}} \quad （6-2-1）$$

根据 Rubin 和 Davison 等（2015）的研究，CO_2 捕集成本是另一个用于评估 CO_2 捕获系统的经济性的指标。CO_2 的捕集成本公式为：

$$C_{CO_2 \text{captured}} = \frac{LCOE_{w/ccs} - LCOE_{w/occs}}{(tCO_2/MWh)_{captured}} \quad （6-2-2）$$

式中　$LCOE_{w/ccs}$，$LCOE_{w/occs}$——捕集 CO_2 的电站和没有捕集 CO_2 的参考电站的发电成本；

$(tCO_2/MWh)_{w/occs}$——电厂没有加装碳捕集装置时的单位 CO_2 排放量，$t(CO_2)/(MW \cdot h)$；

$(tCO_2/MWh)_{w/ccs}$——电厂加装碳捕集装置时的单位 CO_2 排放量，$t(CO_2)/(MW \cdot h)$；

$(tCO_2/MWh)_{captured}$——单位发电 CO_2 捕集量，$t(CO_2)/(MW \cdot h)$。

2. 压缩和运输环节

目前，中国尚无大规模 CO_2 运输管道建设经验，经济评价资料缺乏。美国加利福尼亚大学 Davis 分校 McCollum 和 Odgen 的研究是以美国已建成的总长约 6274km 的 CO_2 运输管道为背景进行的，因此根据其研究计算得到的设备投资成本需要根据中国的情况进行本地化修正。

1）压缩投资计算

计算压缩成本分别按压缩量小于 $300 \times 10^4 t/a$ 和不小于 $300 \times 10^4 t/a$ 两种情况考虑，其投资与运营成本计算公式如下：

（1）投资计算。

小于 $300 \times 10^4 t/a$ 时：

$$CAPEX_{<300-compress} = 66.41 Q_{<300-compress}^{0.29} + 2758.07 Q_{<300-compress}^{0.4} + 2.74 Q_{<300-compress} + 47.67 \quad （6-2-3）$$

不小于 $300 \times 10^4 t/a$ 时：

$$CAPEX_{\geqslant 300-compress} = 108.64 Q_{\geqslant 300-compress}^{0.29} + 4180.45 Q_{\geqslant 300-compress}^{0.4} + 2.74 Q_{\geqslant 300-compress} + 47.67 \quad (6-2-4)$$

（2）压缩运营费计算。

小于 $300 \times 10^4 t/a$ 时：

$$OPEX_{<300-compress} = 3.98 Q_{<300-compress}^{0.29} + 165.48 Q_{<300-compress}^{0.4} + 40.87 Q_{<300-compress} + 2.86 \quad (6-2-5)$$

不小于 $300 \times 10^4 t/a$ 时：

$$OPEX_{\geqslant 300-compress} = 6.52 Q_{\geqslant 300-compress}^{0.29} + 250.83 Q_{\geqslant 300-compress}^{0.4} + 40.87 Q_{\geqslant 300-compress} + 2.86 \quad (6-2-6)$$

2）运输成本计算

运输投资计算：

$$CAPEX_{transport} = 22.85 Q_{transport}^{0.35} \times L_{transport}^{1.13} \quad (6-2-7)$$

运输运营费计算：

$$OPEX_{transport} = 1.37 Q_{transport}^{0.35} \times L_{transport}^{1.13} \quad (6-2-8)$$

式中　$CAPEX_{compress}$——CO_2 压缩投资成本，元 /t；

　　　$OPEX_{compress}$——CO_2 压缩运行成本，元 /t；

　　　$Q_{compress}$——压缩 CO_2 的量，t；

　　　$CAPEX_{transport}$——CO_2 运输投资成本，元 /t；

　　　$OPEX_{transport}$——CO_2 运输运行成本，元 /t；

　　　$Q_{transport}$——运输 CO_2 的量，t；

　　　$L_{transport}$——CO_2 输送距离，km。

3. 驱油与埋存环节

CO_2 驱油技术成本估算包括钻采工程和地面工程两部分。国内 CO_2 驱油项目多为水驱转气驱，需进行注采井和地面集输工艺改造。注采工程和地面工程投资均以注采井和开发井投资为基础，按照扩大系数法计算，或是采用规模指数估算法。

1）注采工程成本估算

新钻开发井投资 = 新钻开发井进尺 × 开发井每米进尺成本 × 钻井总数　（6-2-9）

注水井转注气井投资 = 单井注水转注气改造投资 × 注水转注气井数　（6-2-10）

更换井筒转注气改造投资 = 单井更换井筒转注气改造投资 × 更换井筒数　（6-2-11）

采油井采油工程投资 = 采油井生产方式改造的单井投资 × 改造井数　（6-2-12）

2）地面工程成本估算

地面工程投资包括集输工程投资、注水、注气工程投资和配套工程投资。地面工程投资可以开发井投资为基础按照扩大系数法计算，也可以总井数为基础按照开发井平均地面工程投资计算，或是采用规模指数估算法。

扩大系数法：

$$地面工程投资 = 开发井投资 \times 地面工程投资指标扩大系数 \quad （6-2-13a）$$

或

$$地面工程投资 = （油井数 + 注水井数 + 注气井数） \times 开发井平均每井地面工程投资$$

$$（6-2-13b）$$

规模指数法：

$$地面工程投资 = \left(\frac{产能}{已建项目产能}\right)^{规模指数} \times 已建项目地面工程投资 \quad （6-2-14）$$

朗格系数法：

$$D = K_c C \left(1 + \sum K_i\right) \quad （6-2-15）$$

式中　D——总建设费用；

C——主要设备费用；

K_i——管线、仪表、建筑物等费用的估算系数；

K_c——包括工程费、合同费、应急费等间接费在内的总估算系数。

压注工程投资：

$$CO_2 喂液泵（压注泵、换热器、CO_2 分配阀组、流量计） = 所需数量 \times 单位价格$$

$$（6-2-16）$$

$$新建配气间投资 = \left(\frac{最大年注气量}{已建项目最大注气量}\right)^{规模指数} \times 已建项目投资 \quad （6-2-17）$$

$$配水间改造的配气间投资 = 改造数量 \times 单位改造投资 \quad （6-2-18）$$

$$注气（水）管线 = 管线长度 \times 单位长度管线价格 \quad （6-2-19）$$

集输系统改造投资：

$$集输管线改造投资 = 调整长度 \times 该规格管线单位价格 \quad （6-2-20）$$

$$计量间改造投资 = 改造计量间单位价格 \times 改造数 \quad （6-2-21）$$

油气水处理系统改造：

$$接转站（集中处理站）改造投资 = 改造接转站（集中处理站）单位价格 \times 改造数量$$

$$（6-2-22）$$

二、环境效益

CO_2驱油项目的环境效益主要分为 3 类：一是在各个环节中因为能源的消耗而产生的CO_2排放；二是CO_2驱油相较于水驱所能节约的水资源的量；三是CO_2的减排效应，主要包括CO_2的埋存效应和石油代替煤炭所产生的减排效应。

1. 碳排放

CO_2驱油项目运行过程中的碳排放，主要来自各个环节的能耗以及地面处理过程中的CO_2逸散。而能耗主要取决于捕集阶段化学吸收剂的消耗量、加热再生吸收液所消耗的热能、压缩CO_2的电能，管道运输阶段的电能或是罐车的油耗，驱油阶段地下压注消耗的机械能或电能、采油时消耗的电能，以及回收利用过程中的加热炉油耗、泵机组电耗。

1）捕集环节

目前，比较成熟、运用较广的CO_2捕集方法为 MEA 溶液法。MEA 溶液法在捕集环节的能耗主要是电耗以及溶液加热的能耗。电耗来自两个环节：一是对CO_2进行捕集时 MEA 消耗量和吸收液再生所需蒸汽与循环水消耗的热能以及风扇等相关设备的用电；二是将捕集好的CO_2进行压缩所消耗的电能。

根据胜利油田调研情况，捕集阶段耗能情况为蒸汽占 73%、电占 20%、循环水占 7%，合计 4.36GJ/t（CO_2）。

2）CO_2运输环节

根据前人文献，使用生命周期评估（Life Cycle Assessment，LCA）计算CO_2驱油与埋存管道运输环节消耗的电能来计算运输环节排放的CO_2。计算结果为，距离为 100km 的管道运输环节单位电能消耗为 1.294705kW·h/t（CO_2），每吨CO_2运输碳排放量见表 6-2-3。东北电网的边际排放因子最高，导致单位CO_2运输碳排放量最大。由于各区域电网的边际排放因子不同，未来在实施 CCUS 项目时应该要考虑到地域的差异性。

表 6-2-3　CO_2运输的额外碳排放情景

区域	电网电量边际排放因子 / kg（CO_2）/（kW·h）	每吨CO_2运输碳排放 / kg（CO_2）/t（CO_2）
华北区域	0.968	1.253274
东北区域	1.1082	1.434792
华东区域	0.8046	1.04172
华中区域	0.9014	1.167047
西北区域	0.9155	1.185302
南方区域	0.8367	1.08328
全国平均	0.9224	1.194236

3）驱油埋存环节

在驱油埋存的环节中，排放主要来自消耗电能的间接排放以及采油过程中的套管气放空直接排放。而在驱油埋存环节的电耗主要来自于注水环节，注气环节以及举升环节。

（1）注水环节。注水电功率主要与注水压力、注水流量与注水泵效率有关，不同的情况下电耗会有较大的差距。根据实地调研结果，一般注入 1t 水大约耗电 5kW·h。

间接温室气体排放量：

$$E = \mathrm{EF}_{\mathrm{elec}} \times N_{\mathrm{p}} \times t \times 10^{-3} \tag{6-2-23}$$

式中　E——温室气体排放量，t；

　　　$\mathrm{EF}_{\mathrm{elec}}$——电网排放因子，t（$CO_2$）/（MW·h）；

　　　N_{p}——注水泵耗电功率，kW；

　　　t——运行时间，h。

（2）注气环节。注气环节的电功率主要取决于注气压力，实地调研数据显示，在 30MPa 的情况下注入 1t 气所消耗的电能大约是 10kW·h。

$$E = \frac{\mathrm{EF}_{\mathrm{elec}} \times W_{\mathrm{C}}}{3600} \tag{6-2-24}$$

式中　E——温室气体排放量，t；

　　　$\mathrm{EF}_{\mathrm{elec}}$——电网排放因子，t（$CO_2$）/（MW·h）；

　　　W_{C}——耗电量，MJ。

（3）举升环节。目前我国有杆泵采油井约占总采油井的 80%，是主要的人工举升方式。根据文献调查，抽油机的电功率大约为 8kW·h/（t·100m）。油井越深，采油耗电越多。

间接温室气体排放量：

$$E = \frac{\mathrm{EF}_{\mathrm{elec}} \times P_{\mathrm{o}} \times t}{1000} \tag{6-2-25}$$

式中　E——温室气体排放量，t；

　　　$\mathrm{EF}_{\mathrm{elec}}$——电网排放因子，t（$CO_2$）/（MW·h）；

　　　P_{o}——抽油机耗电功率，kW；

　　　t——运行时间，h。

（4）套管气放空环节。采油过程中，当井底压力低于原油泡点压力时，原油中溶解的气体（含甲烷、二氧化碳等）逸出，积聚在油套环形空间，形成套管气。当套管压力较高时，动液面会大幅下降，对采油环节造成较大影响，套管气传统的处理方式是回收或直接放空到大气中。套管气排放核算较准确的方式是对套管放气时进行在线流量监测，但是在线监测耗时耗力，对现场生产来说并不现实。同一个油田区块，地质结构和原油性质类似，油井的套管气数量和成分相差不大，可以通过对目标区块的油井套管气排放进行抽样监测，利用监测得到的平均排放因子估算目标区块油井套管放空导致温室气体排放的量：

$$E=\mathrm{EF}_{\mathrm{casing}}\times Q_{\mathrm{o}} \tag{6-2-26}$$

式中 E——温室气体排放量，kg/d；

$\mathrm{EF}_{\mathrm{casing}}$——套管排放因子，kg/t；

Q_{o}——原油产量，t/d。

（5）回收利用环节。地面处理过程中温室气体排放形式主要可以分为3类：原油加热炉的燃烧排放、各类原油储罐的逸散排放和泵机组等耗电设备的间接排放。井排处油、气、水混合物进入三相分离器，分离出部分天然气和水后进入油气分离器；在分离出大部分天然气后，进入含水油稳定塔，然后含水原油进入一次罐、二次罐进行两次沉降脱水。脱水后的原油经脱水泵加压后，依次进入水煤浆换热器和脱水加热炉中加热升温。加热后的含水原油经净化油稳定塔进入净化油罐，沉降脱水后经外输泵外输。

原油加热炉是油田生产过程中广泛应用的设备，是原油集输系统中提供热能的主要设备。加热炉温室气体排放与加热炉热效率、热负荷以及燃料类型等参数相关。加热炉温室气体排放计算：

$$E_{\mathrm{heater}}=\mathrm{EF}_{\mathrm{ghg}}\times H_{\mathrm{ef}}\times10^{-9} \tag{6-2-27}$$

式中 E_{heater}——锅炉温室气体排放量，t/d；

$\mathrm{EF}_{\mathrm{ghg}}$——加热炉燃料低位热值温室气体排放因子，t/TJ（LHV）；

H_{ef}——燃料燃烧释放出的热量，kJ/d。

在原油上游生产环节中，原油储罐是主要的温室气体逸散排放源，约占总逸散排放量的40%。储罐挥发出的气体中主要成分是甲烷（CH₄），大量的甲烷逸散到环境中，造成温室效应的同时也浪费了大量的能源。

各类原油储罐甲烷排放因子见表6-2-4。原油储罐逸散排放计算：

$$E_{\mathrm{CH_4}}=Q\times\mathrm{EF}_{\mathrm{CH_4}} \tag{6-2-28}$$

式中 $E_{\mathrm{CH_4}}$——甲烷排放量，kg/d；

Q——储罐转油量，t/d；

$\mathrm{EF}_{\mathrm{CH_4}}$——甲烷排放因子，kg/t。

表6-2-4 原油储罐甲烷排放因子

取值	甲烷排放因子/（kg/t）		
	一次沉降罐	二次/三次沉降罐	净化罐
算术平均值	0.1215	0.0274	0.0164
标准差	0.1599	0.0356	0.0289
95%置信区间	0～0.3846	0～0.0972	0～0.0730
最小值	0.0010	0.0002	0.0001
最大值	0.6184	0.1107	0.1116
中位数	0.0546	0.0100	0.0048

泵机组等耗电设备的间接温室气体排放计算如下：

$$E = EF_{elec} \times P \times t \times 10^{-3} \qquad (6-2-29)$$

式中　E——温室气体排放量，t；

　　　EF_{elec}——电网排放因子，t（CO_2）/（MW·h）；

　　　P——泵机组耗电功率，kW；

　　　t——运行时间，h。

2. 水资源效益

CO_2 捕集、驱油与埋存水资源效益体现在 CO_2 驱油相比于水驱油来说对水资源的节约利用上，对水资源的直接消耗主要体现在驱油环节。CO_2 驱油环节对水资源消耗来自对油藏进行水气交替注入。水气注入比值会因各油藏的差异情况存在很大的不同。而水驱油对水资源的消耗会根据驱油阶段的不同而发生变化，一开始水耗较低，随着油藏含水量增多，水耗也会逐渐加大。根据文献，取水驱耗水的经验值 6.09t（水）/t（油）。CO_2 驱油相较于水驱油会有一定的水资源的节约。

3. CO_2 减排效益

CO_2 减排效益包括两个部分：一是通过 CO_2 埋存减少排放产生的直接效益；二是 CO_2 驱油项目能多产出石油替代煤炭消耗所减少的排放产生的间接效益。

1）CO_2 埋存效益

CO_2 埋存量主要来自 CO_2 对油藏的注入量，CO_2 注入油田之后，会有一部分 CO_2 随着采油过程被采出，大约占注入量的 15%。这部分被采出的 CO_2 会被回收利用，然后再次进行注入，期间逸散的 CO_2 可以忽略不计，CO_2 埋存量约等于 CO_2 的注入量。

2）石油对煤炭的替代效益

对于能提供相同能量的石油与煤炭，石油的 CO_2 排放量要小于煤炭的 CO_2 排放量。CO_2 驱油项目能多采出的石油会代替煤炭的消耗，从而带来一定的减排效益。各种能源碳排放参考系数见表 6-2-5。

表 6-2-5　各种能源碳排放参考系数

能源名称	折标准煤系数 / kgce/kg	CO_2 排放系数 / kg（CO_2）/kg
原煤	0.7143	1.9003
焦炭	0.9714	2.8604
原油	1.4286	3.0202
燃料油	1.4286	3.1705
汽油	1.4714	2.9251
煤油	1.4714	3.0179

能源名称	折标准煤系数 / kgce/kg	CO₂ 排放系数 / kg（CO₂）/kg
柴油	1.4571	3.0959
液化石油气	1.7143	3.1013
炼厂干气	1.5714	3.0119
油田天然气	1.330	2.1622

资料来源：易碳家期刊碳交易网。

根据表 6-2-5 中数据，1t 原油折合标准煤 1.4286t，1t 原煤折合标准煤 0.7143t。而每 1t 原油排放 CO_2 量为 3.0202t，对应的 2t 原煤排放 CO_2 量为 3.8003t，即用 1t 原油代替标准煤可以带来 0.7804t 的 CO_2 减排。

三、能源效益

能源效益利用 CO_2 驱增油量来进行计算和评价。CO_2 驱增油量计算方法主要有油藏数值模拟方法和实际产量统计方法两种，两种方法在石油行业应用已相对成熟。

四、社会效益

社会效益主要包括税费以及产业关联效益。

1. 税费

CO_2 驱油与埋存项目涉及的主要税费为由于额外原油增产而导致的石油特别收益金、资源税和额外的企业所得税。根据财政部发布《关于提高石油特别收益金起征点的通知》（财税〔2014〕115 号），从 2015 年 1 月 1 日起，将石油特别收益金起征点提高至 65 美元 /bbl。财政部发布《中华人民共和国资源税暂行条例实施细则》，从 2011 年 11 月 1 日起，规定对油气资源税实行从价征收，税率为 5%～10%。企业所得税的税率为 25%，但是项目的利润可以补 5 年的亏损。CO_2 驱油与埋存项目对应的税费计算公式见表 6-2-6。

2. 产业关联效益

CO_2 驱油与埋存项目的实施与进行，与当地经济的发展有紧密的联系，与其他产业部门相互关联，CO_2 驱油与埋存项目需要从其他地区调入或调出产品和原材料，调出或调入工业产品和物资，从而使各地区各部门的产出与交通运输设施的能力直接联系起来，相互依存，相互制约。产业之间的关联关系和方式在不断发生变化，这种变化及其所产生的关联效应是经济发展的内在动力。考虑到投入产出模型对于研究地区经济效益问题的适应性，将投入产出模型应用于 CO_2 驱油与埋存项目的社会经济效益评价。

表 6-2-6　CO$_2$ 驱油与埋存项目税费计算公式

序号	税目	公式	税率及单位	最低	最高	说明
1	原油价格（A）		美元 /bbl			国际能源机构报告预测
2	资源税（B）	A× 销售数量 ×（6%～10%）	美元 /bbl	6	10	6%～10%（财税〔2014〕74 号）
3	石油特别收益金（C）	｛[A－65]× 征收率－速算扣除数｝× 销售数量 × 吨桶比 × 汇率	征收率，速算扣除数			吨桶比按石油开采企业实际执行或挂靠油种的吨桶比计算；美元兑换人民币汇率以中国人民银行当月每日公布的中间价按月平均计算
			0%，0.0			原油价格低于 65 美元 /bbl
			20%，0.0			原油价格 65～70 美元 /bbl
			25%，0.25			原油价格 70～75 美元 /bbl
			30%，0.75			原油价格 75～80 美元 /bbl
			35%，1.5			原油价格 80～85 美元 /bbl
			40%，2.5			原油价格高于 85 美元 /bbl
4	税收合计（D）	B＋C	美元 /bbl			
5	平均成本（E）		美元 /bbl			
6	总成本及税金（F）	D＋F	美元 /bbl			
7	净现金利润（G）	A× 销售数量－F	美元 /bbl			
8	企业所得税（H）	G×25%	美元 /bbl			
9	净收入（I）	G－H				

　　投入产出分析是研究经济系统各个部分间表现为投入与产出的相互依存关系的分析方法。投入产出法就是把一系列内部部门在一定时期内投入（购买）来源与产出（销售）去向排成一张纵横交叉的投入产出表格，根据此表建立数学模型，计算消耗系数，并据此进行经济分析和预测的方法。投入产出法的应用基础是投入产出表的编制，我国自 20 世纪 70 年代开始编制国家级投入产出表，随后各个省份也都开始了投入产出表的编制工作，特别是 1987 年国务院确定投入产出表的编制制度以来，投入产出表的部门分类、编制方法已经趋于统一，并逐渐与国际惯例接轨，正是由于存在较为详实的投入产出分析的基础资料，因此投入产出方法的应用也成为了可能。投入产出表的基本形式见表 6-2-7。

　　投入产出模型可以从数量上反映经济系统各部门之间的依存关系，反映国民经济各部门之间生产与分配的关系。部门之间的经济活动多种多样，但无论如何，总是处于相互影响的动态平衡之中。人们在运用投入产出分析方法对经济活动进行分析时，一般都采用基于价值型投入产出模型。

表 6-2-7 投入产出表样式

投入		中间使用				最终产品			总产出
		产业 1	产业 2	……	产业 n	消费	积累	小计	
中间投入	产业 1	第Ⅰ象限				第Ⅱ象限			
	产业 2								
	……								
	产业 n								
最终投入	固定资产折旧	第Ⅲ象限				第Ⅳ象限			
	劳动者报酬								
	生产税净额								
	营业余额								
	小计								
总投入									

五、CO₂驱油与埋存效益评估软件

在 CO₂驱油与埋存效益评估方法的基础上，运用 C++ 语言编程、Qt 开发框架和 Excel 文件处理，对 CO₂驱油与埋存项目的效益评估系统进行了程序设计。为了使程序更具可视化和人性化，应用 QtQuick 做前端 UI 框架和导航控制，HTML（JavaScript）构造和显示数据表格，最后应用 Qt 框架和 Excel 之间的接口将两者连接起来。图 6-2-3 为程序运行主界面。一级界面包括：能源效益、经济效益、环境效益和社会效益。单机界面的导出文件，生成 Excel 文件，操作者根据 Excel 文件内容，填报相关参数信息，然后将填报后的 Excel 导入软件中，即可进行运算，得到计算结果。CO₂驱油与埋存效益评估方法和软件为应用提供依据。

图 6-2-3 CO₂驱油与埋存效益评估软件主界面

第三节　CO₂捕集、驱油与埋存源汇匹配优化研究

区域内不同类型油藏与周边不同行业的 CO_2 排放源建立的 CO_2 捕集、驱油与埋存源汇体系，采用何种源汇优化方案，需要在油藏 CO_2 驱油与埋存潜力评估的基础上，构建涵盖油藏筛选、管网布局和油田接替开发规划方案等要素的源汇匹配方法，在 CO_2 捕集、运输和油田 CO_2 驱油与埋存三个环节的经济效益、社会效益和环境效益的约束下，寻求 CO_2 捕集、驱油与埋存全生命周期投入产出比最佳，以降低项目投资成本和各环节投资风险，实现整个产业链的经济效益最大化。

一、CO₂捕集、驱油与埋存源汇优化模型设计与构建

在 ArcGIS 平台中建立包含油田区块的油藏基本参数信息和工业 CO_2 排放源信息的源汇数据库，应用油藏 CO_2 驱油潜力评价软件和油田区块可承受的 CO_2 极限成本计算模块，对油田区块进行初步分级，结合整个油区内各区块的注采数据模型，将 Excel 输出结果导入 GAMS 软件，通过 dicopt 求解器将优化结果返回给 ArcGIS 和 CO_2 捕集、驱油与埋存成本分析计算模块（图 6-3-1）。优化结果和整体系统的经济性分析可支持油田制定 CO_2 捕集、驱油与埋存产业规划。

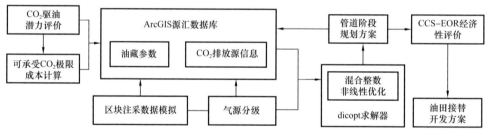

图 6-3-1　源汇匹配模型架构

CO_2 捕集、驱油与埋存源汇优化模型的约束条件：

（1）可承受的 CO_2 购置成本较低的油田区块现阶段不开展源汇匹配；

（2）优先匹配捕集成本较低的工业 CO_2 排放源；

（3）满足 CO_2 捕集、驱油与埋存近零排放要求，油田区块 CO_2 注入量和采出 CO_2 循环回注量的可动态接替；

（4）碳捕集装置、压缩装置和输送管道的基建投资大和运行成本高，成本经济性与装置规模化成正比，因此优先匹配规模大的单点 CO_2 排放源与多个油田区块，经济性更优。

CO_2 捕集、驱油与埋存源汇匹配使用超结构建模的优化方法。CO_2 捕集、驱油与埋存超结构建模首先需要确定管道连接的所有可能模式，即解空间。在 CO_2 捕集、驱油与埋存源汇匹配中 CO_2 排放源之间、油田之间、排放源和油田之间都可以用管道连接。因此，其管网超结构模型如图 6-3-2 所示，圆代表 CO_2 排放源，正方形代表的油田，虚线代表可能存在的 CO_2 管道，每一条虚线的存在与否用 0-1 变量描述。管网超结构优化就

是根据给定的目标函数，在解空间所有可能的管网连接中选取最优的管网拓扑结构及流量分布。

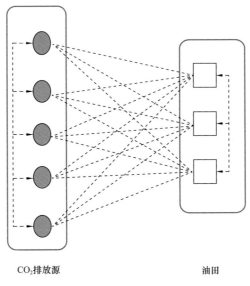

CO$_2$排放源   油田

图 6-3-2 管网超结构模型

二、数学建模及动态优化

1. 数学建模

油田区块水驱油开发到一定阶段，停止水驱油开发，开始实施 CO$_2$ 驱油。注气方式为先连续注 0.2HCPV 的 CO$_2$，再水气交替（体积比 1：1）注入 0.4HCPV，具体注入速度为 0.033～0.047HCPV/a。通过模拟 15 年的注采数据，可以看出 CO$_2$ 驱油后，油田年 CO$_2$注入量是动态变化的。油田 CO$_2$ 驱油 5 年后，伴生气循环回注，使油田区块外购注气量逐渐减少，因此在 CO$_2$ 捕集、驱油与埋存动态优化研究中，以 5 年为一个阶段，每一阶段的优化目标是使该阶段 CO$_2$ 捕集、驱油与埋存总成本现值最小（Min）。

CO$_2$ 捕集、驱油与埋存总成本现值由 4 部分构成：捕集装置投资和运行维护费用现值、压缩装置投资和运行维护费用现值、网管投资和运行维护费用现值、驱油投资（钻采工程、地面工程等）和运行维护费用现值。目标函数计算公式如下：

$$\text{Min:} F = \sum_{i=1}^{N} \left[C_{\text{CAPEX}}^{\text{capture}}(i) + C_{\text{OPEX}}^{\text{capture}}(i) + C_{\text{CER}} \times Q_{\text{capture}}(i) \right] y_{\text{capture}}(i,t) +$$

$$\sum_{i=1}^{N} \left[C_{\text{CAPEX}}^{\text{compress}}(i) + C_{\text{OPEX}}^{\text{compress}}(i) \right] y_{\text{compress}}(i,t) + \sum_{i=1}^{N} \sum_{j=1}^{M} \left[C_{\text{CAPEX}}^{\text{transport}}(i,j) + C_{\text{OPEX}}^{\text{transport}}(i,j) \right] y_{\text{transport}}(i,j,t) +$$

$$\sum_{i=1}^{N} \left\{ C_{\text{CAPEX}}^{\text{eor}}(i) + C_{\text{OPEX}}^{\text{eor}}(i) + C_{\text{DS}} \times \left[Q_{\text{eor}}(i) - Q_{\text{cyc}}(i) \right] \right\} y_{\text{eor}}(i,t)$$

$$(6-3-1)$$

s.t.

$$h(x,y)=0 \begin{cases} \text{CO}_2 \text{排放源排放量及位置} \\ \text{CO}_2 \text{封存汇的封存容量及位置} \\ \text{网格节点的质量流量平衡} \\ \text{管道的位置和流量限制} \\ \text{节点捕集量限制} \\ \text{节点封存量要求} \end{cases} \quad x \in \mathscr{R}^n, \; y \in Y=\{0,1\}^m \quad （6-3-2）$$

式中　$C_{\text{CAPEX}}^{\text{capture}}(i)$，$C_{\text{OPEX}}^{\text{capture}}(i)$——$\text{CO}_2$ 捕集装置 i 的建设投资和运行维护成本，元 /t；

$C_{\text{CAPEX}}^{\text{compress}}(i)$，$C_{\text{OPEX}}^{\text{compress}}(i)$——压缩机 i 的建设投资和运行维护成本，元 /t；

$C_{\text{CAPEX}}^{\text{transport}}(i,j)$，$C_{\text{OPEX}}^{\text{transport}}(i,j)$——油田区块 i 到 j 之间的管道建设投资和运行维护成本，元 /t；

$C_{\text{CAPEX}}^{\text{eor}}(i)$，$C_{\text{OPEX}}^{\text{eor}}(i)$——$\text{CO}_2$-EOR 钻采和地面工程基建投资和运行维护成本，元 /t；

$Q_{\text{eor}}(i)$——CO_2-EOR 注入量；

$Q_{\text{cyc}}(i)$——CO_2-EOR 循环量；

f——目标函数；

h，g——约束条件；

x——连续的实变量；

y——0~1 变量。

2. 约束条件

管网的物理约束条件包括针对节点的质量守恒约束、捕集量限制、埋存量限制，针对管道的位置约束、质量流量限制等方面。

1）节点质量守恒

节点的 CO_2 捕集量与流入该节点 CO_2 之和等于该节点 CO_2 埋存量与流出该节点 CO_2 之和。

$$M_{\text{capture}}(i,t)+\sum_{j=1}^{N}M(j,i,t)+\sum_{j=1}^{N}M(i,j,t)+M_{\text{storage}}(i,t) \quad （6-3-3）$$

式中　$M_{\text{capture}}(i,\,t)$——$t$ 阶段节点 i 的 CO_2 捕获量，节点为油田时为 0，10^4t/a；

$M_{\text{storage}}(i,\,t)$——$t$ 阶段节点 i 的 CO_2 埋存量，节点为排放源时为 0，10^4t/a；

$M(i,j,\,t)$——t 阶段由节点 i 流向节点 j 的质量流量，10^4t/a；

$M(j,i,\,t)$——t 阶段由节点 j 流向节点 i 的质量流量，i 与 j 相等时为 0，10^4t/a；

N——节点数，包括所有的 CO_2 排放源和油田，个。

式（6-3-3）中各流量的单位均为 10^4t/a。

2）节点 CO_2 捕集量限制

节点 CO_2 捕集量等于其高浓度 CO_2 捕集量、中浓度 CO_2 捕集量和低浓度 CO_2 捕集量

之和。

$$M_{\text{capture}}\,(i,\ t)=M_{\text{Hcapture}}\,(i,\ t)+M_{\text{Mcapture}}\,(i,\ t)+M_{\text{Lcapture}}\,(i,\ t) \qquad (6-3-4)$$

式中　$M_{\text{Hcapture}}\,(i,\ t)$——$t$ 阶段节点 i 的高浓度 CO$_2$ 捕集量，10^4t/a；

　　　$M_{\text{Mcapture}}\,(i,\ t)$——$t$ 阶段节点 i 的中浓度 CO$_2$ 捕集量，10^4t/a；

　　　$M_{\text{Lcapture}}\,(i,\ t)$——$t$ 阶段节点 i 的低浓度 CO$_2$ 捕集量，10^4t/a。

节点高浓度、中浓度、低浓度 CO$_2$ 的捕集量分别小于（或等于）该节点的高浓度、中浓度、低浓度 CO$_2$ 排放量。

$$0 \leqslant M_{\text{Hcapture}}\,(i,\ t) \leqslant y_{\text{source}}\,(i) \times M_{\text{Hsource}}\,(i,\ t) \qquad (6-3-5)$$

$$0 \leqslant M_{\text{Mcapture}}\,(i,\ t) \leqslant y_{\text{source}}\,(i) \times M_{\text{Msource}}\,(i,\ t) \qquad (6-3-6)$$

$$0 \leqslant M_{\text{Lcapture}}\,(i,\ t) \leqslant y_{\text{source}}\,(i) \times M_{\text{Lsource}}\,(i,\ t) \qquad (6-3-7)$$

式中　$y_{\text{source}}\,(i)$——记录节点 i 是否为排放源的 0～1 变量，10^4t/a；

　　　$M_{\text{Hsource}}\,(i,\ t)$——$t$ 阶段节点 i 的高浓度 CO$_2$ 排放量，10^4t/a；

　　　$M_{\text{Msource}}\,(i,\ t)$——$t$ 阶段节点 i 的中浓度 CO$_2$ 排放量，10^4t/a；

　　　$M_{\text{Lsource}}\,(i,\ t)$——$t$ 阶段节点 i 的低浓度 CO$_2$ 排放量，10^4t/a。

3）节点 CO$_2$ 埋存量限制

油田 CO$_2$ 埋存量等于其需求量。

$$M_{\text{storage}}\,(i,\ t)=y_{\text{eor}}\,(i,\ t) \times M_{\text{sink}}\,(i,\ t) \qquad (6-3-8)$$

式中　$M_{\text{sink}}\,(i,\ t)$——t 阶段节点 i 的 CO$_2$ 需求量，依据 EOR 情况设定，10^4t/a；

　　　$y_{\text{eor}}\,(i,\ t)$——记录 t 阶段节点 i 是否进行 EOR 的 0～1 变量。

4）管道质量流量上限

$$M\,(i,\ j,\ t)=y_{\text{pipe}}\,(i,\ j,\ t) \times M_{\text{uplimit}} \qquad (6-3-9)$$

式中　M_{uplimit}——管道流量的上限，一般可设为全部油田 CO$_2$ 需求量之和，10^4t/a；

　　　$y_{\text{pipe}}\,(i,\ j,\ t)$——记录 t 阶段节点 i 到节点 j 之间是否存在管道的 0～1 变量。

5）管道质量流量下限

$$M\,(i,\ j,\ t) > y_{\text{pipe}}\,(i,\ j,\ t) \times M_{\text{downlimit}} \qquad (6-3-10)$$

式中　$M_{\text{downlimit}}$——管道流量的下限，10^4t/a。

6）管道冗余限制

该约束限定管道流动为单向流动，两个节点之间至多能有 1 根管道，有：

$$y_{\text{pipe}}\,(i,\ j,\ t)+y_{\text{pipe}}\,(j,\ i,\ t) \leqslant 1 \qquad (6-3-11)$$

7）CO$_2$ 驱油与埋存油田选择限制

每个阶段新增一个油田进行 CO$_2$ 驱油与埋存，有：

$$\sum_{i=0}^{N} y_{\text{eor}}\,(i,t)=t \qquad (6-3-12)$$

$$y_{eor}(i, t) \leqslant y_{sink}(i) \qquad (6-3-13)$$

式中　$y_{sink}(i)$——判断节点 i 是否为油田的 $0 \sim 1$ 变量。

3. 目标函数

在 CO_2 捕集、驱油与埋存动态优化研究中，每 5 年为一个阶段，每一阶段的优化目标是使该阶段 CO_2 单位供给成本现值最小。CO_2 单位供给成本现值可由下式计算：

$$Lcost(t) = C_{total}(t) / M_{total}(t) \qquad (6-3-14)$$

式中　$Lcost(t)$——t 阶段的 CO_2 单位供给成本现值，万元；

　　　$C_{total}(t)$——t 阶段的 CO_2 总供给成本现值，万元；

　　　$M_{total}(t)$——t 阶段的 CO_2 总供给量折现值，$10^4 t/a$。

三、源汇匹配优化案例

以我国东部区域典型油田 C 与周边工业 CO_2 排放源为实例建立源汇优化模型，开展源汇匹配研究。如图 6-3-3 所示，区域内油田区块分布较为分散，附近大规模工业 CO_2 排放源呈聚群分布，以燃煤电厂、水泥厂和钢铁厂为主，无煤化工、制氢等高浓度工业 CO_2 排放源。以区域内单点 CO_2 排放量高于 $100 \times 10^4 t/a$、分布最密集且捕集技术较为成熟的燃煤电厂作为碳源，筛选出该区域装机容量大于 300MW 的燃煤电厂共 15 座，可捕集 CO_2 量超过 $2000 \times 10^4 t/a$。通过 CO_2 驱油的潜力评价方法评价区域内有 9 个油田区块注 CO_2 技术可行，该区域内油田 CO_2 埋存量为 $6000 \times 10^4 t$，可注入井数为 1020 口。以油藏和原油的固有特性为基础，通过 CO_2 驱油潜力评价，从众多油藏中初筛选出具有效益开发潜力的油藏区块，明确是否为混相驱等，并对适合的油藏开展储层精细描述，通过数值模拟，编制注气方案。

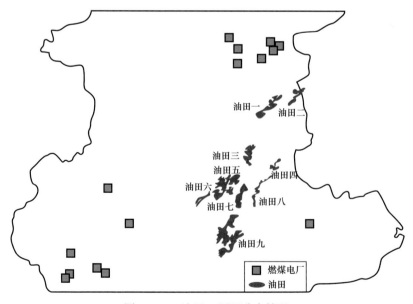

图 6-3-3　油田 C 源汇分布情况

1. 油田区块筛选

首先模拟水气交替注入方式，计算各区块 15 年的水、气、油产量和循环伴生气注采参数。初步筛选得出油田六、油田八和油田九需要注入井数多、累计总注入量低，在技术上不适合开展 CO_2 驱油。计算剩余各油田区块 CO_2 承受极限成本进行二次筛选，在不考虑碳排放权交易价格和 CO_2 埋存补贴的条件下，油田八在原油价格为 110 美元 /bbl 条件下，可承受 CO_2 极限成本才为正值，在目前技术和政策条件下也不适宜开展 CO_2 驱油，筛选结果见表 6-3-1。通过两次油藏筛选，仅剩 5 个油田在技术和经济上适宜开展 CO_2 捕集、驱油与埋存。

表 6-3-1 油藏筛选结果

油田区块	潜力评价		技术上是否可行	可承受 CO_2 极限成本 /（元 /t）		经济上是否可行
	单井注入量 /10^4t/a	可注入井数上限 /口		原油价格 60 美元 /bbl	原油价格 110 美元 /bbl	
油田六	0.241	70	否	<0	32	否
油田七	0.285	20	是	—	—	否
油田八	0.301	30	否	<0	3	否
油田九	0.325	25	否	—	—	否

2. CO_2 捕集、驱油与埋存阶段开发规划

适合开展 CO_2 驱油的 5 个油田区块作为 5 个 CO_2 输送主管道节点，共计 875 个注入井作为 CO_2 输送支线管道节点，同时考虑 CO_2 捕集装置、运输管道等设备的运行。

以项目运行周期为 30 年、CO_2 驱油开发过程 15 年计算，依据 CO_2 捕集、驱油与埋存源汇优化方法，对筛选后的 5 个油田区块未来 30 年内阶段开发规划进行分析和评价，以达到排放企业、管道输送企业和油田企业的经济性最优。通过优化得到 30 年内共 6 个阶段的源汇匹配和管道布局如图 6-3-4 所示。CO_2 排放源优选区域内 1 家装机容量为 $2 \times 330MW$ 的新建燃煤电厂，发电率 80% 时该燃煤电厂年发电量为 $46 \times 10^8 kW \cdot h$，两台机组 CO_2 排放量约为 $452 \times 10^4 t/a$，可满足区域内 5 个油田区块接替开发注气量需求。5 个油田区块各阶段投产方案的优化结果见表 6-3-2 和表 6-3-3。

在管道规划方案下，结合油田利用 CO_2 捕集、驱油与埋存成本分析计算模块，对源汇匹配方案进一步开展经济性分析和评估。在 CO_2 捕集装置和管网设施的寿命年限内，5 个油田区块分阶段开发，30 年内注入并埋存 CO_2 共计 $5460 \times 10^4 t$，生产原油 $1245 \times 10^4 t$。CO_2 捕集装置设计为 $200 \times 10^4 t/a$，建设投资成本为 6.4 亿元，压缩装置投资成本为 2.7 亿元，管道共计 175km，分两期建设，第一期 3 条管道建设投资 2.29 亿元，第二期 1 条管道建设 0.88 亿元，全生命周期 CO_2 的平均供给成本为 272 元 /t。当油价为 70 美元 /bbl 时，油田区块的可承受 CO_2 极限成本可降至 270 元 /t。

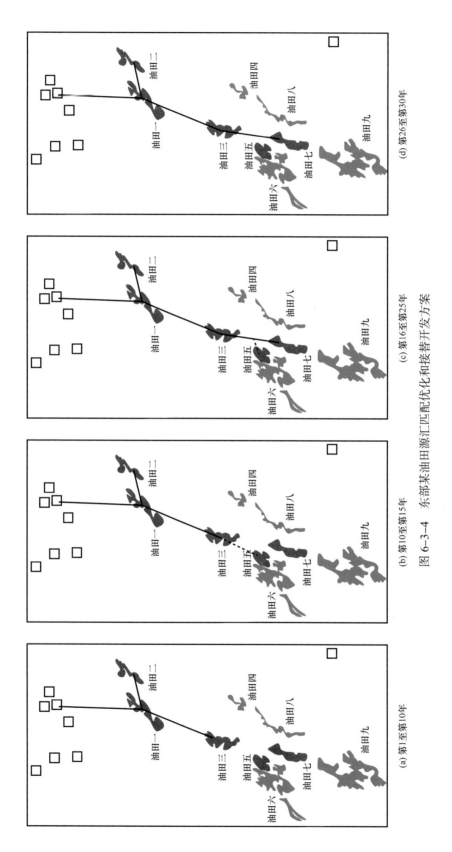

(a) 第1至第10年　　(b) 第10至第15年　　(c) 第16至第25年　　(d) 第26至第30年

图6-3-4　东部某油田油源汇匹配优化和接替开发方案

表 6-3-2　油田 C 源汇匹配优化和接替开发方案优化结果（一）

项目		第 1 阶段（第 1 至第 5 年）	第 2 阶段（第 6 至第 10 年）	第 3 阶段（第 11 至第 15 年）	第 4 阶段（第 16 至第 20 年）	第 5 阶段（第 21 至第 25 年）	第 6 阶段（第 26 至第 30 年）
CO_2 使用量 / 10^4t/a	油田一	51	26	26	0	0	0
	油田二	54（注 116 口）	54（注 164 口，其中新注井 58 口）	54（注 202 口，其中新注 28 口）	33（停注 116 口，注气 114 口，新注 28 口）	13（停注 174 口，注气 56 口）	7（停注 202 口，注气 28 口）
	油田三	95（注 173 口）	120（注 305，其中新注 132 口）	107（注 345 口，其中新注 40 口）	95（停注 173 口，注气 172 口）	11（停注 305 口，注气 40 口）	0
	油田五	0	0	13（注 30 口）	8（注 30 口）	8（注 30 口）	0
	油田七	0	0	0	64（注 46 口）	150（注气 150 口，新注 86 口）	103（注气 150 口）
排放源捕集量 / (10^4t/a)		200	200	200	200	182	110
新建设备容量	捕集 / (10^4t/a)	200					
	压缩 / (10^4t/a)	200					
	管道长度或运输方式	132km（气源至油田一管道 49km；油田一至油田二管道 27km；油田一至油田三管道 56km）		槽车运输	54km（油田三至油田七管道；油田七至油田五槽车运输）		

表 6-3-3　油田 C 源汇匹配优化和接替开发方案优化结果（二）

项目	第 1 阶段（第 1 至第 5 年）	第 2 阶段（第 6 至第 10 年）	第 3 阶段（第 11 至第 15 年）	第 4 阶段（第 16 至第 20 年）	第 5 阶段（第 21 至第 25 年）	第 6 阶段（第 26 至第 30 年）
捕集投资 / 亿元	6.4	0	0	0	0	0
捕集运行维护 / 亿元 /a	3.35（其中蒸汽费用 2.38 亿元）	3.35	3.35	3.35	3.35	3.35
压缩投资	2.7	0	0	0	0	0
压缩运行维护 / 亿元 /a	0.98	0.98	0.98	0.98	0.98	0.98

项目	第 1 阶段（第 1 至第 5 年）	第 2 阶段（第 6 至第 10 年）	第 3 阶段（第 11 至第 15 年）	第 4 阶段（第 16 至第 20 年）	第 5 阶段（第 21 至第 25 年）	第 6 阶段（第 26 至第 30 年）
运输投资 / 亿元	2.29	0	0	1.1	0	0
运输运行维护 / 亿元 /a	0.157	0.157	0.255	0.235	0.235	0.225
阶段总成本 / 亿元	33.8	22.4	22.9	23.9	22.8	22.8
总成本 / 亿元	148.6					
单位供给成本 / 元 /t	247.7					

参考文献

陈亮，顾鸿君，刘荣军，等，2017. 低渗油藏 CO_2 驱特征曲线理论推导及应用［J］. 新疆石油地质，38（2）：229-232.

陈龙龙，余华贵，汤瑞佳，等，2017. 沥青质沉积对轻质油藏 CO_2 驱的影响［J］. 油田化学，34（1）：87-91.

陈如意，2009. CO_2 精制生产过程工艺参数优化方法的研究［D］. 大连：大连理工大学.

陈营，2009. 层次分析法在输气管道设计方案优化中的应用研究［D］. 成都：西南石油大学.

陈祖华，2020. 苏北盆地注 CO_2 提高采收率技术面临的挑战与对策［J］. 油气藏评价与开发，10（3）：60-67.

崔振东，刘大安，曾荣树，等，2011. CO_2 地质封存工程的潜在地质环境灾害风险及防范措施［J］. 地质论评，57（5）：700-706.

刁玉杰，张森琦，郭建强，等，2011. 深部咸水层 CO_2 地质储存地质安全性评价方法研究［J］. 中国地质，38（3）：786-792.

杜海燕，路民旭，吴荫顺，等，2006. 脂肪醚胺羧缓蚀剂对 X65 钢抗 CO_2 腐蚀的机理研究［J］. 金属学报，42（5）：533-536.

杜磊，湛哲，徐发龙，等，2010. 大规模管道长输 CO_2 技术发展现状［J］. 油气储运，29（2）：86-92.

冯蓓，2010. 二氧化碳腐蚀机理及影响因素［J］. 辽宁化工，39（9）：976-979.

高帅，魏宁，李小春，等，2017. 层状非均质性对 CO_2 在盖层中迁移泄漏规律的影响［J］. 岩土力学，38（11）：3287-3294.

辜志宏，彭慧琴，耿会英，2006. 气体对抽油泵泵效的影响及对策［J］. 石油机械，34（2）：64-68.

郭睿，张春生，包亮，等，2008. 新型咪唑啉缓蚀剂的合成与应用［J］. 应用化学，25（4）：494-498.

郭文敏，李治平，吕爱华，等，2015. 气体示踪表征 CO_2 流特征实验研究［J］. 西南石油大学学报（自然科学版），37（1）：111-115.

郭秀丽，2009. 东方 1-1 气田 CO_2 储存与输送方案优化分析［D］. 东营：中国石油大学（华东）.

韩永嘉，王树立，张鹏宇，等，2009. CO_2 分离捕集技术的现状与进展［J］. 天然气工业，（12）：79-82，147-148.

胡建国，张志浩，孙银娟，2017. 油田二氧化碳驱 20# 和 L245NS 管线钢腐蚀规律研究［J］. 油气田地面工程，36（9）：18-23.

胡永乐，2016. 二氧化碳驱油与埋存技术文集［M］. 北京：石油工业出版社.

胡永乐，郝明强，2020. CCUS 产业发展特点及成本界限研究［J］. 油气藏评价与开发，10（3）：15-22.

胡永乐，郝明强，陈国利，等，2018. 注二氧化碳提高石油采收率技术［M］. 北京：石油工业出版社.

胡永乐，郝明强，陈国利，等，2019. 中国 CO_2 驱油与埋存技术及实践［J］. 石油勘探与开发，46（4）：1-12.

胡永乐，吕文峰，杨永智，等，2020. 注二氧化碳提高石油采收率技术文集［M］. 北京：石油工业出版社.

黄海东，张亮，任韶然，等，2013. CO_2 驱与埋存中流体运移监测方法与结果［J］. 科学技术与工程，

（31）：9316-9321.

黄小钊，2013. 论防气锁抽油泵的设计及应用研究［J］. 化工管理，（24）：229.

贾菲，于海峰，王刚，2019. 中深井可钻桥塞多级管插配地面分注技术［J］. 长春工业大学学报，40（1）：94-98.

李兰廷，解强，2005. 温室气体 CO_2 的分离技术［J］. 低温与特气（4）：1-6.

李玲杰，杨耀辉，张彦军，等，2017. 缓蚀剂类型和含水率对碳钢在 H_2S/CO_2 环境中腐蚀行为的影响［J］. 腐蚀与防护，38（10）：795.

李玲杰，张彦军，杨耀辉，2019. 一种新型胺基磷酸酯水溶缓蚀剂的合成及其缓蚀性能［J］. 腐蚀与防护，40（9）：663-666.

李阳，2020. 低渗透油藏 CO_2 驱提高采收率技术进展及展望［J］. 油气地质与采收率，27（1）：1-10.

李玉平，2009. 计算大气扩散系数的一组经验公式［J］. 北京理工大学学报，29（10）：914-917.

梁明华，苗健，2013. 一种咪唑啉缓蚀剂对油田用 P110 钢 CO_2 腐蚀的缓蚀行为［J］. 腐蚀与防护，（5）：395-398.

廖广志，马德胜，王正茂，等，2018. 油田开发重大试验实践与认识［M］. 北京：石油工业出版社.

林名桢，贾建昌，王翀，等，2012. CO_2 低温分馏提纯工艺优化与研究［J］. 石油与天然气化工，41（6）：547-550.

刘博，任呈强，贺三，等，2018. 20 钢和 L245NS 钢在 CO_2 驱油反排水中的腐蚀行为［J］. 腐蚀与防护，39（6）：418-423.

刘朝全，姜学峰，2019. 2018 年国内外油气行业发展报告［M］. 北京：石油工业出版社.

刘春明，董飞跃，陈浦，等，2014. 阿克气田 CO_2 液化及管道输送技术［J］. 化学工程与装备，（7）：114-116.

刘光成，孙永涛，马增华，等，2014. 高温 CO_2 介质中 N80 钢的腐蚀行为［J］. 材料保护，47（10）：68-70.

陆家亮，赵素平，孙玉平，等，2018. 中国天然气产量峰值研究及建议［J］. 天然气工业，38（1）：1-9.

陆诗建，高丽娟，彭松水，等，2019. CO_2 回收液化工艺的优化［J］. 化工进展，38（5）：2515-2520.

吕占春，2019. 井下作业中连续油管技术的应用［J］. 石化技术，26（2）：42-64.

马乐，2011. MDEA 为主体的混合胺法吸收 CO_2 的研究［D］. 北京：北京化工大学.

马丽华，2015. 两种新型石油管道防腐技术实验［J］. 油气田地面工程（5）16-17.

钱焕群，朱义成，张璐，等，2010. 亚临界管道输送 CO_2 研究［J］. 可再生能源，28（2）：50-52.

秦积舜，韩海水，刘晓蕾，2015. 美国 CO_2 驱油技术应用及启示［J］. 石油勘探与开发，42（2）：209-216.

曲天非，张早校，王如竹，等，2001. 改进的二氧化碳液化方案节能分析［J］. 压缩机技术（1）：15-20.

任韶然，任博，李永钊，等，2012. CO_2 地质埋存监测技术及其应用分析［J］. 中国石油大学学报（自然科学版），36（1）：106-111.

申桂英，2015. 缓蚀剂的品种与市场［J］. 精细与专用化学品，23（2）：1-4.

沈平平，廖新维，2009. CO_2 地质储存与提高石油采收率技术［M］. 北京：石油工业出版社.

沈少锋，毛恒松，2014.尾气二氧化碳捕获及低温液化新工艺［C］.2014中国环境科学学会学术年会（第六章）.中国环境科学学会：699-704.

师庆三，2021.碳中和约束下新疆塔里木、准噶尔、吐哈盆地CO_2理论储存潜力评估［J］.环境与可持续发展，（5）：99-105.

孙晶晶，2014.CO_2驱油田伴生气二氧化碳回收系统的工艺流程模拟与改进［D］.长沙：湖南大学.

谭大志，2005.溶液法富集CO_2的基础研究［D］.大连：大连理工大学.

唐泽玮，慕立俊，周志平，等，2019.超临界CO_2缓蚀阻垢剂的合成及性能评价［J］.油田化学，36（3）：472-475.

汪蝶，张引弟，杨建平，等，2016.CO_2输送、液化与储存方案流程的HYSYS模拟及优化［J］.油气储运，35（10）：1066-1071.

王保登，赵兴雷，崔倩，等，2018.中国神华煤制油深部咸水层CO_2地质封存示范项目监测技术分析［J］.环境工程，36（2）：33-36，41.

王芳，罗辉，范维玉，等，2017.非离子表面活性剂分子结构对CO_2驱混相压力的影响［J］.油田化学，34（2）：270-273.

王海涛，王锐，伦增珉，等，2017.高温高压CO_2/原油界面张力及对驱油效率的影响［J］.科学技术与工程，17（34）：38-42.

王剑杰，2019.新形势下油田井下作业中的连续油管技术［J］.山东工业技术，（3）：90.

王卫阳，万国强，韦欣法，等，2015.基于FLUENT的有杆泵固定阀流量系数模拟计算［J］.石油钻采工艺，37（3）：71-75.

王永胜，2018.中国神华煤制油深部咸水层二氧化碳捕集与地质封存项目环境风险后评估研究［J］.环境工程，36（2）：21-26.

王玉晶，林海波，陈海岩，等，2008.二氧化碳驱油地面工程技术研究［J］.石油规划设计，19（2）：30-31.

王志龙，梅平，许昌杰，2004.二氧化碳对钢腐蚀的影响研究［J］.油气田环境保护，11（1）：50.

王重卿，2012.二氧化碳地质储存安全风险评价方法研究［D］.北京：华北电力大学.

吴贵阳，余华利，闫静，等，2016.井下油管腐蚀失效分析［J］.石油与天然气化工，45（2）：50-54.

吴晓东，尚庆华，刘长宇，等，2012.一种CO_2驱油井产能预测方法及其应用［J］.石油钻采工艺，34（1）：72-75.

吴荫顺，2005.电化学保护和缓蚀剂应用技术［M］.北京：化学工业出版社.

鲜宁，张平，荣明，等，2019.连续油管在酸性环境下的疲劳寿命研究进展［J］.天然气与石油，37（1）：63-67.

谢健，魏宁，吴礼舟，等，2017.CO_2地质封存泄漏研究进展［J］.岩土力学，38（S1）：181-188.

徐钢，田龙虎，杨勇平，等，2011.新型CO_2分离液化提纯一体化系统［J］.工程热物理学报，32（12）：1987-1991.

徐小峰，刘永辉，沈园园，等，2017.南堡油田N80、P110套管CO_2静态腐蚀评价与应用［J］.钻采工艺，40（6）：19-21，6.

徐学利，王涛，余晗，等，2019. 低摩擦速度下 CT80 油管摩擦磨损性能［J］. 润滑与密封，44（2）：66-71.

杨思玉，廉黎明，杨永智，等，2015. 用于 CO_2 驱的助混剂分子优选及评价［J］. 新疆石油地质，（5）：555-559.

杨勇，吕广忠，张东，等，2020. 胜利油田特低渗透油藏 CO_2 驱技术研究与实践［J］. 油气地质与采收率，27（1）：1-10.

叶建平，冯三利，范志强，等，2007. 沁水盆地南部注二氧化碳提高煤层气采收率微型先导性试验研究［J］. 石油学报，28（4）：77-80.

喻西崇，李志军，潘鑫鑫，等，2009. CO_2 超临界态输送技术研究［J］. 天然气工业，29（12）：83-86.

袁青，刘音，毕研霞，等，2015. 油气田开发中 CO_2 腐蚀机理及防腐方法研究进展［J］. 天然气与石油，33（2）：78-81.

袁士义，2014. CO_2 减排、储存和资源化利用的基础研究论文集［M］. 北京：石油工业出版社.

袁士义，2016. 注气提高油田采收率技术文集［M］. 北京：石油工业出版社.

袁曦，肖杰，张碧波，等，2017. 酸性气井井筒腐蚀控制技术研究［J］. 石油与天然气化工，46（1）：76-78，82.

张国安，路民旭，吴荫顺，2005. CO_2 腐蚀产物膜的微观形貌和结构特征［J］. 材料研究学报，19（5）：537-548.

张娟，李翼，崔波，林梅钦，等，2014-12-10. 一种超临界 CO_2 微乳液提高原油采收率的方法：中国，CN104194762 A［P］.

张军，李中谱，赵卫民，等，2008. 咪唑啉缓蚀剂缓蚀性能的理论研究［J］. 石油学报石油加工，24（5）：598-604.

张萍，2008. 二氧化碳液化及输送技术研究［D］. 东营：中国石油大学.

张学元，邸超，雷良才，2001. 二氧化碳腐蚀与控制［M］. 北京：化学工业出版社.

张早校，冯霄，2005. 二氧化碳输送过程的优化［J］. 西安交通大学学报，39（3）：274-277.

张志雄，谢健，戚继红，等，2018. 地质封存二氧化碳沿断层泄漏数值模拟研究［J］. 水文地质工程地质，（2）：109-116.

赵麦群，2002. 金属的腐蚀与防护［M］. 北京：国防工业出版社.

赵习森，石立华，王维波，等，2017. 非均质特低渗透油藏 CO_2 驱气窜规律研究［J］. 西南石油大学学报（自然科学版），39（6）：131-139.

赵兴雷，崔倩，王保登，等，2018. CO_2 地质封存项目环境监测评估体系初步研究［J］. 环境工程，36（2）：15-20.

赵雪会，黄伟，张华礼，等，2019. 模拟油田 CO_2 驱采出环境下管柱腐蚀规律研究［J］. 表面技术，48（5）：1-8.

郑建坡，史建公，刘春生，等，2018. 二氧化碳液化技术进展［J］. 中外能源，23（7）：81-88.

郑伟，2019. 连续油管的主要失效形式及原因分析［J］. 科学技术创新（11）：32-33.

周佩，周志平，李琼玮，等，2020. 长庆油田 CO_2 驱储层溶蚀与地层水结垢规律［J］. 油田化学，37（3）：

443–448.

周颖，蔡博峰，曹丽斌，等，2018. 中国碳封存项目的环境应急管理研究［J］. 环境工程，36（2）：1–5.

Anusha Kothandaraman，2010. Carbon Dioxide Capture by Chemical Absorption：a Solvent Comparison Study. CO₂ Capture by Chemical Absorption：a Solvent Comparison Study［D］.

Benson S M，Orr F M，2008. Carbon Dioxide Capture and Storage［J］. Mrs Bulletin，33（4）：303–305.

British Petroleum，2019. BP World Energy Outlook（2019）.［R］. London：BP.

Brnak J J，Petrich B，Konopczynski M R，2006. Application of Smart Well technology to the SACROC CO₂ EOR Project：A Case Study［R］. SPE 100117–MS.

Cabral H，Nakanishi M，Kumagai M，et al.，2009. A Photo–activated Targeting Chemotherapy using Glutathione Sensitive Camptothecin–loaded Polymeric Micelles［J］. PHarmaceutical Researc，26（1）：82–92.

Cao G，Firouzdor V，Sridharan K，et al.，2012. Corrosion of Austenitic Alloys in High Temperature Supercritical Carbon Dioxide［J］. Corrosion Science，60.

Chen Zhenyu，Li Lingjie，Zhang Guoan，et al.，2013. Inhibition Effect of Propargyl Alcohol on the Stress Corrosion Cracking of Super 13Cr Steel in a Completion Fluid［J］. Corrosion Science，69：205–210.

Dugstad A，Hemmer H，Seiersten M，2001. Effect of Steel Microstructure on Corrosion Rate and Protective Iron Carbonate Film Formation［J］. Corrosion，57（4）：369–378.

Eastoe J，Paul A，Downer A，et al.，2002. Effects of Fluorocarbon Surfactant Chain Structure on Stability of Water–in–carbon Dioxide Microemulsions. Links between Aqueous Surface Tension and Microemulsion Stability［J］. Langmuir，18（8）：3014–3017.

Elgaddafi R，Naidu A，Ahmed R，et al.，2015. Modeling and Experimental Study of CO₂ Corrosion on Carbon Steel at Elevated Pressure and Temperature［J］. Journal of Natural Gas Science and Engineering，27：1620–1629.

Firouzdor V，Sridharan K，Cao G，et al.，2013. Corrosion of Stainless Steel and Nickel–based Alloys in High Temperature Supercritical Carbon Dioxide Environment［J］. Corrosion Science，69：281–291.

Fussell D D，Yellig Jr W F，1985–12–10. Miscible Flooding with Displacing Fluid Containing Additive Compositions：U. S. Patent 4，557，330［P］.

Gale J，Davison J，2004. Transmission of CO₂–safety and Economic Considerations［J］. Energy，29：1319–1328.

Goto K，Yogo K，Higashii T，2013. A Review of Efficiency Penalty in a Coal–fired Power Plant with Post–combustion CO₂ Capture［J］. Applied Energy，111：710–720.

Hendriks C，Graus W，van Bergen F，2004. Global Carbon Dioxide Storage Potential and Costs［R］. Ecofys Report no. EEP–02001.

Huai X L，Koyama S，Zhao T S，2005. An Experimental Study of Flowand Heat Transfer of Supercritical Carbon Dioxide in Multi–port Mini Channels under Cooling Conditions［J］. Chemical Engineering Science，60，3337–3345.

IEA，2018. World Energy Outlook［R］. Paris：IEA.

James Cooper，2016. Rangely Weber Sand Unit WAG Management Optimization［C］. 2016 CO_2 Conference Midland，Texas.

Lao L M，Zhou H，2016. Application and Effect of Buoyancy on Sucker Rod String Dynamics［J］. Journal of Petroleum Science & Engineering，146：264-271.

Li Hailong，2008. Thermodynamic Properties of CO_2 Mixtures and Their Applications in Advanced Power Cycles with CO_2 Capture Processes［D］. Stockholm，Sweden Royal Institute of Technology.

Ma Z，Peng S L，Qu Z Z，et al.，2014. The Detailed Calculation Model of the Friction between Sucker Rod and the Liquid in the Sucker Rod Pump Lifting System of Heavy Oil［J］. Applied Mechanics & Materials，694（1）：346-349.

Mandal B P，Bandyopadhyay S S，Guha M，2001. Removal of Carbon Dioxide by Absorption in Mixed Amines：Modelling of Absorption in Aqueous MDEA/MEA and AMP/MEA Solutions［J］. Chemical Engineering Science，56（21）：6217-6224.

Matthew Wallace，Vello A Kuuskraa，PHil DiPietro，2013. An In-Depth Look at "Next Generation" CO_2-EOR Technology［R］. National Energy Technology Laboratory.

Rajender Gupta，Rachid B Slimane，Alan E Bland，et al.，2008. Progress in Carbon Dioxide Separation and Capture：A Review［J］. 环境科学学报（英文版）（1）：14-27.

Rivera-Tinoco Rodrigo，Bouallou Chakib，2010. Comparison of Absorption Rates and Absorption Capacity of Ammonia Solvents with MEA and MDEA Aqueous Blends for CO_2 Capture［J］. Journal of Cleaner Production，18（9）：875-880.

Schoots K，Rivera-Tinoco R，Verbong G，et al.，2010. The Cost of Pipelining Climate Change Mitigation：an Overview of the Economics of CH_4，CO_2 and H_2 Transportation［C］. The International Energy Workshop 2010，The Royal Institute of Technology，Stockholm，Sweden.

Sean T McCoy，Edward S Rubin，2005. Models of CO_2 Transport and Storage Costs and Their Importance in CCS Cost Estimates［C］. Fourth Annual Conference on Carbon Capture and Sequestration DOE/NETL.

Serpa J，Morbee J，Tzimas E，2011. Technical and Economic Characteristics of a CO_2 Transmission Pipeline Infrastructure［R］. JRC Sceientific and Technical Reports.

Shu W R，1985-4-30. Lowering CO_2 MMP and Recovering Oil using Carbon Dioxide：U. S. Patent 4，513，821［P］.

Steeneveldt R，Berger B，Torp T A，2006. CO_2 Capture and Storage：Closing the Knowing-doing Gap［J］. Chemical Engineering Research and Design，84（9）：739-763.

Teoh W H，Mammucari R，Foster N R，2013. Solubility of Organometallic Complexes in Supercritical Carbon Dioxide：a review［J］. Journal of Organometallic Chemistry，724：102-116.

Vandeginste V，Piessens V，2008. Pipeline Design for a Least-cost Router Application for CO_2 Transport in the CO_2 Sequestration Cycle［C］. The 4th Trondheim Conference on CO_2 Capture，Transport and Storage.

Wang Xiao bing，Liu Yang，Cui Haiqin，et al.，2013. Study on Optimized Structure of Screw on Spiral Gas

Anchor by PIV Experiment [J]. Journal of Oil & Gas Technology, 35 (10): 153–157.

White D, 2009. Monitoring CO_2 Storage during EOR at the Weyburn–Midale Field [J]. The Leading Edge, 28 (7): 838–842.

Working Group Ⅲ of IPCC, 2005. IPCC Special Report on Carbon Dioxide Capture and Storage [R]. IPCC.

Zhang Y, Chu Z, Dreiss C A, et al., 2013. Smart Wormlike Micelles Switched by CO_2 and Air [J]. Soft Matter, 9 (27): 6217–6221.

Zhang Y, Feng Y, 2015. CO_2–induced Smart Viscoelastic Fluids based on Mixtures of Sodium Erucate and Triethylamine [J]. Journal of Colloid and Interface Science, 447: 173–181.

Zhang Y, Feng Y, Wang J, et al., 2013. CO_2–switchable Wormlike Micelles [J]. Chemical Communications, 49 (43): 4902–4904.